普通高等教育规划教材

U0161124

高等数学

侯方博　陈晓弟　主编
叶海江　主审

Advanced Mathematics

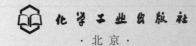

化学工业出版社
·北京·

内 容 简 介

《高等数学》以应用型人才培养为出发点，围绕应用性、系统性展开编写，下册主要内容包含多元函数微分学、重积分、曲线积分与曲面积分、无穷级数等内容。同时各章配有知识、能力、素质小结及按认知目标分级划分的章节目标测试，有利于学生的学，并可辅助于教师的教。

本书可作为高等院校农林、理工、医药、食品、生物、经管类等专业的高等数学教材，也可作为其他院校相关课程的教材或参考书，还可以作为工程技术人员、科技工作者的参考书。

图书在版编目（CIP）数据

高等数学.下册/侯方博，陈晓弟主编.—北京：化学工业出版社，2022.1（2024.8重印）
  普通高等教育规划教材
  ISBN 978-7-122-40313-1

Ⅰ.①高…　Ⅱ.①侯…　②陈…　Ⅲ.①高等数学-高等学校-教材　Ⅳ.①O13

中国版本图书馆 CIP 数据核字（2021）第 231802 号

责任编辑：旷英姿　邢启壮　　　　　　装帧设计：王晓宇
责任校对：李雨晴

出版发行：化学工业出版社（北京市东城区青年湖南街 13 号　邮政编码 100011）
印　　装：大厂聚鑫印刷有限责任公司
787mm×1092mm　1/16　印张 10¾　字数 260 千字　2024 年 8 月北京第 1 版第 5 次印刷

购书咨询：010-64518888　　　　　　售后服务：010-64518899
网　　址：http://www.cip.com.cn
凡购买本书，如有缺损质量问题，本社销售中心负责调换。

定　　价：32.00 元

本书是吉林省高等教育教学改革研究课题《大学数学课程思政的育人内涵研究与实践》的主要成果之一，是项目组在多年应用型本科数学教学改革与实践的基础上，运用集体智慧通力合作的结晶。

高等数学是高等学校理工、农林、医药、经管各学科的基础课程，它向学生阐述重要的数学思想、理论及其应用，培养学生的数学思维能力和逻辑思维能力，提高学生的数学素养，为他们进一步学习本专业后续课程打下一定基础。

本书在编写中注意贯彻"加强基础、注重应用、增加弹性、兼顾体系"的原则，紧密结合高等教育背景下应用型本科院校生源的实际，注重理论联系实际、深入浅出、删繁就简、重点突出、难点分散，并兼顾数学文化素养的培养；着重讲清问题的思路和方法的应用，变严格的理论证明为通俗的语言描述说明，降低理论难度，强化实际运用，使教材具有易教、易学的特点。本教材体现了以下特点。

一是兼顾与中学数学的过渡与衔接。由于高考大纲和中学教材体系的调整，学生在中学阶段没有学习反三角函数和极坐标内容，本教材及时做了补充。

二是注重数学思想方法的渗透，注重数学在各方面的应用。不过于强调理论上的推导，淡化繁杂的数学计算，同时追求科学性与实用性的双重目标，以利于应用型本科院校学生掌握数学的基本思想与方法，提高科学素质，增强运用数学来分析和解决实际问题的能力。

三是适合于应用型本科院校的不同专业、不同学时高等数学课程的教学使用。应用型本科院校大多是多学科型院校，如果不同专业选择不同类别的教材，会给教师教学带来诸多不便。然而，纵观理工类、经济类、农林类等高等数学教材，内容体系大体相同，主要是应用部分的案例不同。本教材依据上述需求，将各种应用基本全部列出，供不同专业、不同学时的课程使用时选择。

四是各章节配有知识、能力、素质小结及按认知等级划分的目标测试，有助于学习者展开学习、总结和目标达成训练。为明确各章节知识内容、能力训练及素质目标，编写组根据布鲁姆认知目标的分级，设计了目标测试，有助于教师的教、学生的学。

五是兼顾了数学文化素养的培养。编写组设计编写了"数学文化拓展"内容，为学习者提供了数学文化、数学史方面的知识，拓展其认知并丰富其感官认识，培养学习者的数学文化素养。

本书由吉林农业科技学院侯方博、陈晓弟主编，东北电力大学李晗副主编。具体编写分工如下：第六章由陈晓弟编写，第七章由李晗编写，第八章、第九章、附录Ⅰ、Ⅱ以及各章数学文化拓展部分由侯方博编写，附录Ⅲ由吉林农业科技学院于宏佳编写。全书由侯方博策划与统稿，叶海江主审。

本书内容丰富，应用背景广泛，为应用型本科院校不同专业的教学提供充分的选择余地，对超出"教学基本要求"的部分标*号注明，在教学实际中可视情况选用，教学时数亦可灵活安排。化学工业出版社以一贯严谨的科学态度和高度的责任心对书稿严格把关，并确保印刷质量，力求把精品教材呈献给广大师生，教材编写组对此表示由衷的谢意！

由于编写时间仓促，书中有不妥之处在所难免，敬请广大读者和同行多提宝贵意见，以便不断完善。

编者

2021 年 10 月

第六章　多元函数微分学 ··· **001**

第一节　多元函数的基本概念 ·· 001

第二节　偏导数 ··· 004

第三节　全微分 ··· 009

第四节　复合函数的求导法则 ·· 012

第五节　隐函数的求导公式 ·· 016

第六节　方向导数与梯度 ··· 020

第七节　多元函数微分学的几何应用 ·· 024

第八节　多元函数微分学在最大值、最小值问题中的应用 ········ 029

本章小结 ·· 033

目标测试 ·· 033

数学文化拓展　植物中的神秘规律——斐波那契数 ·············· 035

第七章　重积分 ··· **038**

第一节　二重积分的概念与性质 ·· 038

第二节　二重积分的计算 ··· 042

第三节　三重积分的概念和计算 ·· 052

第四节　重积分应用举例 ··· 060

本章小结 ·· 066

目标测试 ·· 066

数学文化拓展　牟合方盖 ··· 068

第八章　曲线积分与曲面积分 ································· **071**

第一节　对弧长的曲线积分 ·· 071

第二节　对坐标的曲线积分 ·· 077

第三节　格林公式及其应用 ·· 085

第四节　对面积的曲面积分 ·· 092

第五节　高斯公式和斯托克斯公式 ·· 101

*第六节　场论初步 ··· 104

第七节　曲线积分和曲面积分的应用举例 ·································· 107

本章小结 ·· 110

目标测试 ·· 111

数学文化拓展　与数学有关的十部影视作品 ····················· 113

第九章　无穷级数 ·· **116**

 第一节　常数项级数 ·· 116

 第二节　正项级数及其审敛法 ·· 119

 第三节　任意项级数及其审敛法 ······································ 123

 第四节　幂级数 ·· 125

 第五节　函数展开成幂级数 ·· 130

 第六节　傅里叶级数 ··· 137

 本章小结 ·· 149

 目标测试 ·· 149

 数学文化拓展　数字之美欣赏 ·· 150

附录 I　基本初等函数 ·· **155**

附录 II　极坐标系简介 ··· **157**

附录 III　常用的极坐标方程表示的曲线 ···························· **160**

参考文献 ·· **163**

第六章
多元函数微分学

从本章开始我们的研究对象将以多元函数为主，即含有两个及两个以上自变量的函数。本章主要研究多元函数的微分学，包括多元函数的定义、极限、连续；多元函数的偏导数、全微分；方向导数与梯度，以及多元函数微分学的应用等。多元函数微分学是一元函数微分学的自然推广与发展，在学习中同学们既要掌握它们的密切联系，又要把握分析它们之间的本质区别。

第一节　多元函数的基本概念

一、多元函数的概念

人们常说的函数 $y=f(x)$，是指因变量只与一个自变量有关的函数关系，即因变量的值只依赖于一个自变量，称为一元函数。但在许多实际问题中我们往往需要研究因变量与多个自变量之间的关系，即因变量的值依赖于多个自变量。

例如，某种商品的市场需求量不仅仅与其市场价格有关，而且与消费者的收入以及这种商品的其他代用品的价格等因素有关，即决定该商品需求量的因素不只是一个而是多个。要全面研究这类问题，就需要引入多元函数的概念。

定义 1　设某一变化过程中，有变量 x,y 和 z，D 是平面 xOy 上的一个点集，如果对点集 D 内任意一点 $P(x,y)$ 所对应的一对实数 (x,y)，变量 z 按照一定的法则，总有唯一确定的数值与之相对应，则称 z 是变量 x,y 的**二元函数**，记为

$$z=f(x,y),(x,y)\in D \text{ 或 } z=z(x,y),(x,y)\in D.$$

并称 x,y 为**自变量**，z 为**因变量**。点集 D 称为该函数的**定义域**，与实数对 (x,y) 相对应的数值 $f(x,y)$ 称为二元函数在 (x,y) 处的**函数值**，函数值的取值范围称为函数的**值域**。

二元函数与一元函数一样有**两要素**：定义域，对应法则。不同之处在于定义域 D 是关于平面点 $P(x,y)$ 的集合。

类似地可以定义 **n 元函数**，只需将上述定义中的平面点集 D 换成 R^n 中的子集，D 中的点 P 是一个 n 维向量 $\boldsymbol{x}=(x_1,x_2,\cdots,x_n)$，则定义在 D 上的 n 元函数记为

$$z=f(\boldsymbol{x})=f(x_1,x_2,\cdots x_n),\boldsymbol{x}\in D.$$

当 $n\geqslant 2$ 时，n 元函数统称为**多元函数**。

例 1　求下列函数的定义域。

(1) $z=\arcsin(x+y)$；　　　　　(2) $z=\ln(x+y)+\dfrac{1}{x-y}$.

解　求定义域和一元函数一样，就是要使函数有意义，因此不难解得

(1) $D_1 = \{(x,y) \mid -1 \leqslant x+y \leqslant 1\}$;

(2) $D_2 = \{(x,y) \mid x+y>0 \text{ 且 } x \neq y\}$.

二、区域

定义域是多元函数的一个重要因素，因此为了讨论二元函数，我们首先将一元函数中用到的邻域和区间等概念加以推广，下面就介绍一下平面点集的邻域、区域的定义.

邻域　以平面上点 $P_0(x_0,y_0)$ 为中心，以 $\delta>0$ 为半径的圆内（不含圆周）的所有点 $P(x,y)$ 构成的集合，称为**点 $P_0(x_0,y_0)$ 的 δ 邻域**，记为 $U(P_0,\delta)$，即

$$U(P_0,\delta) = \{(x,y) \mid \sqrt{(x-x_0)^2+(y-y_0)^2}<\delta\};$$

平面上点 $P_0(x_0,y_0)$ 的**去心邻域**，即去掉中心点 $P_0(x_0,y_0)$ 的邻域，记为 $\overset{\circ}{U}(P_0,\delta)$，定义为

$$\overset{\circ}{U}(p_0,\delta) = \{(x,y) \mid 0<\sqrt{(x-x_0)^2+(y-y_0)^2}<\delta\}.$$

区域　设 E 是平面上的一个点集，P 是平面上的一个点，如果存在点 P 的一个邻域 $U(P,\delta)$，使 $U(P,\delta) \subset E$，则称点 P 为 E 的**内点**. 如图 6-1，P_1 为 E 的内点.

如果点集 E 的点都是内点，则称点集 E 为**开集**. 如果点 P 的任何一个邻域中都没有属于 E 的点，则称点 P 为 E 的**外点**. 如图 6-1，P_2 为 E 的外点. 如果点 P 的任何一个邻域中既有属于 E 的点，也有不属于 E 的点，则称点 P 为 E 的**边界点**（P 可以属于 E，也可以不属于 E）. 如图 6-1，P_3 为 E 的边界点.

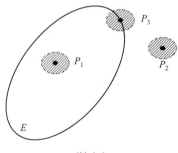

图 6-1

设 D 是开集，如果对于 D 内的任何两点，都可用完全属于 D 的折线连接起来，则称开集 D 是**连通的**；否则称 D 为非连通的.

连通的开集称为**区域**或**开区域**，如 $\{(x,y) \mid x+y>1\}$ 及 $\{(x,y) \mid 0<x^2+y^2<4\}$ 都是开区域.

开区域连同它的边界点构成的集合，称为**闭区域**，如 $\{(x,y) \mid x+y \geqslant 1\}$ 及 $\{(x,y) \mid 0 \leqslant x^2+y^2 \leqslant 4\}$ 都是闭区域.

如果点 P 的任何一个邻域内（半径任意小）都有 E 中的点，则称 P 是 E 的**聚点**.

三、多元函数的极限与连续

定义 2　设二元函数 $z=f(x,y)$ 的定义域为平面点集 D，点 $P_0(x_0,y_0)$ 为 D 的聚点，如果对于任意给定的正数 ε，总存在正数 δ，使得对于适合不等式

$$0<|PP_0|=\sqrt{(x-x_0)^2+(y-y_0)^2}<\delta$$

的一切点 $P(x,y) \in D$，都使 $|f(x,y)-A|<\varepsilon$ 成立，则称 A 为函数 $f(x,y)$ 当 $x \to x_0$，$y \to y_0$ 时的**极限**，记作

$$\lim_{\substack{x \to x_0 \\ y \to y_0}} f(x,y) = \lim_{(x,y) \to (x_0,y_0)} f(x,y) = A \text{ 或 } \lim_{P \to P_0} f(P) = A.$$

为了区别于一元函数的极限，我们通常把二元函数的极限称为**二重极限**. 二元函数极限

的定义可以相应地推广定义 n 元函数的极限.

例 2 设 $f(x,y) = \begin{cases} \dfrac{xy}{x^2+y^2}, & (x,y) \neq (0,0) \\ 0, & (x,y) = (0,0) \end{cases}$，试讨论 $(x,y) \to (0,0)$ 时，$f(x,y)$ 的极限.

解 因为当点 $P(x,y)$ 沿 x 轴趋向 $(0,0)$ 时，由于 $y=0$，所以 $f(x,y)=f(x,0)=0$ $(x \neq 0)$，即

$$\lim_{\substack{x \to 0 \\ y \to 0}} \frac{xy}{x^2+y^2} = \lim_{x \to 0} f(x,0) = 0,$$

同理，当点 $P(x,y)$ 沿 y 轴趋向 $(0,0)$ 时，由于 $x=0$，所以有 $f(x,y)=f(0,y)=0$ $(y \neq 0)$，即

$$\lim_{\substack{x \to 0 \\ y \to 0}} \frac{xy}{x^2+y^2} = \lim_{y \to 0} f(0,y) = 0,$$

当点 $P(x,y)$ 沿直线 $y=kx$ 趋向 $(0,0)$ 时，有

$$\lim_{\substack{x \to 0 \\ y \to 0}} f(x,y) = \lim_{\substack{x \to 0 \\ y = kx}} \frac{kx^2}{x^2+k^2x^2} = \frac{k}{1+k^2},$$

显然 $k(k \neq 0)$ 取不同值时极限值也不同，与极限的唯一性矛盾，故极限 $\lim\limits_{\substack{x \to 0 \\ y \to 0}} \dfrac{xy}{x^2+y^2}$ 不存在.

关于多元函数的极限运算，运算法则和运算方法与一元函数类似.

例 3 求 $\lim\limits_{(x,y) \to (0,2)} \dfrac{\sin(xy)}{x}$.

解 定义域为 $D = \{(x,y) \mid x \neq 0, y \in R\}$，$P_0(0,2)$ 为 D 的聚点.

由极限的乘法运算法则可得：

$$\lim_{(x,y) \to (0,2)} \frac{\sin(xy)}{x} = \lim_{(x,y) \to (0,2)} \frac{\sin(xy)}{xy} y = \lim_{(x,y) \to (0,2)} \frac{\sin(xy)}{xy} \times \lim_{(x,y) \to (0,2)} y = 1 \times 2 = 2.$$

由二元函数极限的定义，我们可以自然地定义二元函数的连续性.

定义 3 设二元函数 $z=f(x,y)$ 的定义域为平面点集 D，点 $P_0(x_0,y_0)$ 为 D 的聚点，且 $P_0 \in D$，如果 $\lim\limits_{(x,y) \to (x_0,y_0)} f(x,y) = f(x_0,y_0)$，则称函数 $f(x,y)$ **在点 $P_0(x_0,y_0)$ 连续**.

如果函数 $f(x,y)$ 在平面点集 D 的每一点都连续，那么就称函数 $f(x,y)$ 在平面点集 D 上连续，或者称 $f(x,y)$ 是 D 上的**连续函数**. 在平面点集 D 上连续的二元函数的图形是一张连续曲面.

如果函数 $f(x,y)$ 在点 $P_0(x_0,y_0)$ 处不连续，则称 $P_0(x_0,y_0)$ 是函数 $f(x,y)$ 的**不连续点**或**间断点**.

例 4 求极限 $\lim\limits_{(x,y) \to (1,0)} \dfrac{1+xy}{x^2+y^2}$.

解 因为函数 $f(x,y) = \dfrac{1+xy}{x^2+y^2}$ 在 $D = \{(x,y) \mid x \neq 0, y \neq 0\}$ 内连续，又 $P_0(1,0) \in D$，所以 $\lim\limits_{(x,y) \to (1,0)} \dfrac{1+xy}{x^2+y^2} = f(1,0) = 1$.

以上关于二元函数连续性概念可以相应地推广到 n 元函数的连续性.

类似于闭区间上连续的一元函数有很多重要性质,在有界闭区域上连续的二元函数也有两条重要性质.

性质 1（最大值与最小值定理） 在有界闭区域 D 上的二元连续函数,必在 D 上能取得最大值与最小值.

性质 2（介值定理） 在有界闭区域 D 上的二元连续函数,必取得介于最大值与最小值之间的任何值.

习题 6-1

1. 设函数 $f(x,y) = \begin{cases} 1, x \geqslant y \\ 0, x < y \end{cases}$,求函数值 $f(0,0)$,$f(1,0)$,$f(x,0)$,$f(0,y)$.

2. 已知函数 $f(x,y) = x^2 + y^2 - xy\tan\dfrac{x}{y}$,求 $f(tx,ty)$.

3. 已知 $z = f(u,v) = u^v$,求 $f(x+y,x-y)$.

4. 求下列各函数的定义域.

(1) $z = \ln(y^2 - 2x + 1)$;

(2) $u = \sqrt{z - x^2 - y^2} + \sqrt{1-z}$;

(3) $z = \sqrt{x - \sqrt{y}}$;

(4) $z = \arcsin\dfrac{x^2 + y^2}{4} + \arccos\dfrac{1}{x^2 + y^2}$.

5. 求下列极限.

(1) $\lim\limits_{(x,y)\to(0,0)}\dfrac{\sqrt{xy+1}-1}{2xy}$;

(2) $\lim\limits_{(x,y)\to(1,0)}\dfrac{\ln(x+\mathrm{e}^y)}{\sqrt{x^2+y^2}}$;

(3) $\lim\limits_{(x,y)\to(0,0)}\dfrac{3\sin(x^2+y^2)}{x^2+y^2}$;

(4) $\lim\limits_{(x,y)\to(0,1)}\dfrac{\mathrm{e}^x\cos y}{1+x+y}$.

第二节　偏导数

在研究一元函数时,我们通过研究函数的变化率引入了函数导数的概念.对于多元函数,我们也需要研究在其他自变量固定不变时,函数随一个自变量变化的变化率问题,这就是偏导数.

一、偏导数的定义

对于二元函数 $z = f(x,y)$,如果在 $P(x_0,y_0)$ 的邻域内固定自变量 $y = y_0$,则函数 $z = f(x,y_0)$ 就是关于 x 的一元函数,该函数对 x 的导数就称为二元函数 $z = f(x,y)$ 在点 $P(x_0,y_0)$ 处 $y = y_0$ 时对变量 x 的偏导数.具体的给出如下定义:

定义 1 设函数 $z = f(x,y)$ 在点 (x_0,y_0) 的某一邻域内有定义,当 y 固定在 y_0 不变,而 x 在 x_0 处有增量 Δx 时,相应地函数增量为 $\Delta z_x = f(x_0+\Delta x,y_0) - f(x_0,y_0)$,如果极限 $\lim\limits_{\Delta x\to 0}\dfrac{f(x_0+\Delta x,y_0)-f(x_0,y_0)}{\Delta x}$ 存在,则称此极限为函数 $z = f(x,y)$ **在点 (x_0,y_0) 处对 x 的偏导数**,记为 $\dfrac{\partial z}{\partial x}\Big|_{\substack{x=x_0\\y=y_0}}$,$\dfrac{\partial f}{\partial x}\Big|_{\substack{x=x_0\\y=y_0}}$,或 $f_x'(x_0,y_0)$,$z_x'\Big|_{\substack{x=x_0\\y=y_0}}$ 或 $f_x(x_0,y_0)$,$z_x\Big|_{\substack{x-x_0\\y=y_0}}$.

即
$$f'_x(x_0,y_0)=\lim_{\Delta x\to 0}\frac{\Delta z_x}{\Delta x}=\lim_{\Delta x\to 0}\frac{f(x_0+\Delta x,y_0)-f(x_0,y_0)}{\Delta x}.$$

类似地，函数 $z=f(x,y)$ 在点 (x_0,y_0) 邻域内，当 x 固定在 x_0 不变，对 y 的偏导数定义为

$$f'_y(x_0,y_0)=\lim_{\Delta y\to 0}\frac{\Delta z_y}{\Delta y}=\lim_{\Delta y\to 0}\frac{f(x_0,y_0+\Delta y)-f(x_0,y_0)}{\Delta y}.$$

或记为 $\left.\dfrac{\partial z}{\partial y}\right|_{\substack{x=x_0\\y=y_0}}$，$\left.\dfrac{\partial f}{\partial y}\right|_{\substack{x=x_0\\y=y_0}}$，$f'_y(x_0,y_0),z'_y\Big|_{\substack{x=x_0\\y=y_0}}$，或 $f_y(x_0,y_0),z_y\Big|_{\substack{x=x_0\\y=y_0}}$.

如果函数 $z=f(x,y)$ 在区域 D 内每点 (x,y) 处对 x 的偏导数都存在，那么这个关于 x，y 的二元函数，称为函数 $z=f(x,y)$**对自变量 x 的偏导函数**，简称**对 x 偏导数**，记作

$$\frac{\partial z}{\partial x}=\lim_{\Delta x\to 0}\frac{f(x+\Delta x,y)-f(x,y)}{\Delta x}.$$

或记为 $\dfrac{\partial f}{\partial x},f'_x(x,y),f_x(x,y),z'_x,z_x$.

类似地，函数 $z=f(x,y)$**对自变量 y 的偏导函数**，简称**对 y 偏导数**，记作

$$\frac{\partial z}{\partial y}=\lim_{\Delta y\to 0}\frac{f(x,y+\Delta y)-f(x,y)}{\Delta y}.$$

或记为 $\dfrac{\partial f}{\partial y},f'_y(x,y),f_y(x,y),z'_y,z_y$.

类似地，三元函数 $u=f(x,y,z)$ 在点 (x,y,z) 处的偏导数分别定义为：

$$\frac{\partial u}{\partial x}=\lim_{\Delta x\to 0}\frac{f(x+\Delta x,y,z)-f(x,y,z)}{\Delta x};$$

$$\frac{\partial u}{\partial y}=\lim_{\Delta y\to 0}\frac{f(x,y+\Delta y,z)-f(x,y,z)}{\Delta y};$$

$$\frac{\partial u}{\partial z}=\lim_{\Delta z\to 0}\frac{f(x,y,z+\Delta z)-f(x,y,z)}{\Delta z}.$$

上述定义表明，求多元函数对某个变量的偏导数时，只需把其余变量看作常量，然后直接利用一元函数求导公式及求导法则计算即可.

例 1 求 $z=f(x,y)=x^2+xy+y^2$ 在点 $(1,2)$ 处的偏导数.

解 把 y 看作常量，对 x 求导，得到关于 x 的偏导函数

$$f_x(x,y)=2x+y.$$

把 x 看作常量，对 y 求导，得到关于 y 的偏导函数

$$f_y(x,y)=x+2y.$$

所以在点 $(1,2)$ 处的偏导数为：

$$f_x(1,2)=2\times 1+2=4,f_y(1,2)=1+2\times 2=5.$$

例 2 求 $z=\ln(x^2+y^2)$ 的偏导数 $\dfrac{\partial z}{\partial x}$，$\dfrac{\partial z}{\partial y}$.

解 把 y 看作常量，对 x 求导得

$$\frac{\partial z}{\partial x}=\frac{1}{x^2+y^2}(x^2+y^2)'_x=\frac{1}{x^2+y^2}\times 2x=\frac{2x}{x^2+y^2}.$$

类似地，把 x 看作常量，对 y 求导得

$$\frac{\partial z}{\partial y} = \frac{1}{x^2 + y^2}(x^2 + y^2)'_y = \frac{2y}{x^2 + y^2}.$$

例 3 求三元函数 $u = \sqrt{x^2 + y^2 + z^2}$ 的偏导数 $\dfrac{\partial u}{\partial x}$，$\dfrac{\partial u}{\partial y}$，$\dfrac{\partial u}{\partial z}$.

解 把 y，z 看作常量，对 x 求导得

$$\frac{\partial u}{\partial x} = \frac{2x}{2\sqrt{x^2 + y^2 + z^2}} = \frac{x}{\sqrt{x^2 + y^2 + z^2}},$$

同理可得

$$\frac{\partial u}{\partial y} = \frac{y}{\sqrt{x^2 + y^2 + z^2}}, \frac{\partial u}{\partial z} = \frac{z}{\sqrt{x^2 + y^2 + z^2}}.$$

例 4 设 $z = y^x$（$y > 0$，且 $y \neq 1$），证明 $\dfrac{1}{\ln y} \times \dfrac{\partial z}{\partial x} + \dfrac{y}{x} \times \dfrac{\partial z}{\partial y} = 2z$.

证 因为 $\dfrac{\partial z}{\partial x} = y^x \ln y$，$\dfrac{\partial z}{\partial y} = xy^{x-1}$，

所以 $\dfrac{1}{\ln y} \times \dfrac{\partial z}{\partial x} + \dfrac{y}{x} \times \dfrac{\partial z}{\partial y} = \dfrac{1}{\ln y} \times y^x \ln y + \dfrac{y}{x}xy^{x-1} = y^x + y^x = 2z$，得证.

例 5 证明函数 $f(x, y) = \begin{cases} \dfrac{xy}{x^2 + y^2}, & (x, y) \neq (0, 0) \\ 0, & (x, y) = (0, 0) \end{cases}$ 在点 $O(0, 0)$ 存在偏导数，但却不连续.

证 (1) 因为 $\lim\limits_{(x, y) \to (0, 0)} f(x, y) = \lim\limits_{(x, y) \to (0, 0)} \dfrac{xy}{x^2 + y^2} \xlongequal{y = kx} \lim\limits_{x \to 0} \dfrac{kx^2}{x^2 + (kx)^2} = \dfrac{k}{1 + k^2}$，所以 $\lim\limits_{(x, y) \to (0, 0)} f(x, y)$ 不存在，故在点 $(0, 0)$ 处不连续.

(2) 由偏导数定义，有

$$f_x(0, 0) = \lim_{\Delta x \to 0} \frac{f(0 + \Delta x, 0) - f(0, 0)}{\Delta x} = \lim_{\Delta x \to 0} \frac{0}{\Delta x} = 0$$

同理可得，$f_y(0, 0) = 0$. 故函数在点 $O(0, 0)$ 的两个偏导数均存在.

由此例题可知：尽管函数 $f(x, y)$ 在点 $(0, 0)$ 处的两个偏导数均存在，但并不能保证它在该点是连续的，这是二元函数与一元函数的重要区别之一. 同时该例子也提示我们二元分段（片）定义的函数在分界点求偏导数仍然要用偏导函数的定义计算.

例 6 已知 $f(x, y) = e^{\frac{y}{\sin x}} \ln(x^3 + xy^2)$，求 $f_x(1, 0)$.

解 如果先求出偏导函数 $f_x(x, y)$，再将 $x = 1$，$y = 0$ 代入求 $f_x(1, 0)$ 比较麻烦，但是若先把函数中的 y 固定在 $y = 0$，则有 $f(x, 0) = 3\ln x$. 于是 $f_x(x, 0) = \dfrac{3}{x}$，$f_x(1, 0) = 3$.

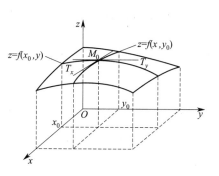

图 6-2

由此例题可知求一点 (x_0, y_0) 的偏导数，我们可以有多种方法根据题意灵活运用.

二、偏导数的几何意义

如图 6-2 所示，设曲面方程为 $z = f(x, y)$，

$M_0(x_0, y_0, f(x_0, y_0))$ 是该曲面上一点，过点 M_0 作平面 $y = y_0$，截此曲面得到一条曲线 C_1，其方程为

$$\begin{cases} z = f(x, y), \\ y = y_0 \end{cases}$$

则偏导数 $f'_x(x_0, y_0)$ 表示曲线 C_1 在点 M_0 处的切线 $M_0 T_x$ 的**对 x 轴正向的斜率**.

同理，偏导数 $f'_y(x_0, y_0)$ 表示曲面 $z = f(x, y)$ 被平面 $y = y_0$ 所截得的曲线 C_2：$\begin{cases} z = f(x, y) \\ x = x_0 \end{cases}$，在点 M_0 处的切线 $M_0 T_y$ **对 y 轴正向的斜率**.

三、高阶偏导数

由前面的学习知道，二元函数 $z = f(x, y)$ 在区域 D 内的每一点 (x, y) 都有两个偏导函数 $f'_x(x, y), f'_y(x, y)$. 如果偏导函数 $f'_x(x, y), f'_y(x, y)$ 分别对 x, y 的偏导数仍存在，则称这些偏导数的偏导数是函数 $z = f(x, y)$ 的二阶偏导函数. 由于求偏导数的顺序不同，二元函数 $z = f(x, y)$ 有下列四个**二阶偏导数**，记为如下：

$$\frac{\partial}{\partial x}\left(\frac{\partial z}{\partial x}\right) = \frac{\partial^2 z}{\partial x^2} = f_{xx}(x, y) = z_{xx};$$

$$\frac{\partial}{\partial y}\left(\frac{\partial z}{\partial x}\right) = \frac{\partial^2 z}{\partial x \partial y} = f_{xy}(x, y) = z_{xy};$$

$$\frac{\partial}{\partial x}\left(\frac{\partial z}{\partial y}\right) = \frac{\partial^2 z}{\partial y \partial x} = f_{yx}(x, y) = z_{yx};$$

$$\frac{\partial}{\partial y}\left(\frac{\partial z}{\partial y}\right) = \frac{\partial^2 z}{\partial y^2} = f_{yy}(x, y) = z_{yy}.$$

其中 $f_{xy}(x, y), f_{yx}(x, y)$ 称为二元函数 $z = f(x, y)$ 的**二阶混合偏导数**.

类似地，可以定义二元函数 $z = f(x, y)$ 的三阶，四阶，$\cdots$，n 阶偏导数，二阶或二阶以上的偏导数统称为**高阶偏导数**，同时 $f'_x(x, y), f'_y(x, y)$ 则称为二元函数 $z = f(x, y)$ 的**一阶偏导数**.

例 7 $z = x^2 y + \sin(xy)$，求高阶偏导数 $\dfrac{\partial^2 z}{\partial x^2}, \dfrac{\partial^2 z}{\partial y \partial x}, \dfrac{\partial^2 z}{\partial x \partial y}, \dfrac{\partial^2 z}{\partial y^2}$ 及 $\dfrac{\partial^3 z}{\partial x^3}$.

解 因为 $\dfrac{\partial z}{\partial x} = 2xy + y\cos(xy), \dfrac{\partial z}{\partial y} = x^2 + x\cos(xy)$，

所以
$$\frac{\partial^2 z}{\partial x^2} = \frac{\partial}{\partial x}\left(\frac{\partial z}{\partial x}\right) = [2xy + y\cos(xy)]'_x = 2y - y^2\sin(xy);$$

$$\frac{\partial^2 z}{\partial x \partial y} = \frac{\partial}{\partial y}\left(\frac{\partial z}{\partial x}\right) = [2xy + y\cos(xy)]'_y = 2x + \cos(xy) - xy\sin(xy);$$

$$\frac{\partial^2 z}{\partial y \partial x} = \frac{\partial}{\partial x}\left(\frac{\partial z}{\partial y}\right) = [x^2 + x\cos(xy)]'_x = 2x + \cos(xy) - xy\sin(xy);$$

$$\frac{\partial^2 z}{\partial y^2} = \frac{\partial}{\partial y}\left(\frac{\partial z}{\partial y}\right) = [x^2 + x\cos(xy)]'_y = -x^2\sin(xy);$$

$$\frac{\partial^3 z}{\partial x^3} = \frac{\partial}{\partial x}\left(\frac{\partial^2 z}{\partial x^2}\right) = [2y - y^2\sin(xy)]'_x = -y^3\cos(xy).$$

值得注意的是，本例中两个混合偏导数相等，即 $\dfrac{\partial^2 z}{\partial y \partial x} = \dfrac{\partial^2 z}{\partial x \partial y}$. 但是这个结论并不是普遍成立的. 下面的定理给出了这个结论成立的一个充分条件.

定理 1 如果 $z = f(x,y)$ 的二阶混合偏导数 $\dfrac{\partial^2 z}{\partial y \partial x}$，$\dfrac{\partial^2 z}{\partial x \partial y}$ 在区域 D 内连续，则在该区域内混合偏导数相等，即 $\dfrac{\partial^2 z}{\partial y \partial x} = \dfrac{\partial^2 z}{\partial x \partial y}$.

证明略.

对于 n 元函数也可以类似地定义高阶偏导数，而且高阶混合偏导数在偏导数连续的条件下也与求偏导数的次序无关.

例 8 证明：函数 $u = \dfrac{1}{r}$ 满足拉普拉斯方程 $\dfrac{\partial^2 u}{\partial x^2} + \dfrac{\partial^2 u}{\partial y^2} + \dfrac{\partial^2 u}{\partial z^2} = 0$，其中 $r = \sqrt{x^2 + y^2 + z^2}$.

证 $\dfrac{\partial u}{\partial x} = -\dfrac{1}{r^2} \times \dfrac{\partial r}{\partial x} = -\dfrac{1}{r^2} \times \dfrac{x}{r} = -\dfrac{x}{r^3}$，$\dfrac{\partial^2 u}{\partial x^2} = -\dfrac{1}{r^3} + \dfrac{3x}{r^4} \times \dfrac{\partial r}{\partial x} = -\dfrac{1}{r^3} + \dfrac{3x^2}{r^5}$，

由函数关于自变量的对称性，有

$$\dfrac{\partial^2 u}{\partial y^2} = -\dfrac{1}{r^3} + \dfrac{3y}{r^4} \times \dfrac{\partial r}{\partial y} = -\dfrac{1}{r^3} + \dfrac{3y^2}{r^5},$$

$$\dfrac{\partial^2 u}{\partial z^2} = -\dfrac{1}{r^3} + \dfrac{3z}{r^4} \times \dfrac{\partial r}{\partial z} = -\dfrac{1}{r^3} + \dfrac{3z^2}{r^5},$$

因此 $\dfrac{\partial^2 u}{\partial x^2} + \dfrac{\partial^2 u}{\partial y^2} + \dfrac{\partial^2 u}{\partial z^2} = -\dfrac{3}{r^3} + \dfrac{3(x^2+y^2+z^2)}{r^5} = -\dfrac{3}{r^3} + \dfrac{3r^2}{r^5} = 0$. 得证.

习题 6-2

1. 设 $f(x,y) = x + y - \sqrt{x^2 + y^2}$，求 $f'_x(3,4)$，$f'_y(3,4)$.

2. 求下列函数的偏导数.

(1) $z = x^3 y - y^3 x$；

(2) $z = \sin \dfrac{x}{y}$；

(3) $z = \ln \sqrt{x + \ln y}$；

(4) $z = x^2 - 2x^2 y + y^3$；

(5) $z = x^2 y e^y$；

(6) $z = \arctan \dfrac{y}{x}$；

(7) $z = x^2 + \dfrac{1}{y^2}$；

(8) $u = (1 + xy)^z$.

3. 设 $z = x^3 y^2 - 3xy^3 - xy + 1$，求 $\dfrac{\partial^2 z}{\partial x^2}$，$\dfrac{\partial^2 z}{\partial y \partial x}$，$\dfrac{\partial^2 z}{\partial x \partial y}$，$\dfrac{\partial^2 z}{\partial y^2}$ 及 $\dfrac{\partial^3 z}{\partial x^3}$.

4. 求下列函数的高阶偏导数 $\dfrac{\partial^2 z}{\partial x^2}$，$\dfrac{\partial^2 z}{\partial x \partial y}$，$\dfrac{\partial^2 z}{\partial y \partial x}$，$\dfrac{\partial^2 z}{\partial y^2}$.

(1) $z = x^3 y^2 - 3xy^3 - xy$；

(2) $z = \ln(x^2 + y^2)$；

(3) $z = \sqrt{xy}$；

(4) $z = x^2 y + \dfrac{x}{y^2}$.

5. 设 $f(x,y,z) = xy^2 + yz^2 + zx^2$，求 $f_{xx}(0,0,1)$，$f_{yz}(1,-1,0)$，$f_{zzx}(2,0,1)$.

6. 设 $z = \mathrm{e}^{-\left(\frac{1}{x} + \frac{1}{y}\right)}$，求证 $x\dfrac{\partial z}{\partial x} + y^2\dfrac{\partial z}{\partial y} = 2z$.

7. 设 $f'_x(x_0, y_0) = 2$，求 $\lim\limits_{\Delta x \to 0} \dfrac{f(x_0 - \Delta x, y_0) - f(x_0, y_0)}{\Delta x}$.

8. 求曲线 $\begin{cases} y = 4 \\ z = \dfrac{x^2 + y^2}{4} \end{cases}$ 在点 $(2,4,5)$ 处的切线与 x 轴的正向之间所成的夹角.

第三节　全微分

二元函数 $z = f(x, y)$ 的偏导数表示当一个自变量固定不变时，因变量相对于另一个自变量的变化率，根据一元函数微分学中增量与微分的关系，可得：

$$\Delta z_x = f(x + \Delta x, y) - f(x, y) \approx f_x(x, y)\Delta x,$$

$$\Delta z_y = f(x, y + \Delta y) - f(x, y) \approx f_y(x, y)\Delta y.$$

上面两式的左端分别称为二元函数 $z = f(x, y)$ 在点 $P(x, y)$ 对 x 和对 y 的偏增量，右端分别称为二元函数在点 $P(x, y)$ 对 x 和对 y 的偏微分.

一、多元函数的全微分

在实际问题中经常需要研究二元函数 $z = f(x, y)$ 中在点 $P(x, y)$ 处各个自变量都取得增量时，相应的因变量的增量，即称为全增量 $\Delta z = f(x + \Delta x, y + \Delta y) - f(x, y)$ 的问题.

一般地，计算全增量 Δz 比较复杂，与一元函数的情形一样，我们希望用自变量的增量 Δx，Δy 的线性函数来近似地代替函数的全增量 Δz，从而引入如下二元函数可微的定义.

定义 1　如果函数 $z = f(x, y)$ 在点 (x, y) 处的全增量 Δz，即

$\Delta z = f(x + \Delta x, y + \Delta y) - f(x, y)$，可以表示为 $\Delta z = A\Delta x + B\Delta y + o(\rho)$，其中 A，B 不依赖于 Δx，Δy，而仅与 x，y 有关，且 $\rho = \sqrt{(\Delta x)^2 + (\Delta y)^2}$，则称二元函数 $z = f(x, y)$ 在点 $P(x, y)$ 处**可微分**，$A\Delta x + B\Delta y$ 称为函数 $z = f(x, y)$ 在点 (x, y) 处的**全微分**，记作 $\mathrm{d}z$，即 $\mathrm{d}z = A\Delta x + B\Delta y$.

习惯上，自变量的增量 Δx 与 Δy 常写成 $\mathrm{d}x$ 与 $\mathrm{d}y$，并分别称为自变量 x, y 的微分，即 $z = f(x, y)$ 的**全微分**可记为 $\mathrm{d}z = A\mathrm{d}x + B\mathrm{d}y$.

如果二元函数 $z = f(x, y)$ 在区域 D 内每点都可微分时，则称二元函数 $z = f(x, y)$ 在区域 D 内**可微分**.

下面讨论函数 $z = f(x, y)$ 在点 (x, y) 处可微分的条件.

定理 1（必要条件）　如果函数 $z = f(x, y)$ 在点 (x, y) 处可微分，则该函数在点 (x, y) 处连续并且偏导数 $\dfrac{\partial z}{\partial x}$，$\dfrac{\partial z}{\partial y}$ 必存在，且 $z = f(x, y)$ 在点 (x, y) 处全微分为

$$\mathrm{d}z = \frac{\partial z}{\partial x}\mathrm{d}x + \frac{\partial z}{\partial y}\mathrm{d}y.$$

证　设函数 $z = f(x, y)$ 在点 $P(x, y)$ 处可微分，则对于点 P 的某个邻域内任意点 $P'(x + \Delta x, y + \Delta y)$ 都有 $\Delta z = A\Delta x + B\Delta y + o(\rho)$.

(1) $\lim\limits_{\substack{\Delta x \to 0 \\ \Delta y \to 0}} f(x+\Delta x, y+\Delta y) = \lim\limits_{\substack{\Delta x \to 0 \\ \Delta y \to 0}} f(x,y) + A\Delta x + B\Delta y + o(\rho) = f(x,y),$

即函数 $z = f(x,y)$ 在点 (x,y) 处连续；

(2) 特别地当 $\Delta y = 0$ 时，$\Delta z = A\Delta x + B\Delta y + o(\rho)$ 仍成立，从而有

$$f(x+\Delta x, y) - f(x,y) = A\Delta x + o(|\Delta x|).$$

等式两边同除以 Δx，并令 $\Delta x \to 0$ 得 $\lim\limits_{\Delta x \to 0} \dfrac{f(x+\Delta x, y) - f(x,y)}{\Delta x} = A.$

从而偏导数 $\dfrac{\partial z}{\partial x}$ 存在，且 $\dfrac{\partial z}{\partial x} = A$，同理可证 $\dfrac{\partial z}{\partial y} = B$. 得证.

一元函数在某点的导数存在则微分存在；若多元函数的各偏导数存在，全微分一定存在吗？不一定，如下例：

$$f(x,y) = \begin{cases} \dfrac{xy}{\sqrt{x^2+y^2}}, & x^2+y^2 \neq 0 \\ 0, & x^2+y^2 = 0 \end{cases}$$ 在点 $(0,0)$ 处有 $f_x(0,0) = f_y(0,0) = 0$；$\Delta z -$

$[f_x(0,0)\Delta x + f_y(0,0)\Delta y] = \dfrac{\Delta x \Delta y}{\sqrt{(\Delta x)^2 + (\Delta y)^2}}$，如果考虑点 $P'(\Delta x, \Delta y)$ 沿着直线 $y = x$ 趋近于 $(0,0)$，则

$$\dfrac{\dfrac{\Delta x \Delta y}{\sqrt{(\Delta x)^2 + (\Delta y)^2}}}{\rho} = \dfrac{\Delta x \Delta x}{(\Delta x)^2 + (\Delta x)^2} = \dfrac{1}{2},$$

说明它不能随着 $\rho \to 0$ 而趋于 0，故函数在点 $(0,0)$ 处不可微.

多元函数的各偏导数存在并不能保证全微分存在. 关于全微分存在有下面的定理.

定理 2（充分条件） 如果函数 $z = f(x,y)$ 的偏导数 $\dfrac{\partial z}{\partial x}$，$\dfrac{\partial z}{\partial y}$ 在点 $P(r,y)$ 处连续，则函数在该点可微分.

证 一般地，我们只限于讨论在某一区域内有定义的函数（对于偏导数也如此），所以假定偏导数在点 $P(x,y)$ 连续，就含有偏导数在该点的某一邻域内必然存在的意思（以后说到偏导数在某一点连续均应如此理解）. 设点 $(x+\Delta x, y+\Delta y)$ 为邻域内任意一点，考察函数的全增量

$$\begin{aligned} \Delta z &= f(x+\Delta x, y+\Delta y) - f(x,y) \\ &= [f(x+\Delta x, y+\Delta y) - f(x, y+\Delta y)] + [f(x, y+\Delta y) - f(x,y)]. \end{aligned}$$

在第一个中括号内的表达式，由于 $y+\Delta y$ 不变，因而可以看作是 x 的一元函数 $f(x, y+\Delta y)$ 的增量. 于是应用拉格朗日中值定理，得到

$$f(x+\Delta x, y+\Delta y) - f(x, y+\Delta y) = f_x(x+\theta_1 \Delta x, y+\Delta y)\Delta x \quad (0 < \theta_1 < 1).$$

又由假设 $f_x(x,y)$ 在点 (x,y) 连续，所以上式可写为

$$f(x+\Delta x, y+\Delta y) - f(x, y+\Delta y) = f_x(x,y)\Delta x + \varepsilon_1 \Delta x, \tag{1-1}$$

其中 ε_1 为 Δx，Δy 的函数，且当 $\Delta x \to 0$ 时，$\varepsilon_1 \to 0$.

同理第二个中括号内的表达式可写为

$$f(x, y+\Delta y) - f(x,y) = f_y(x,y)\Delta y + \varepsilon_2 \Delta y, \tag{1-2}$$

其中 ε_2 为 Δx，Δy 的函数，且当 $\Delta y \to 0$ 时，$\varepsilon_2 \to 0$.

由式(1-1)，式(1-2) 可见，在偏导数连续的假定下，全增量 Δz 可以表示为
$$\Delta z = f_x(x,y)\Delta x + f_y(x,y)\Delta y + \varepsilon_1 \Delta x + \varepsilon_2 \Delta y.$$

容易看出
$$\left| \frac{\varepsilon_1 \Delta x + \varepsilon_2 \Delta y}{\rho} \right| \leqslant |\varepsilon_1| + |\varepsilon_2|,$$

它是随着 $(\Delta x, \Delta y) \to (0,0)$ 即 $\rho \to 0$ 时而趋于零的，即 $\varepsilon_1 \Delta x + \varepsilon_2 \Delta y = o(\rho)$.

这就证明了 $z = f(x,y)$ 在点 $P(x,y)$ 是可微分的.

以上关于二元函数的全微分的定义及可微分的必要条件和充分条件可以类似地推广到 n 元函数的全微分.

通常我们把二元函数的全微分等于它的偏微分之和这件事称为二元函数的全微分符合**叠加原理**.

叠加原理也适用于二元以上的函数的情形，例如若三元函数 $u = f(x,y,z)$ 可微分，那么它的全微分就等于它的三个偏微分之和. 即
$$\mathrm{d}u = \frac{\partial u}{\partial x}\mathrm{d}x + \frac{\partial u}{\partial y}\mathrm{d}y + \frac{\partial u}{\partial z}\mathrm{d}z.$$

例 1 求函数 $z = x^2 y^3$ 的全微分.

解
$$\mathrm{d}z = \frac{\partial z}{\partial x}\mathrm{d}x + \frac{\partial z}{\partial y}\mathrm{d}y = 2xy^3\mathrm{d}x + 3x^2y^2\mathrm{d}y.$$

例 2 求函数 $z = \dfrac{y}{x}$ 当 $x=2$，$y=1$，$\Delta x = 0.1$，$\Delta y = -0.2$ 时的全增量和全微分.

解 当 $x=2$，$y=1$，$\Delta x = 0.1$，$\Delta y = -0.2$ 时的全增量
$$\Delta z = \frac{y+\Delta y}{x+\Delta x} - \frac{y}{x} = \frac{1-0.2}{2+0.1} - \frac{1}{2} \approx -0.11905;$$

全微分
$$\mathrm{d}z\,|_{(2,1)} = \frac{\partial z}{\partial x}\Big|_{(2,1)}\Delta x + \frac{\partial z}{\partial y}\Big|_{(2,1)}\Delta y = -\frac{y}{x^2}\Big|_{(2,1)}\Delta x + \frac{1}{x}\Big|_{(2,1)}\Delta y$$
$$= -\frac{1}{4}\Delta x + \frac{1}{2}\Delta y = -\frac{1}{4}\times 0.1 + \frac{1}{2}\times(-0.2) = -0.125.$$

例 3 求函数 $z = \ln(1+x^2+y^2)$ 在点 $(1,2)$ 的全微分.

解 因为 $\dfrac{\partial z}{\partial x} = \dfrac{2x}{1+x^2+y^2}$，$\dfrac{\partial z}{\partial y} = \dfrac{2y}{1+x^2+y^2}$，从而有
$$\frac{\partial z}{\partial x}\Big|_{\substack{x=1\\y=2}} = \frac{1}{3},\ \frac{\partial z}{\partial y}\Big|_{\substack{x=1\\y=2}} = \frac{2}{3}.$$

所以在点 $(1,2)$ 的全微分 $\mathrm{d}z\Big|_{\substack{x=1\\y=2}} = \dfrac{1}{3}\mathrm{d}x + \dfrac{2}{3}\mathrm{d}y.$

例 4 求函数 $u = x^{yz}$ 的全微分.

解
$$\mathrm{d}u = \mathrm{d}(x^{yz}) = \mathrm{d}(\mathrm{e}^{yz\ln x}) = \mathrm{e}^{yz\ln x}\mathrm{d}(yz\ln x)$$
$$= \mathrm{e}^{yz\ln x}[yz\mathrm{d}\ln x + z\ln x\,\mathrm{d}y + y\ln x\,\mathrm{d}z]$$
$$= x^{yz}\left[\frac{yz}{x}\mathrm{d}x + z\ln x\,\mathrm{d}y + y\ln x\,\mathrm{d}z\right].$$

二、全微分在近似计算中的应用

由全微分的定义可知，若函数 $z=f(x,y)$ 在点 (x_0,y_0) 处可微分，且 $f'_x(x_0,y_0)$，$f'_y(x_0,y_0)$ 不全为零，当 $|\Delta x|$，$|\Delta y|$ 都很小时，有近似公式

$$\Delta z \approx f'_x(x_0,y_0)\Delta x + f'_y(x_0,y_0)\Delta y$$

或写为 $\quad f(x_0+\Delta x,y_0+\Delta y) \approx f(x_0,y_0)+f'_x(x_0,y_0)\Delta x + f'_y(x_0,y_0)\Delta y.$

这表示在点 (x_0,y_0) 邻域内，可以把 $f(x,y)$ 近似地线性化. 右侧就是一次线性逼近，这种逼近可以用来解决复杂的近似计算.

例 5 求 $1.97^{1.05}$ 的近似值（已知 $\ln 2 = 0.693$）.

解 令 $f(x,y)=x^y$，则 $\quad \mathrm{d}f(x,y)=x^y\left(\dfrac{y}{x}\mathrm{d}x+\ln x\,\mathrm{d}y\right)$；

由 $\quad f(x_0+\Delta x,y_0+\Delta y)\approx f(x_0,y_0)+\mathrm{d}f(x_0,y_0)$，

取 $\quad x_0=2$，$y_0=1$，$\Delta x=-0.03$，$\Delta y=0.05$，代入上式，得

$$1.97^{1.05}=f(1.97,1.05)\approx f(2,1)+2^1\times\left[\frac{1}{2}\times(-0.03)+\ln 2\times 0.05\right]=2.0393.$$

习题 6-3

1. 求下列函数的全微分.

(1) $z=\mathrm{e}^{\frac{y}{x}}$；

(2) $z=x^2\mathrm{e}^y+y^2\sin x$；

(3) $z=\ln(3x-2y)$；

(4) $z=\dfrac{xy}{x-y}$；

(5) $u=y+\sin\dfrac{x}{3}+\mathrm{e}^{xz}$

(6) $u=\sqrt{x^2+y^2+z^2}$.

2. 写出二元函数 $z=\ln(1+x^2+y^2)$ 当 $x=1$，$y=2$ 时的全微分.

3. 求函数 $z=x^2-xy+2y^2$ 在点 $(-1,1)$ 的全微分.

4. 求 $1.04^{2.02}$ 的近似值.

5. 一个圆柱体的底面半径 R 由 200mm 增加到 200.5mm，高 H 由 1000mm 减少到 995mm 时，求体积 V 变化的近似值.

第四节　复合函数的求导法则

本节我们将要把一元函数微分学中复合函数的求导法则推广到多元复合函数的情形. 多元复合函数求导时，要注意无论是中间变量还是因变量，如果是多元函数则求偏导数；如果是一元函数只能求全导数.

一、复合函数的求导法则

定理 1 设函数 $u=u(t),v=v(t)$ 在点 t 可导，函数 $z=f(u,v)$ 在 $(u(t),v(t))$ 的某个邻域内有连续偏导数，则复合函数 $z=f[u(t),v(t)]$ 在点 t 可导，且有

$$\frac{\mathrm{d}z}{\mathrm{d}t}=\frac{\partial z}{\partial u}\times\frac{\mathrm{d}u}{\mathrm{d}t}+\frac{\partial z}{\partial v}\times\frac{\mathrm{d}v}{\mathrm{d}t}. \tag{1-3}$$

证 假设 t 处有增量 Δt，则 $u(t)$ 与 $v(t)$ 分别从 $u(t)$，$v(t)$ 变化到 $u(t+\Delta t)$，$v(t+\Delta t)$，记为 $\Delta u = u(t+\Delta t) - u(t)$，$\Delta v = v(t+\Delta t) - v(t)$，则有

$$\Delta z = f[u(t+\Delta t), v(t+\Delta t)] - f[u(t), v(t)].$$

由于 $z = f[u(t), v(t)]$ 在 $(u(t), v(t))$ 的某个邻域内有连续偏导数，则

$$\Delta z = \frac{\partial z}{\partial u}\Delta u + \frac{\partial z}{\partial v}\Delta v + \varepsilon_1 \Delta u + \varepsilon_2 \Delta v,$$

其中 $\lim\limits_{\Delta t \to 0} \varepsilon_1 = \lim\limits_{\Delta t \to 0} \varepsilon_2 = 0$。

从而

$$\frac{\Delta z}{\Delta t} = \frac{\partial z}{\partial u} \times \frac{\Delta u}{\Delta t} + \frac{\partial z}{\partial v} \times \frac{\Delta v}{\Delta t} + \varepsilon_1 \frac{\Delta u}{\Delta t} + \varepsilon_2 \frac{\Delta v}{\Delta t},$$

又因为 $u = u(t)$，$v = v(t)$ 可导，即有 $\lim\limits_{\Delta t \to 0} \Delta u = \lim\limits_{\Delta t \to 0} \Delta v = 0$，$\lim\limits_{\Delta t \to 0} \frac{\Delta u}{\Delta t} = \frac{\mathrm{d}u}{\mathrm{d}t}$，$\lim\limits_{\Delta t \to 0} \frac{\Delta v}{\Delta t} = \frac{\mathrm{d}v}{\mathrm{d}t}$，

所以有

$$\frac{\mathrm{d}z}{\mathrm{d}t} = \lim\limits_{\Delta t \to 0} \frac{\Delta z}{\Delta t} = \frac{\partial z}{\partial u} \times \frac{\mathrm{d}u}{\mathrm{d}t} + \frac{\partial z}{\partial v} \times \frac{\mathrm{d}v}{\mathrm{d}t}.$$ 得证．

推论 设 $z = f(u, v, w)$ 与 $u = u(t)$，$v = v(t)$，$w = w(t)$ 复合而得复合函数为 $z = f[u(t), v(t), w(t)]$，若 $z = f[u(t), v(t), w(t)]$ 在点 t 可导，则

$$\frac{\mathrm{d}z}{\mathrm{d}t} = \frac{\partial z}{\partial u} \times \frac{\mathrm{d}u}{\mathrm{d}t} + \frac{\partial z}{\partial v} \times \frac{\mathrm{d}v}{\mathrm{d}t} + \frac{\partial z}{\partial w} \times \frac{\mathrm{d}w}{\mathrm{d}t}. \tag{1-4}$$

式(1-3)、式(1-4) 中的导数 $\frac{\mathrm{d}z}{\mathrm{d}t}$ 称为**全导数**．

定理 2 设函数 $u = u(x, y)$，$v = v(x, y)$ 在点 (x, y) 具有对 x 及 y 的偏导数，函数 $z = f(u, v)$ 在对应点 $(u(x, y), v(x, y))$ 具有连续偏导数，则复合函数 $z = f[(u(x, y), v(x, y)]$ 在点 (x, y) 存在偏导数，且

$$\frac{\partial z}{\partial x} = \frac{\partial z}{\partial u} \times \frac{\partial u}{\partial x} + \frac{\partial z}{\partial v} \times \frac{\partial v}{\partial x}; \tag{1-5}$$

$$\frac{\partial z}{\partial y} = \frac{\partial z}{\partial u} \times \frac{\partial u}{\partial y} + \frac{\partial z}{\partial v} \times \frac{\partial v}{\partial y}. \tag{1-6}$$

证明略．

定理 3 设函数 $u = u(x, y)$ 在点 (x, y) 具有对 x 及 y 的偏导数，$v = v(y)$ 在点 y 可导，函数 $z = f(u, v)$ 在对应点 $(u(x, y), v(y))$ 具有连续偏导数，则复合函数 $z = f[(u(x, y), v(y)]$ 在点 (x, y) 存在偏导数，且

$$\frac{\partial z}{\partial x} = \frac{\partial z}{\partial u} \times \frac{\partial u}{\partial x};$$

$$\frac{\partial z}{\partial y} = \frac{\partial z}{\partial u} \times \frac{\partial u}{\partial y} + \frac{\partial z}{\partial v} \times \frac{\mathrm{d}v}{\mathrm{d}y}.$$

证明略．

通过上面三个定理可以总结出：对于复合函数求导，首先要分析复合函数的复合结构，画出函数之间的复合关系图，并根据口诀——**分段用乘，分叉用加，单路全导，岔路偏导**，写出复合函数求导法则，再计算．

例 1 设 $z = \mathrm{e}^{x-2y}$，其中 $x = \sin t$，$y = t^3$，求 $\frac{\mathrm{d}z}{\mathrm{d}t}$．

解 设 $u = x - 2y$，又 $x = \sin t$，$y = t^3$，则复合函数求导法则为

$$\frac{\mathrm{d}z}{\mathrm{d}t} = \frac{\mathrm{d}z}{\mathrm{d}u} \times \frac{\partial u}{\partial x} \times \frac{\mathrm{d}x}{\mathrm{d}t} + \frac{\mathrm{d}z}{\mathrm{d}u} \times \frac{\partial u}{\partial y} \times \frac{\mathrm{d}y}{\mathrm{d}t}$$

$$= \mathrm{e}^{x-2y} \cos t - 2\mathrm{e}^{x-2y} \times (3t^2)$$

$$= \mathrm{e}^{\sin t - 2t^3}(\cos t - 6t^2).$$

例 2　设 $z = \mathrm{e}^u \sin v$，而 $u = xy$，$v = x + y$. 求偏导数 $\dfrac{\partial z}{\partial x}$ 和 $\dfrac{\partial z}{\partial y}$.

解　首先写出复合函数求导法则

$$\frac{\partial z}{\partial x} = \frac{\partial z}{\partial u} \times \frac{\partial u}{\partial x} + \frac{\partial z}{\partial v} \times \frac{\partial v}{\partial x}$$

$$= \mathrm{e}^u \sin v \times y + \mathrm{e}^u \cos v \times 1$$

$$= \mathrm{e}^{xy}[y\sin(x+y) + \cos(x+y)],$$

$$\frac{\partial z}{\partial y} = \frac{\partial z}{\partial u} \times \frac{\partial u}{\partial y} + \frac{\partial z}{\partial v} \times \frac{\partial v}{\partial y}$$

$$= \mathrm{e}^u \sin v \times x + \mathrm{e}^u \cos v \times 1$$

$$= \mathrm{e}^{xy}[x\sin(x+y) + \cos(x+y)].$$

例 3　$z = x^2y - xy^2$，其中 $x = u\cos v$，$y = u\sin v$，求偏导数 $\dfrac{\partial z}{\partial u}$，$\dfrac{\partial z}{\partial v}$.

解　首先写出复合函数求导法则

$$\frac{\partial z}{\partial u} = \frac{\partial z}{\partial x} \times \frac{\partial x}{\partial u} + \frac{\partial z}{\partial y} \times \frac{\partial y}{\partial u}$$

$$= (2xy - y^2)\cos v + (x^2 - 2xy)\sin v$$

$$= 3u^2 \sin v \cos v(\cos v - \sin v);$$

$$\frac{\partial z}{\partial v} = \frac{\partial z}{\partial x} \times \frac{\partial x}{\partial v} + \frac{\partial z}{\partial y} \times \frac{\partial y}{\partial v}$$

$$= (2xy - y^2)(-u\sin v) + (x^2 - 2xy)u\cos v$$

$$= u^3(\sin v + \cos v)(1 - 3\sin v \cos v).$$

例 4　$z = f(u, v)$，其中 $u = \sqrt{xy}$，$v = x + y$，求偏导数 $\dfrac{\partial z}{\partial x}$，$\dfrac{\partial z}{\partial y}$.

解　这里 z 关于 u，v 的函数是抽象函数，我们一般将 z 对于 u，v 的偏导数记为 $\dfrac{\partial f}{\partial u}$，$\dfrac{\partial f}{\partial v}$，从而复合函数求导法则为

$$\frac{\partial z}{\partial x} = \frac{\partial f}{\partial u} \times \frac{\partial u}{\partial x} + \frac{\partial f}{\partial v} \times \frac{\partial v}{\partial x} = \frac{1}{2}\sqrt{\frac{y}{x}} \times \frac{\partial f}{\partial u} + \frac{\partial f}{\partial v};$$

$$\frac{\partial z}{\partial y} = \frac{\partial f}{\partial u} \times \frac{\partial u}{\partial y} + \frac{\partial f}{\partial v} \times \frac{\partial v}{\partial y} = \frac{1}{2}\sqrt{\frac{x}{y}} \times \frac{\partial f}{\partial u} + \frac{\partial f}{\partial v}.$$

例 5　设 $z = x^2 f\left(\dfrac{y}{x}, \sin\sqrt{xy}\right)$，求 $\dfrac{\partial z}{\partial x}$，$\dfrac{\partial z}{\partial y}$.

解　此题为抽象函数，所以只能用多元复合函数求导法则.

令 $u = \dfrac{y}{x}$，$v = \sin\sqrt{xy}$，则 $z = x^2 f(u, v)$，于是

$$\frac{\partial z}{\partial x}=2xf(u,v)+x^2f_x(u,v)=2xf(u,v)+x^2\times\left[\frac{\partial f}{\partial u}\times\frac{\partial u}{\partial x}+\frac{\partial f}{\partial v}\times\frac{\partial v}{\partial x}\right]$$

$$=2xf(u,v)+x^2\left[\frac{\partial f}{\partial u}\times\left(-\frac{y}{x^2}\right)+\frac{\partial f}{\partial v}\times\cos\sqrt{xy}\times\frac{1}{2\sqrt{xy}}\times y\right]$$

$$=2xf\left(\frac{y}{x},\sin\sqrt{xy}\right)+x^2\left(-\frac{y}{x^2}\times\frac{\partial f}{\partial u}+\frac{1}{2}\sqrt{\frac{y}{x}}\cos\sqrt{xy}\frac{\partial f}{\partial v}\right),$$

$$\frac{\partial z}{\partial y}=x^2f_y(u,v)=x^2\left[\frac{\partial f}{\partial u}\times\frac{\partial u}{\partial y}+\frac{\partial f}{\partial v}\times\frac{\partial v}{\partial y}\right]=x^2\left[\frac{\partial f}{\partial u}\times\frac{1}{x}+\frac{\partial f}{\partial v}\cos\sqrt{xy}\frac{x}{2\sqrt{xy}}\right]$$

$$=x^2\left(\frac{1}{x}\times\frac{\partial f}{\partial u}+\frac{1}{2}\sqrt{\frac{x}{y}}\cos\sqrt{xy}\frac{\partial f}{\partial v}\right).$$

二、全微分形式不变性

设函数 $z=f(u,v)$ 具有连续偏导数，则有全微分公式

$$dz=\frac{\partial z}{\partial u}du+\frac{\partial z}{\partial v}dv.$$

如果 u,v 又是 x,y 的函数 $u=u(x,y),v=v(x,y)$，且这两个函数也具有连续偏导数，则复合函数 $z=f[u(x,y),v(x,y)]$ 的全微分为

$$dz=\frac{\partial z}{\partial x}dx+\frac{\partial z}{\partial y}dy.$$

其中 $\frac{\partial z}{\partial x}$ 及 $\frac{\partial z}{\partial y}$ 分别由式(1-5)，式(1-6) 给出．把式(1-5)，式(1-6) 中的 $\frac{\partial z}{\partial x}$ 及 $\frac{\partial z}{\partial y}$ 代入上式，得

$$dz=\left(\frac{\partial z}{\partial u}\times\frac{\partial u}{\partial x}+\frac{\partial z}{\partial v}\times\frac{\partial v}{\partial x}\right)dx+\left(\frac{\partial z}{\partial u}\times\frac{\partial u}{\partial y}+\frac{\partial z}{\partial v}\times\frac{\partial v}{\partial y}\right)dy$$

$$=\frac{\partial z}{\partial u}\left(\frac{\partial u}{\partial x}dx+\frac{\partial u}{\partial y}dy\right)+\frac{\partial z}{\partial v}\left(\frac{\partial v}{\partial x}dx+\frac{\partial v}{\partial y}dy\right)$$

$$=\frac{\partial z}{\partial u}du+\frac{\partial z}{\partial v}dv.$$

由此可见，无论 z 是自变量 u，v 的函数或中间变量 u，v 的函数，它的全微分形式是一样的．这个性质叫作多元函数的**全微分形式不变性**．

例6 利用全微分形式不变性解本节例2.

解 $dz=d(e^u\sin v)=e^u\sin v du+e^u\cos v dv$；

因为 $du=d(xy)=ydx+xdy,dv=d(x+y)=dx+dy$；

代入并合并后得到

$$dz=(e^u\sin v\times y+e^u\cos v)dx+(e^u\sin v\times x+e^u\cos v)dy$$；

$$dz=\frac{\partial z}{\partial x}dx+\frac{\partial z}{\partial y}dy$$

$$=e^{xy}[y\sin(x+y)+\cos(x+y)]dx+e^{xy}[x\sin(x+y)+\cos(x+y)]dy.$$

比较上式两边的系数，就同时得到两个偏导数 $\frac{\partial z}{\partial x}$，$\frac{\partial z}{\partial y}$，与例2的结果一样．

$$\frac{\partial z}{\partial x} = \mathrm{e}^{xy}[y\sin(x+y)+\cos(x+y)],$$

$$\frac{\partial z}{\partial y} = \mathrm{e}^{xy}[x\sin(x+y)+\cos(x+y)].$$

习题 6-4

1. 设 $z = \dfrac{x^2}{y^2}\ln(2x-y)$，求偏导数 $\dfrac{\partial z}{\partial x}$，$\dfrac{\partial z}{\partial y}$.

2. 设 $z = \ln(u^2+v)$，$u = \mathrm{e}^{x^2+y^2}$，$v = x^2+y$，求偏导数 $\dfrac{\partial z}{\partial x}$，$\dfrac{\partial z}{\partial y}$.

3. 设 $z = uv + \sin x$，$u = \mathrm{e}^x$，$v = \cos x$，求全导数 $\dfrac{\mathrm{d}z}{\mathrm{d}x}$.

4. $u = \tan(3x+2y^2-z)$，其中 $y = \dfrac{1}{x}$，$z = \sqrt{x}$，求全导数 $\dfrac{\mathrm{d}u}{\mathrm{d}x}$.

5. 设 $z = uv$，$u = \mathrm{e}^{2x}$，$v = \cos x$，求全导数 $\dfrac{\mathrm{d}z}{\mathrm{d}x}$.

6. 设 $z = \sin(u+v)$，$u = xy$，$v = x^2-y^2$，求偏导数 $\dfrac{\partial z}{\partial x}$，$\dfrac{\partial z}{\partial y}$.

7. 设 $w = f(u,v)$，其中 $u = x+y+z$，$v = x^2+y^2+z^2$，求 $\dfrac{\partial w}{\partial x}$，$\dfrac{\partial w}{\partial y}$，$\dfrac{\partial w}{\partial z}$.

8. 利用一阶全微分形式的不变性求函数 $u = \dfrac{x}{x^2+y^2+z^2}$ 的偏导数.

9. 求函数 $z = \arctan\dfrac{x+y}{1-xy}$ 的全微分 $\mathrm{d}z$.

10. 设 $w = f(x+xy+xyz)$，求 $\dfrac{\partial w}{\partial x}$，$\dfrac{\partial w}{\partial y}$，$\dfrac{\partial w}{\partial z}$.

11. 设 $z = f(u,x,y)$，$u = x\mathrm{e}^y$，f 具有二阶连续偏导数，求二阶混合偏导数 $\dfrac{\partial^2 z}{\partial x \partial y}$.

第五节　隐函数的求导公式

第二章第四节我们学习了隐函数的概念，并且利用一元复合函数的求导法，指出了直接由方程 $F(x,y)=0$ 所确定的隐函数 $y=f(x)$ 的导数的方法．现在介绍利用多元复合函数求导法则给出隐函数的导数公式．

一、一个方程确定一个隐函数的情形

将方程 $F(x,y)=0$ 所确定的隐函数 $y=f(x)$ 代入方程，得到恒等式

$$F[x,f(x)] \equiv 0.$$

其左端可以看作一个复合函数，求这个函数 $F[x,f(x)]$ 的全导数，由于恒等式两端求导后仍然恒等，所以 $\dfrac{\partial F}{\partial x} + \dfrac{\partial F}{\partial y} \times \dfrac{\mathrm{d}y}{\mathrm{d}x} = 0$. 或记为 $F_x + F_y \dfrac{\mathrm{d}y}{\mathrm{d}x} = 0$.

若 F_y 连续，且 $F_y(x_0,y_0)\neq0$，则存在 (x_0,y_0) 的一个邻域，在这个邻域内 $F_y\neq0$，于是得 $\dfrac{\mathrm{d}y}{\mathrm{d}x}=-\dfrac{F_x}{F_y}$. 即得到隐函数的求导公式.

定理 1 设函数 $F(x,y)$ 在点 $P(x_0,y_0)$ 的某一邻域内具有连续偏导数，且 $F(x_0,y_0)=0$，$F_y(x_0,y_0)\neq0$，则方程 $F(x,y)=0$ 在点 $P(x_0,y_0)$ 的某一邻域内唯一确定一个连续且具有连续导数的函数 $y=f(x)$，它满足条件 $y_0=f(x_0)$，并有

$$\frac{\mathrm{d}y}{\mathrm{d}x}=-\frac{\dfrac{\partial F}{\partial x}}{\dfrac{\partial F}{\partial y}}=-\frac{F_x}{F_y}.$$

例 1 求由方程 $x^2+y^2=1$ 所确定的隐函数 $y=f(x)$ 的导数 $\dfrac{\mathrm{d}y}{\mathrm{d}x}$.

解 令 $F(x,y)=x^2+y^2-1$，则 $F_x=\dfrac{\partial F}{\partial x}=2x$，$F_y=\dfrac{\partial F}{\partial y}=2y$，由定理 1 得

$$\frac{\mathrm{d}y}{\mathrm{d}x}=-\frac{F_x}{F_y}=-\frac{2x}{2y}=-\frac{x}{y}.$$

隐函数求导公式可以推广到多元函数的隐函数求导.

如一个三元方程 $F(x,y,z)=0$，就可以确定一个二元隐函数 $z=f(x,y)$，则其代入方程，得 $F[x,y,f(x,y)]\equiv0$.

将上式两端分别对 x 和 y 求偏导数，根据复合函数求导法则得

$$F_x+F_z\frac{\partial z}{\partial x}=0, F_y+F_z\frac{\partial z}{\partial y}=0.$$

若 $F_z\neq0$，则有 $\dfrac{\partial z}{\partial x}=-\dfrac{F_x}{F_z}$，$\dfrac{\partial z}{\partial y}=-\dfrac{F_y}{F_z}$.

类似定理 1，我们给出定理 2.

定理 2 设函数 $F(x,y,z)$ 在点 $P(x_0,y_0,z_0)$ 的某一邻域内具有连续偏导数，且 $F(x_0,y_0,z_0)=0$，$F_y(x_0,y_0,z_0)\neq0$，则方程 $F(x,y,z)=0$ 在点 $P(x_0,y_0,z_0)$ 的某一邻域内，唯一确定一个连续且具有连续偏导数的隐函数 $z=f(x,y)$，它满足条件 $z_0=f(x_0,y_0)$，并有 $\dfrac{\partial z}{\partial x}=-\dfrac{F_x}{F_z}$，$\dfrac{\partial z}{\partial y}=-\dfrac{F_y}{F_z}$.

例 2 设 $\mathrm{e}^{-xy}-2z+\mathrm{e}^{-z}=0$，求偏导数 $\dfrac{\partial z}{\partial x}$，$\dfrac{\partial z}{\partial y}$.

解 方法一：用公式法，设 $F(x,y,z)=\mathrm{e}^{-xy}-2z+\mathrm{e}^{-z}$，
则 $F_x=-y\mathrm{e}^{-xy}$，$F_y=-x\mathrm{e}^{-xy}$，$F_z=-2-\mathrm{e}^{-z}$，代入公式：

$$\frac{\partial z}{\partial x}=-\frac{F_x}{F_z}=-\frac{-y\mathrm{e}^{-xy}}{-2-\mathrm{e}^{-z}}=-\frac{y\mathrm{e}^{-xy}}{2+\mathrm{e}^{-z}}; \frac{\partial z}{\partial y}=-\frac{F_y}{F_z}=-\frac{-x\mathrm{e}^{-xy}}{-2-\mathrm{e}^{-z}}=-\frac{x\mathrm{e}^{-xy}}{2+\mathrm{e}^{-z}}.$$

方法二：方程两端求导，由于方程有三个变量，故只有两个变量是独立的，所以求 $\dfrac{\partial z}{\partial x}$，$\dfrac{\partial z}{\partial y}$ 时，将 z 看作 x，y 的函数. 方程两端对 x 求偏导数，y 看作常量得

$$\mathrm{e}^{-xy}(-y)-2\frac{\partial z}{\partial x}-\mathrm{e}^{-z}\frac{\partial z}{\partial x}=0, 即\frac{\partial z}{\partial x}=-\frac{y\mathrm{e}^{-xy}}{2+\mathrm{e}^{-z}};$$

方程两端对 y 求偏导数，x 看作常量得

$$e^{-xy}(-x) - 2\frac{\partial z}{\partial y} - e^{-z}\frac{\partial z}{\partial y} = 0, \ 即 \frac{\partial z}{\partial y} = -\frac{x\,e^{-xy}}{2 + e^{-z}}.$$

方法三： 利用全微分求 $\dfrac{\partial z}{\partial x}$，$\dfrac{\partial z}{\partial y}$. 方程两边求全微分，利用微分形式不变性，则

$$d(e^{-xy}) - 2dz + de^{-z} = 0,$$
$$-e^{-xy}d(xy) - 2dz - e^{-z}dz = 0,$$
$$-e^{-xy}(y\,dx + x\,dy) - (2 + e^{-z})dz = 0,$$
$$dz = -\frac{y\,e^{-xy}}{2 + e^{-z}}dx - \frac{x\,e^{-xy}}{2 + e^{-z}}dy,$$

因此

$$\frac{\partial z}{\partial x} = -\frac{y\,e^{-xy}}{2 + e^{-z}}, \frac{\partial z}{\partial y} = -\frac{x\,e^{-xy}}{2 + e^{-z}}.$$

例 3　设方程 $x^2 + y^2 + z^2 - 4z = 1$，求 $\dfrac{\partial z}{\partial x}$，$\dfrac{\partial^2 z}{\partial x^2}$.

解　令 $F(x,y,z) = x^2 + y^2 + z^2 - 4z - 1$，则 $F_x = 2x$，$F_z = 2z - 4$. 由定理 2，得

$$\frac{\partial z}{\partial x} = -\frac{F_x}{F_z} = \frac{x}{2 - z}.$$

两端再对 x 求偏导数，这时要注意 z 是关于 x 的函数，得

$$\frac{\partial^2 z}{\partial x^2} = \frac{(2-z) + x\dfrac{\partial z}{\partial x}}{(2-z)^2} = \frac{(2-z) + x\left(\dfrac{x}{2-z}\right)}{(2-z)^2} = \frac{(2-z)^2 + x^2}{(2-z)^3}.$$

二、两个方程的方程组确定两个隐函数的情形

下面我们考虑由方程组 $\begin{cases} F(x,y,u,v) = 0 \\ G(x,y,u,v) = 0 \end{cases}$ 确定的两个二元隐函数 $u = u(x,y)$，$v = v(x,$ $y)$ 的隐函数求导公式.

由于　　　　　$\begin{cases} F[x,y,u(x,y),v(x,y)] \equiv 0 \\ G[x,y,u(x,y),v(x,y)] \equiv 0 \end{cases}$，

将恒等式两端分别对 x 求导，由复合函数求导法则得 $\begin{cases} F_x + F_u\dfrac{\partial u}{\partial x} + F_v\dfrac{\partial v}{\partial x} = 0 \\ G_x + G_u\dfrac{\partial u}{\partial x} + G_v\dfrac{\partial v}{\partial x} = 0 \end{cases}$.

这是关于 $\dfrac{\partial u}{\partial x}$，$\dfrac{\partial v}{\partial x}$ 的线性方程组，若点 $P(x_0, y_0, u_0, v_0)$ 的一个邻域内系数行列式为

$$J = \begin{vmatrix} F_u & F_v \\ G_u & G_v \end{vmatrix} \neq 0.$$

则齐次线性方程组有唯一解：

$$\frac{\partial u}{\partial x} = -\frac{1}{J}\begin{vmatrix} F_x & F_v \\ G_x & G_v \end{vmatrix}, \frac{\partial v}{\partial x} = -\frac{1}{J}\begin{vmatrix} F_u & F_x \\ G_u & G_x \end{vmatrix}.$$

同理可得，$\dfrac{\partial u}{\partial y}=-\dfrac{1}{J}\begin{vmatrix} F_y & F_v \\ G_y & G_v \end{vmatrix}$，$\dfrac{\partial v}{\partial y}=-\dfrac{1}{J}\begin{vmatrix} F_u & F_y \\ G_u & G_y \end{vmatrix}$. 即得到下面的定理 3.

定理 3 设 $F(x,y,u,v),G(x,y,u,v)$ 在点 $P(x_0,y_0,u_0,v_0)$ 的某一邻域内具有对各个变量的连续偏导数，又 $F(x_0,y_0,u_0,v_0)=0,G(x_0,y_0,u_0,v_0)=0$ 且偏导数所组成的函数行列式［或称**雅可比（Jacobi）式**］：

$$J=\begin{vmatrix} F_u & F_v \\ G_u & G_v \end{vmatrix}.$$

雅可比式 J 在点 $P(x_0,y_0,u_0,v_0)$ 不等于零，则方程组 $F(x,y,u,v)=0,G(x,y,u,v)=0$ 在点 $P(x_0,y_0,u_0,v_0)$ 的某一邻域内能唯一确定一组连续且具有连续偏导数的函数 $u=u(x,y),v=v(x,y)$，它们满足条件 $u_0=u(x_0,y_0),v_0=v(x_0,y_0)$，并有

$$\frac{\partial u}{\partial x}=-\frac{1}{J}\begin{vmatrix} F_x & F_v \\ G_x & G_v \end{vmatrix}=-\frac{\begin{vmatrix} F_x & F_v \\ G_x & G_v \end{vmatrix}}{\begin{vmatrix} F_u & F_v \\ G_u & G_v \end{vmatrix}},\quad \frac{\partial v}{\partial x}=-\frac{1}{J}\begin{vmatrix} F_u & F_x \\ G_u & G_x \end{vmatrix}=-\frac{\begin{vmatrix} F_u & F_x \\ G_u & G_x \end{vmatrix}}{\begin{vmatrix} F_u & F_v \\ G_u & G_v \end{vmatrix}},$$

$$\frac{\partial u}{\partial y}=-\frac{1}{J}\begin{vmatrix} F_y & F_v \\ G_y & G_v \end{vmatrix}=-\frac{\begin{vmatrix} F_y & F_v \\ G_y & G_v \end{vmatrix}}{\begin{vmatrix} F_u & F_v \\ G_u & G_v \end{vmatrix}},\quad \frac{\partial v}{\partial y}=-\frac{1}{J}\begin{vmatrix} F_u & F_y \\ G_u & G_y \end{vmatrix}=-\frac{\begin{vmatrix} F_u & F_y \\ G_u & G_y \end{vmatrix}}{\begin{vmatrix} F_u & F_v \\ G_u & G_v \end{vmatrix}}.$$

注 上述求导公式虽然形式复杂，但其中有规律可循；另外在实际计算中，可以不必直接套用这些公式，关键是要掌握求隐函数偏导数的方法.

例 4 设 $xu-yv=0$，$yu+xv=1$，求 $\dfrac{\partial u}{\partial x}$，$\dfrac{\partial u}{\partial y}$，$\dfrac{\partial v}{\partial x}$，$\dfrac{\partial v}{\partial y}$.

解 方法一：用公式法. 设 $F(x,y,u,v)=xu-yv,G(x,y,u,v)=yu+xv-1$.
求偏导数得到

$F_x(x,y,u,v)=u,F_y(x,y,u,v)=-v,F_u(x,y,u,v)=x,F_v(x,y,u,v)=-y$,
$G_x(x,y,u,v)=v,G_y(x,y,u,v)=u,G_u(x,y,u,v)=y,G_v(x,y,u,v)=x$.

代入公式得

$$\frac{\partial u}{\partial x}=-\frac{\begin{vmatrix} F_x & F_v \\ G_x & G_v \end{vmatrix}}{\begin{vmatrix} F_u & F_v \\ G_u & G_v \end{vmatrix}}=-\frac{\begin{vmatrix} u & -y \\ v & x \end{vmatrix}}{\begin{vmatrix} x & -y \\ y & x \end{vmatrix}}=-\frac{xu+yv}{x^2+y^2},\quad \frac{\partial v}{\partial x}=-\frac{\begin{vmatrix} F_u & F_x \\ G_u & G_x \end{vmatrix}}{\begin{vmatrix} F_u & F_v \\ G_u & G_v \end{vmatrix}}=-\frac{\begin{vmatrix} x & u \\ y & v \end{vmatrix}}{\begin{vmatrix} x & -y \\ y & x \end{vmatrix}}=\frac{yu-xv}{x^2+y^2};$$

$$\frac{\partial u}{\partial y}=-\frac{\begin{vmatrix} F_y & F_v \\ G_y & G_v \end{vmatrix}}{\begin{vmatrix} F_u & F_v \\ G_u & G_v \end{vmatrix}}=-\frac{\begin{vmatrix} -v & -y \\ u & x \end{vmatrix}}{\begin{vmatrix} x & -y \\ y & x \end{vmatrix}}=\frac{xv-yu}{x^2+y^2},\quad \frac{\partial v}{\partial y}=-\frac{\begin{vmatrix} F_u & F_y \\ G_u & G_y \end{vmatrix}}{\begin{vmatrix} F_u & F_v \\ G_u & G_v \end{vmatrix}}=-\frac{\begin{vmatrix} x & -v \\ y & u \end{vmatrix}}{\begin{vmatrix} x & -y \\ y & x \end{vmatrix}}=-\frac{xu+yv}{x^2+y^2}.$$

方法二：将方程两边同时对 x 求导，y 看作常量，求 $\dfrac{\partial u}{\partial x}$，$\dfrac{\partial v}{\partial x}$ 时，将 u,v 看作 x,y 的函数，并移项得

$$\begin{cases} x \dfrac{\partial u}{\partial x} - y \dfrac{\partial v}{\partial x} = -u, \\ y \dfrac{\partial u}{\partial x} + x \dfrac{\partial v}{\partial x} = -v. \end{cases}$$

在雅可比式 $J = \begin{vmatrix} x & -y \\ y & x \end{vmatrix} = x^2 + y^2 \neq 0$ 的条件下，关于 $\dfrac{\partial u}{\partial x}$，$\dfrac{\partial v}{\partial x}$ 的线性方程组有唯一解：

$$\frac{\partial u}{\partial x} = -\frac{xu + yv}{x^2 + y^2}, \quad \frac{\partial v}{\partial x} = \frac{\begin{vmatrix} x & -u \\ y & -v \end{vmatrix}}{\begin{vmatrix} x & -y \\ y & x \end{vmatrix}} = \frac{yu - xv}{x^2 + y^2}.$$

同样将方程两边对 y 求导，x 看作常量，在 $J = x^2 + y^2 \neq 0$ 的条件下可得

$$\frac{\partial u}{\partial y} = \frac{xv - yu}{x^2 + y^2}, \quad \frac{\partial v}{\partial y} = -\frac{xu + yv}{x^2 + y^2}.$$

习题 6-5

1. 已知方程 $\ln\sqrt{x^2 + y^2} = \arctan\dfrac{y}{x}$，求隐函数导数 $\dfrac{\mathrm{d}y}{\mathrm{d}x}$.

2. 设方程 $x + 2y + z - 2\sqrt{xyz} = 0$，求隐函数偏导数 $\dfrac{\partial z}{\partial x}$，$\dfrac{\partial z}{\partial y}$.

3. 求由方程 $\dfrac{x^2}{a^2} + \dfrac{y^2}{b^2} + \dfrac{z^2}{c^2} = 1$ 所确定的 x，y 的函数的偏导数 $\dfrac{\partial z}{\partial x}$，$\dfrac{\partial z}{\partial y}$.

4. 求由方程 $\mathrm{e}^x - xyz = 0$ 所确定的 x，y 的函数的偏导数 $\dfrac{\partial z}{\partial x}$，$\dfrac{\partial z}{\partial y}$.

5. 求由方程 $x^3 + y^3 + z^3 - 3axyz = 0$ 所确定的 x，y 的函数的偏导数 $\dfrac{\partial z}{\partial x}$，$\dfrac{\partial z}{\partial y}$.

6. 设方程组 $\begin{cases} x + y + z = 0 \\ x^2 + y^2 + z^2 = 1 \end{cases}$，求隐函数导数 $\dfrac{\mathrm{d}x}{\mathrm{d}z}$，$\dfrac{\mathrm{d}y}{\mathrm{d}z}$.

7. 已知方程 $\mathrm{e}^{-xy} - 2z + \mathrm{e}^z = 0$，求隐函数的偏导数 $\dfrac{\partial z}{\partial x}$ 和 $\dfrac{\partial z}{\partial y}$.

8. 设方程组 $\begin{cases} u^2 + v^2 - x^2 - y = 0 \\ -u + v - xy + 1 = 0 \end{cases}$，求隐函数的偏导数 $\dfrac{\partial x}{\partial u}$，$\dfrac{\partial y}{\partial u}$.

9. 设 $u = f(x, y, z) = xyz$，而 z 是由方程 $x^3 + y^3 + z^3 - 3xyz = 0$ 所确定的 x，y 的函数，求偏导数 $\dfrac{\partial u}{\partial x}$.

第六节 方向导数与梯度

一、方向导数

设二元函数 $f(x, y)$ 在点 $P(x_0, y_0)$ 存在两个偏导数 $f_x(x_0, y_0)$，$f_y(x_0, y_0)$．

由前面知识知道它们只是过点 P 平行于坐标轴方向的变化率，在实际应用中，我们需要知道函数 $f(x,y)$ 在点 P 沿任意方向的变化率，这就需从点 $P_0(x_0,y_0)$ 作射线 l. 设 l 的方向余弦是 $\cos\alpha$，$\cos\beta$，在射线 l 上任取一点 $P(x,y)$. 设 $\rho=|PP_0|=\sqrt{(x-x_0)^2+(y-y_0)^2}$，如图 6-3，并且 $\Delta x=x-x_0=\rho\cos\alpha$，$\Delta y=y-y_0=\rho\cos\beta$.

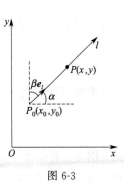

图 6-3

定义 1 在过点 $P_0(x_0,y_0)$ 的射线 l 上任取一点 $P(x_0+\Delta x, y_0+\Delta y)$，设 $\rho=|P-P_0|$. 若极限

$$\lim_{\rho\to 0^+}\frac{f(P)-f(P_0)}{\rho}=\lim_{\rho\to 0^+}\frac{f(x_0+\Delta x,y_0+\Delta y)-f(x_0,y_0)}{\rho}$$

存在，则称此极限是函数 $f(x,y)$ 在点 P_0 沿着射线 l 的**方向导数**，记作 $\left.\dfrac{\partial f}{\partial l}\right|_{P_0}$ 或 $f_l(x_0, y_0)$，即 $\left.\dfrac{\partial f}{\partial l}\right|_{P_0}=\lim_{\rho\to 0^+}\dfrac{f(P)-f(P_0)}{\rho}$，

或
$$\left.\frac{\partial f}{\partial l}\right|_{(x_0,y_0)}=\lim_{\rho\to 0^+}\frac{f(x_0+\Delta x,y_0+\Delta y)-f(x_0,y_0)}{\rho}.$$

关于方向导数的存在及计算，我们有以下定理.

定理 1 若函数 $f(x,y)$ 在点 $P(x_0,y_0)$ 可微，则函数 $f(x,y)$ 在点 P 沿任意射线 l 的方向导数都存在，且

$$\left.\frac{\partial f}{\partial l}\right|_{(x_0,y_0)}=f_x(x_0,y_0)\cos\alpha+f_y(x_0,y_0)\cos\beta,$$

其中 $\cos\alpha$，$\cos\beta$ 是射线 l 的方向余弦.

证明 由可微定义，有

$$\Delta f=f(x_0+\Delta x,y_0+\Delta y)-f(x_0,y_0)=f_x(x_0,y_0)\Delta x+f_y(x_0,y_0)\Delta y+o(\rho),$$

点 $(x_0+\Delta x, y_0+\Delta y)$ 在以 (x_0, y_0) 为始点的射线 l 上时，应有

$$\Delta x=\rho\cos\alpha,\Delta y=\rho\cos\beta,\rho=\sqrt{(\Delta x)^2+(\Delta y)^2},$$

所以，$\lim_{\rho\to 0^+}\dfrac{f(x_0+\Delta x,y_0+\Delta y)-f(x_0,y_0)}{\rho}=f_x(x_0,y_0)\cos\alpha+f_y(x_0,y_0)\cos\beta,$

即
$$\left.\frac{\partial f}{\partial l}\right|_{(x_0,y_0)}=f_x(x_0,y_0)\cos\alpha+f_y(x_0,y_0)\cos\beta.$$

类似地，三元函数 $f(x,y,z)$，它在空间任一点 $P(x_0,y_0,z_0)$ 沿空间射线 l 的方向余弦为 $\cos\alpha,\cos\beta,\cos\gamma$，则 l 的**方向导数**为

$$\left.\frac{\partial f}{\partial l}\right|_{(x_0,y_0,z_0)}=\lim_{\rho\to 0^+}\frac{f(x_0+\rho\cos\alpha,y_0+\rho\cos\beta,z_0+\rho\cos\gamma)-f(x_0,y_0,z_0)}{\rho},$$

且 $\left.\dfrac{\partial f}{\partial l}\right|_{(x_0,y_0,z_0)}=f_x(x_0,y_0,z_0)\cos\alpha+f_y(x_0,y_0,z_0)\cos\beta+f_z(x_0,y_0,z_0)\cos\gamma.$

例 1 求函数 $z=x^2+y^2$ 在点 $P(1,2)$ 处，沿点 $P(1,2)$ 到点 $P_1(2,2+\sqrt{3})$ 方向的方向导数.

解 射线 l 的方向向量为 $\overrightarrow{PP_1}=(1,\sqrt{3})$，与 l 同向的单位向量 $\boldsymbol{e}_l$ 为 $\left(\dfrac{1}{2},\dfrac{\sqrt{3}}{2}\right)$，即 l

的方向余弦为 $\cos\alpha=\dfrac{1}{2}$，$\cos\beta=\dfrac{\sqrt{3}}{2}$，因为函数 $z=x^2+y^2$ 可微，且

$$\left.\frac{\partial z}{\partial x}\right|_{(1,2)}=2x\,|_{(1,2)}=2,\left.\frac{\partial z}{\partial y}\right|_{(1,2)}=2y\,|_{(1,2)}=4.$$

故所求方向导数为

$$\left.\frac{\partial z}{\partial l}\right|_{(1,2)}=2\times\frac{1}{2}+4\times\frac{\sqrt{3}}{2}=1+2\sqrt{3}.$$

例 2 求函数 $f(x,y)=x^2-xy+y^2$ 在点 $(1,1)$ 沿与 x 轴方向夹角为 α 的方向射线 l 的方向导数．并问在怎样的方向上此方向导数为最大值，最小值和零．

解 射线 l 的单位向量为 $\boldsymbol{e}_l=(\cos\alpha,\sin\alpha)$，$f_x(x,y)=2x-y$，$f_y(x,y)=-x+2y$，则

$$\left.\frac{\partial f}{\partial l}\right|_{(1,1)}=\cos\alpha+\sin\alpha=\sqrt{2}\sin\left(\alpha+\frac{\pi}{4}\right).$$

所以很容易得到 $\alpha=\dfrac{\pi}{4}$ 时，方向导数取得最大值 $\sqrt{2}$；$\alpha=\dfrac{5\pi}{4}$ 时，方向导数取得最小值 $-\sqrt{2}$；$\alpha=\dfrac{3\pi}{4}$ 或 $\alpha=\dfrac{7\pi}{4}$ 时，方向导数的值等于 0.

二、梯度

定义 2 设函数 $z=f(x,y)$ 在平面区域 D 内具有一阶连续偏导数，则对于每一点 $P(x,y)\in D$，都可以定义一个向量

$$\frac{\partial f}{\partial x}\boldsymbol{i}+\frac{\partial f}{\partial y}\boldsymbol{j},$$

这个向量称为函数 $z=f(x,y)$ 在点 $P(x,y)$ 处的**梯度**，记为 $\mathbf{grad}f(x,y)$ 或 $\nabla f(x,y)$，即

$$\mathbf{grad}f(x,y)=\nabla f(x,y)=\frac{\partial f}{\partial x}\boldsymbol{i}+\frac{\partial f}{\partial y}\boldsymbol{j}.$$

若设 $\boldsymbol{e}_l=(\cos\varphi,\sin\varphi)$ 是与 l 同方向的单位向量，则由方向导数的计算公式和向量内积的定义有

$$\frac{\partial f}{\partial l}=\frac{\partial f}{\partial x}\cos\varphi+\frac{\partial f}{\partial y}\sin\varphi=\left(\frac{\partial f}{\partial x},\frac{\partial f}{\partial y}\right)\cdot(\cos\varphi,\sin\varphi)$$

$$=\mathbf{grad}f(x,y)\cdot\boldsymbol{e}_l=|\mathbf{grad}f(x,y)|\cos\theta,$$

其中 θ 表示向量 $\mathbf{grad}f(x,y)$ 与 $\boldsymbol{e}_l$ 的夹角．

根据梯度的定义，**梯度的模**为 $|\mathbf{grad}f(x,y)|=\sqrt{f_x^2+f_y^2}$.

由此可见，方向导数与梯度的关系如下：方向导数 $\dfrac{\partial f}{\partial l}$ 是梯度在射线 l 上的投影．如果 l 与梯度方向一致时，有 $\cos\theta=1$，则方向导数 $\dfrac{\partial f}{\partial l}$ 取得最大值，即函数 $z=f(x,y)$ 沿梯度方向的方向导数达到最大值；如果方向 l 与梯度方向相反时，有 $\cos\theta=-1$，则方向导数 $\dfrac{\partial f}{\partial l}$ 取得最小值，即函数 $z=f(x,y)$ 沿梯度的反方向的方向导数取得最小值．总之，梯度是一个向量，它的方向与取得最大方向导数的方向相同，且它的模是方向导数的最大值．

类似地，设三元函数 $u=f(x,y,z)$ 在空间区域 G 内具有一阶连续偏导数，则

$u=f(x,y,z)$ 在 G 内点 $P(x,y,z)$ 处的**梯度**可以定义为

$$\mathbf{grad}f(x,y,z)=\frac{\partial f}{\partial x}\boldsymbol{i}+\frac{\partial f}{\partial y}\boldsymbol{j}+\frac{\partial f}{\partial z}\boldsymbol{k}.$$

例 3 求梯度 $\mathbf{grad}f(x,y)$，其中 $f(x,y)=\dfrac{1}{x^2+y^2}$.

解 因为 $f(x,y)=\dfrac{1}{x^2+y^2}$ 的一阶偏导数为

$$\frac{\partial f}{\partial x}=-\frac{2x}{(x^2+y^2)^2},\frac{\partial f}{\partial y}=-\frac{2y}{(x^2+y^2)^2}.$$

所以
$$\mathbf{grad}f(x,y)=-\frac{2x}{(x^2+y^2)^2}\boldsymbol{i}-\frac{2y}{(x^2+y^2)^2}\boldsymbol{j}.$$

例 4 求 $u=xyz$ 在点 $(1,1,1)$ 处的梯度以及沿 $\boldsymbol{l}=(2,-1,3)$ 的方向导数.

解 在点 $(1,1,1)$ 处，由对称性可知 $\dfrac{\partial u}{\partial x}=\dfrac{\partial u}{\partial y}=\dfrac{\partial u}{\partial z}=1$.

故梯度 $\nabla u=\boldsymbol{i}+\boldsymbol{j}+\boldsymbol{k}$；

又 $\boldsymbol{e}_l=\dfrac{1}{\sqrt{14}}(2,-1,3)$，

所以函数 $u=xyz$ 在点 $(1,1,1)$ 处沿 $\boldsymbol{l}=(2,-1,3)$ 的方向导数为

$$\frac{\partial u}{\partial l}=\nabla u\cdot\boldsymbol{e}_l=\frac{4}{\sqrt{14}}.$$

梯度运算满足以下运算法则，设 u，v 可微，α，β 为常数，则

（1）$\mathbf{grad}(\alpha u+\beta v)=\alpha\mathbf{grad}u+\beta\mathbf{grad}v$；

（2）$\mathbf{grad}(uv)=u\mathbf{grad}v+v\mathbf{grad}u$；

（3）$\mathbf{grad}f(u)=f'(u)\mathbf{grad}u$.

证 （1）$\mathbf{grad}(\alpha u+\beta v)=\dfrac{\partial(\alpha u+\beta v)}{\partial x}\boldsymbol{i}+\dfrac{\partial(\alpha u+\beta v)}{\partial y}\boldsymbol{j}+\dfrac{\partial(\alpha u+\beta v)}{\partial z}\boldsymbol{k}$

$$=\alpha\left[\frac{\partial u}{\partial x}\boldsymbol{i}+\frac{\partial u}{\partial y}\boldsymbol{j}+\frac{\partial u}{\partial z}\boldsymbol{k}\right]+\beta\left[\frac{\partial v}{\partial x}\boldsymbol{i}+\frac{\partial v}{\partial y}\boldsymbol{j}+\frac{\partial v}{\partial z}\boldsymbol{k}\right]$$

$$=\alpha\mathbf{grad}u+\beta\mathbf{grad}v.$$

（2）（3）同法可证.

习题 6-6

1. 求函数 $z=x\mathrm{e}^{2y}$ 在点 $P(1,3)$ 处沿点 $P(1,3)$ 到点 $Q(2,-1)$ 方向的方向导数.

2. 求函数 $u=\ln(x^2+y^2+z^2)$ 在点 $M_0(0,1,2)$ 处沿向量 $\boldsymbol{l}=(2,-1,-1)$ 的方向导数.

3. 设 $f(x,y,z)=x^2+3y^2+5z^2+2xy-4y-8z$，求 $\mathbf{grad}f(0,0,0),\mathbf{grad}f(3,2,1)$.

4. 求函数 $u=x^2+y^2+z^2$ 在点 $M_1(1,0,1),M_2(0,1,0)$ 的梯度之间的夹角.

5. 求函数 $z=x\mathrm{e}^{2y}$ 在点 $P(1,0)$ 处沿点 $P(1,0)$ 到点 $Q(2,-1)$ 方向的方向导数.

6. 求函数 $u=x^2+2y^2+3z^2+xy+3x-2y-6z=0$ 在 $O(0,0,0)$ 及 $A(1,1,1)$ 处的梯度及其大小.

7. 设函数 $u=\ln\dfrac{1}{r}$，其中 $r=\sqrt{(x-a)^2+(y-b)^2+(z-c)^2}$，求 u 的梯度，并指出在空间的哪些点上等式 $|\mathbf{grad}u|=1$ 成立.

第七节　多元函数微分学的几何应用

一、空间曲线的切线与法平面

设空间曲线 Γ 的参数方程为

$$\begin{cases} x=x(t) \\ y=y(t), \quad \alpha\leqslant t\leqslant\beta. \\ z=z(t) \end{cases}$$

在曲线 Γ 上取对应于 $t=t_0$ 的一点 $M_0(x_0,y_0,z_0)$ 及对应于 $t=t_0+\Delta t$ 的邻近一点 $M(x_0+\Delta x,y_0+\Delta y,z_0+\Delta z)$. 根据空间解析几何，曲线的割线 M_0M 的方程是

$$\frac{x-x_0}{\Delta x}=\frac{y-y_0}{\Delta y}=\frac{z-z_0}{\Delta z}.$$

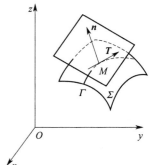

M 沿着 Γ 趋于 M_0 时，割线 M_0M 的极限位置就是曲线 Γ 在点 $M_0(x_0,y_0,z_0)$ 处的切线（图 6-4）. 用 Δt 除上式的各分母，得

$$\frac{x-x_0}{\dfrac{\Delta x}{\Delta t}}=\frac{y-y_0}{\dfrac{\Delta y}{\Delta t}}=\frac{z-z_0}{\dfrac{\Delta z}{\Delta t}}.$$

令 $M\to M_0$（这时 $\Delta t\to0$），通过对上式取极限，曲线 Γ 在点 M_0 处的切线方程为

图 6-4

$$\frac{x-x_0}{x'(t_0)}=\frac{y-y_0}{y'(t_0)}=\frac{z-z_0}{z'(t_0)}.$$

从而得知空间曲线 Γ 在点 M_0 处的切线的方向向量 $\mathbf{T}=(x'(t_0),y'(t_0),z'(t_0))$，并且称向量 $\mathbf{T}=(x'(t_0),y'(t_0),z'(t_0))$ 为该**曲线在 M_0 处的切向量**，它的指向与参数 t 增大时点 M 移动的走向一致.

过点 M_0 且与切线垂直的平面称为曲线 Γ **过点 M_0 的法平面**. 易见，曲线在 M_0 处的切向量就是该法平面的法向量，于是法平面的方程为

$$x'(t_0)(x-x_0)+y'(t_0)(y-y_0)+z'(t_0)(z-z_0)=0.$$

例 1　求空间曲线 $\begin{cases} x=t+1 \\ y=\ln t \\ z=t^2 \end{cases}$ 在点 $(2,0,1)$ 处的切线与法平面方程.

解　记 $x(t)=t+1,y(t)=\ln t,z(t)=t^2$，则 $x'(t)=1,y'(t)=\dfrac{1}{t},z'(t)=2t$.

点 $(2,0,1)$ 对应的参数 $t=1$，故切向量为 $\mathbf{T}=(1,1,2)$，于是过点 $(2,0,1)$ 的切线方程为

$$\frac{x-2}{1}=\frac{y}{1}=\frac{z-1}{2},$$

法平面方程为 $(x-2)+(y-0)+2(z-1)=0$，即 $x+y+2z=4$.

现在我们讨论空间曲线的方程以另外两种形式给出的情形.

（1）如果空间曲线 Γ 的方程为 $\begin{cases} y=y(x) \\ z=z(x) \end{cases}$ 的情形.

取 x 为参数，它就可以表示为参数方程的形式 $\begin{cases} x=x \\ y=y(x), \\ z=z(x) \end{cases}$

若 $y(x), z(x)$ 都在 $x=x_0$ 处可导，那么根据上面的讨论可知过 $M_0(x_0, y_0, z_0)$ 的切向量为 $\boldsymbol{T}=(1, y'(x_0), z'(x_0))$，因此曲线 Γ 在点 $M_0(x_0, y_0, z_0)$ 处的切线方程为

$$\frac{x-x_0}{1}=\frac{y-y_0}{y'(x_0)}=\frac{z-z_0}{z'(x_0)}.$$

在点 $M_0(x_0, y_0, z_0)$ 处的法平面方程为

$$(x-x_0)+y'(x_0)(y-y_0)+z'(x_0)(z-z_0)=0.$$

（2）设空间曲线 Γ 的方程为 $\begin{cases} F(x,y,z)=0 \\ G(x,y,z)=0 \end{cases}$ 的情形.

$M_0(x_0, y_0, z_0)$ 是曲线 Γ 上的一点. 又设 F, G 具有对各个自变量的连续偏导数，且

$$\left.\frac{\partial(F,G)}{\partial(y,z)}\right|_{(x_0,y_0,z_0)} \neq 0.$$

这时方程组在点 $M_0(x_0, y_0, z_0)$ 的某一邻域内确定了一组隐函数 $y=y(x), z=z(x)$. 求曲线 Γ 在点 M_0 处的切线方程和法平面方程，由上面的知识可知，只要求出 $y'(x_0)$，$z'(x_0)$，然后就和上一种情形一样了. 因此，我们对恒等式

$$\begin{cases} F(x, y(x), z(x)) \equiv 0 \\ G(x, y(x), z(x)) \equiv 0 \end{cases}$$

两边分别对 x 求全导数，得

$$\begin{cases} \dfrac{\partial F}{\partial x}+\dfrac{\partial F}{\partial y}\times\dfrac{\mathrm{d}y}{\mathrm{d}x}+\dfrac{\partial F}{\partial z}\times\dfrac{\mathrm{d}z}{\mathrm{d}x}=0 \\ \dfrac{\partial G}{\partial x}+\dfrac{\partial G}{\partial y}\times\dfrac{\mathrm{d}y}{\mathrm{d}x}+\dfrac{\partial G}{\partial z}\times\dfrac{\mathrm{d}z}{\mathrm{d}x}=0 \end{cases}.$$

由假设可知，在点 M_0 的某个邻域内 $J=\left.\dfrac{\partial(F,G)}{\partial(y,z)}\right|_{(x_0,y_0,z_0)} \neq 0$,

故可解得 $\quad \dfrac{\mathrm{d}y}{\mathrm{d}x}=y'(x)=\dfrac{\begin{vmatrix} F_z & F_x \\ G_z & G_x \end{vmatrix}}{\begin{vmatrix} F_y & F_z \\ G_y & G_z \end{vmatrix}}, \dfrac{\mathrm{d}z}{\mathrm{d}x}=z'(x)=\dfrac{\begin{vmatrix} F_x & F_y \\ G_x & G_y \end{vmatrix}}{\begin{vmatrix} F_y & F_z \\ G_y & G_z \end{vmatrix}}.$

于是 $\boldsymbol{T}=(1, y'(x_0), z'(x_0))$ 是曲线 Γ 在点 M_0 处一个切向量，这里

$$y'(x_0)=\dfrac{\begin{vmatrix} F_z & F_x \\ G_z & G_x \end{vmatrix}_{M_0}}{\begin{vmatrix} F_y & F_z \\ G_y & G_z \end{vmatrix}_{M_0}}, z'(x_0)=\dfrac{\begin{vmatrix} F_x & F_y \\ G_x & G_y \end{vmatrix}_{M_0}}{\begin{vmatrix} F_y & F_z \\ G_y & G_z \end{vmatrix}_{M_0}},$$

把上面的切向量 $\boldsymbol{T}$ 乘以 $\begin{vmatrix} F_y & F_z \\ G_y & G_z \end{vmatrix}_{M_0}$, 得

$$\boldsymbol{T}_1 = \left(\begin{vmatrix} F_y & F_z \\ G_y & G_z \end{vmatrix}_{M_0}, \begin{vmatrix} F_z & F_x \\ G_z & G_x \end{vmatrix}_{M_0}, \begin{vmatrix} F_x & F_y \\ G_x & G_y \end{vmatrix}_{M_0} \right),$$

其也是曲线 Γ 在点 M_0 处的一个切向量. 由此可写出曲线 Γ 在点 $M_0(x_0, y_0, z_0)$ 处的切线方程为

$$\frac{x-x_0}{\begin{vmatrix} F_y & F_z \\ G_y & G_z \end{vmatrix}_{M_0}} = \frac{y-y_0}{\begin{vmatrix} F_z & F_x \\ G_z & G_x \end{vmatrix}_{M_0}} = \frac{z-z_0}{\begin{vmatrix} F_x & F_y \\ G_x & G_y \end{vmatrix}_{M_0}}.$$

曲线 Γ 在点 M_0 处的法平面方程为

$$\begin{vmatrix} F_y & F_z \\ G_y & G_z \end{vmatrix}_{M_0} (x-x_0) + \begin{vmatrix} F_z & F_x \\ G_z & G_x \end{vmatrix}_{M_0} (y-y_0) + \begin{vmatrix} F_x & F_y \\ G_x & G_y \end{vmatrix}_{M_0} (z-z_0) = 0.$$

如果 $\left.\dfrac{\partial(F,G)}{\partial(y,z)}\right|_{M_0} = 0$, 而 $\left.\dfrac{\partial(F,G)}{\partial(z,x)}\right|_{M_0}, \left.\dfrac{\partial(F,G)}{\partial(x,y)}\right|_{M_0}$ 中至少有一个不等于零, 我们可得同样的结果.

例 2 求曲线 $\begin{cases} x^2+y^2+z^2=6 \\ x+y+z=0 \end{cases}$ 在点 $(1,-2,1)$ 处的切线与法平面方程.

解 方程两边同时对 x 求导并移项, 注意此时 y, z 是关于 x 的隐函数, 得

$$\begin{cases} y\dfrac{dy}{dx} + z\dfrac{dz}{dx} = -x \\ \dfrac{dy}{dx} + \dfrac{dz}{dx} = -1 \end{cases}, \text{即} \begin{cases} \dfrac{dy}{dx} = \dfrac{z-x}{y-z} \\ \dfrac{dz}{dx} = \dfrac{x-y}{y-z} \end{cases},$$

从而有 $\left.\dfrac{dy}{dx}\right|_{(1,-2,1)} = 0$, $\left.\dfrac{dz}{dx}\right|_{(1,-2,1)} = -1$, 即曲线在点 $(1,-2,1)$ 处的切向量为 $\boldsymbol{T} = (1,0,-1)$, 故所求切线方程为

$$\frac{x-1}{1} = \frac{y+2}{0} = \frac{z-1}{-1},$$

法平面方程为

$$(x-1) + 0 \times (y+2) - (z-1) = 0,$$

即

$$x - z = 0.$$

例 3 在曲线 $\begin{cases} x=t \\ y=2t^2 \\ z=3t^3 \end{cases}$ 上求一点, 使曲线在该点处的切线平行于平面 $8x+7y-4z=1$.

解 因为 $\dfrac{dx}{dt}=1, \dfrac{dy}{dt}=4t, \dfrac{dz}{dt}=9t^2,$

所以曲线上切线的方向向量 $\boldsymbol{T} = (1, 4t, 9t^2)$, 平面的法向量 $\boldsymbol{n} = (8,7,-4)$, 令 $1 \times 8 + 4t \times 7 + 9t^2 \times (-4) = 0$, 解得 $t=1$ 或 $t=-\dfrac{2}{9}$.

从而曲线上有两个点，该点处的切线平行于平面 $8x + 7y - 4z = 1$. $t = 1$ 时，对应的点是 $(1, 2, 3)$；$t = -\dfrac{2}{9}$ 时，对应的点是 $\left(-\dfrac{2}{9}, \dfrac{8}{81}, -\dfrac{8}{243}\right)$.

二、曲面的切平面与法线

设曲面 Σ 的方程为 $F(x, y, z) = 0, M_0(x_0, y_0, z_0)$ 是曲面 Σ 上的一点，函数 $F(x, y, z)$ 的偏导数在该点连续且不同时为零. 过点 M_0 在曲面上可以作无数条曲线. 设这些曲线在点 M_0 处分别都有切线，则我们要证明这无数条曲线的切线都在同一平面上.

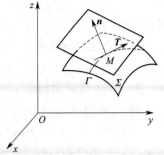

图 6-5

过点 M_0 在曲面 Σ 上任意作一条曲线 Γ（图 6-5），设其方程为

$$x = x(t), y = y(t), z = z(t),\text{其中 } \alpha \leqslant t \leqslant \beta.$$

且 $t = t_0$ 时，$x_0 = x(t_0), y_0 = y(t_0), z_0 = z(t_0)$，由于曲线 Γ 在曲面 Σ 上，因此有

$$F[x(t), y(t), z(t)]\big|_{t=t_0} \equiv 0, \text{ 及 } \frac{\mathrm{d}}{\mathrm{d}t} F[x(t), y(t), z(t)]\big|_{t=t_0} \equiv 0,$$

即有

$$F_x(x_0, y_0, z_0)x'(t_0) + F_y(x_0, y_0, z_0)y'(t_0) + F_z(x_0, y_0, z_0)z'(t_0) = 0. \qquad (1\text{-}7)$$

注意到曲线 Γ 在点 M_0 处的切向量 $\boldsymbol{T} = (x'(t_0), y'(t_0), z'(t_0))$，如果引入向量

$$\boldsymbol{n} = (F_x(x_0, y_0, z_0), F_y(x_0, y_0, z_0), F_z(x_0, y_0, z_0)),$$

则由式(1-7)说明曲面上过点 M_0 的任意一条曲线的切线都与向量 $\boldsymbol{n}$ 垂直，这样就证明了过点 M_0 的任意一条曲线在点 M_0 处的切线都落在以向量 $\boldsymbol{n}$ 为法向量且经过点 M_0 的平面上. 这个平面称为曲面在**点 M_0 处的切平面**，该切平面的方程为

$$F_x(x_0, y_0, z_0)(x - x_0) + F_y(x_0, y_0, z_0)(y - y_0) + F_z(x_0, y_0, z_0)(z - z_0) = 0,$$

称曲面在点 M_0 处切平面的法向量为在**点 M_0 处的法向量**，于是，在点 M_0 处曲面的法向量为

$$\boldsymbol{n} = (F_x(x_0, y_0, z_0), F_y(x_0, y_0, z_0), F_z(x_0, y_0, z_0)).$$

过点 M_0 且垂直于切平面的直线称为**曲面在该点的法线**. 法线方程为

$$\frac{x - x_0}{F_x(x_0, y_0, z_0)} = \frac{y - y_0}{F_y(x_0, y_0, z_0)} = \frac{z - z_0}{F_z(x_0, y_0, z_0)}.$$

特别的，若曲面 Σ 方程为 $z = f(x, y)$. 令 $F(x, y, z) = f(x, y) - z$，可见

$$F_x(x, y, z) = f_x(x, y), F_y(x, y, z) = f_y(x, y), F_z(x, y, z) = -1.$$

于是，当函数 $f(x, y)$ 的偏导数 $f_x(x, y), f_y(x, y)$ 在点 (x_0, y_0) 连续时，曲面 Σ 在点 $M_0(x_0, y_0, z_0)$ 处的法向量为

$$\boldsymbol{n} = (f_x(x_0, y_0), f_y(x_0, y_0), -1).$$

切平面方程为

$$f_x(x_0, y_0)(x - x_0) + f_y(x_0, y_0)(y - y_0) - (z - z_0) = 0,$$

或

$$z - z_0 = f_x(x_0, y_0)(x - x_0) + f_y(x_0, y_0)(y - y_0),$$

法线方程为

$$\frac{x - x_0}{f_x(x_0, y_0)} = \frac{y - y_0}{f_y(x_0, y_0)} = \frac{z - z_0}{-1}.$$

设 α、β、γ 表示曲面的法向量的方向角，并假定法向量与 z 轴正向的夹角 γ 是一锐角，则法向量的方向余弦为

$$\cos\alpha = \frac{-f_x}{\sqrt{1+f_x^2+f_y^2}}, \cos\beta = \frac{-f_y}{\sqrt{1+f_x^2+f_y^2}}, \cos\gamma = \frac{1}{\sqrt{1+f_x^2+f_y^2}}.$$

其中 $f_x = f_x(x_0,y_0), f_y = f_y(x_0,y_0)$.

从而，此时的法向量为

$$\boldsymbol{n} = (-f_x(x_0,y_0), -f_y(x_0,y_0), 1).$$

例 4 求旋转抛物面 $z = x^2 + y^2 - 1$ 在点 $(2,1,4)$ 处的切平面及法线方程.

解 因为 $f(x,y) = x^2 + y^2 - 1$，法向量为

$$\boldsymbol{n} = (f_x, f_y, -1) = (2x, 2y, -1), \boldsymbol{n}|_{(2,1,4)} = (4,2,-1),$$

所以在点 $(2,1,4)$ 处的切平面方程为

$$4(x-2) + 2(y-1) - (z-4) = 0.$$

即

$$4x + 2y - z - 6 = 0.$$

法线方程为

$$\frac{x-2}{4} = \frac{y-1}{2} = \frac{z-4}{-1}.$$

例 5 求曲面 $z = x^2 + y^2$ 与平面 $2x + 4y - z = 0$ 平行的切平面方程.

解 $z = x^2 + y^2$ 的切平面的法向量为 $(2x, 2y, -1)$. $2x + 4y - z = 0$ 的法向量为 $(2, 4, -1)$.

由两个平面平行可知，只要 $2x = 2$，$2y = 4$，即 $x = 1$，$y = 2$，从而 $z = 5$，

所求切平面为 $\qquad 2(x-1) + 4(y-2) - (z-5) = 0$，

即 $\qquad\qquad 2x + 4y - z = 5.$

习题 6-7

1. 求曲线 $\begin{cases} x = 4t \\ y = 2t^2 \\ z = 3t^3 \end{cases}$ 在对应于 $t = 1$ 的点处的切线方程与法平面方程.

2. 若平面 $3x + \lambda y - 3z + 16 = 0$ 与椭球面 $3x^2 + y^2 + z^2 = 16$ 相切，求 λ.

3. 求曲线 $\Gamma : \begin{cases} x = \int_0^t e^u \cos u \, du \\ y = 2\sin t + \cos t \\ z = 1 + e^{3t} \end{cases}$ 在 $t = 0$ 处的切线和法平面方程.

4. 求曲线 $\begin{cases} x^2 + z^2 = 10 \\ y^2 + z^2 = 10 \end{cases}$ 在点 $(1,1,3)$ 处的切线与法平面方程.

5. 求出曲线 $\begin{cases} y = -x^2 \\ z = x^3 \end{cases}$ 上的点，使在该点的切线平行于已知平面 $x + 2y + z = 4$.

6. 求曲面 $z - e^z + 2xy = 3$ 在点 $(1,2,0)$ 处的切平面与法线方程.

7. 求曲面 $x^2 + y^2 + z^2 - xy - 3 = 0$ 上同时垂直于平面 $z = 0$ 与平面 $x + y + 1 = 0$ 的切平面方程.

8. 求曲面 $x^2 + 2y^2 + 3z^2 = 84$ 平行于平面 $x + 4y + 6z = 8$ 的切平面方程及过切点的法线

方程.

9. 求点 $P_0(2,8)$ 到抛物线 $y^2=4x$ 的最短距离.

第八节　多元函数微分学在最大值、最小值问题中的应用

在实际问题中，我们会遇到大量求多元函数最大值和最小值的问题. 与一元函数类似，多元函数的最大值、最小值与极大值、极小值有着密切的联系. 下面我们以二元函数为例首先讨论多元函数的极值问题.

一、多元函数的极大值、极小值

定义 1　设函数 $z=f(x,y)$ 在点 (x_0,y_0) 的某一邻域内有定义，对该邻域内任何异于 (x_0,y_0) 的点 (x,y)，如果总有

$$f(x,y) \leqslant f(x_0,y_0),$$

则称函数 $f(x,y)$ 在 (x_0,y_0) 处有极大值 $f(x_0,y_0)$，(x_0,y_0) 称为函数的极大值点；如果

$$f(x,y) \geqslant f(x_0,y_0),$$

则称函数 $f(x,y)$ 在 (x_0,y_0) 处有极小值 $f(x_0,y_0)$，(x_0,y_0) 称为函数的极小值点.

极大值和极小值统称为**极值**，极大值点和极小值点统称为**极值点**.

与极值相关的基本问题有两个，一是如何判断函数是否有极值，在什么点处取得极值；二是如何求函数的极值. 下面的定理给出了极值存在的一个必要条件.

定理 1（必要条件）　设函数 $z=f(x,y)$ 在点 (x_0,y_0) 处有偏导数，且在 (x_0,y_0) 处有极值，则 $f'_x(x_0,y_0)=0,f'_y(x_0,y_0)=0$.

类似地，如果三元函数 $u=f(x,y,z)$ 在点 (x_0,y_0,z_0) 具有偏导数，则它在点 (x_0,y_0,z_0) 具有极值的必要条件为

$$f_x(x_0,y_0,z_0)=0,f_y(x_0,y_0,z_0)=0,f_z(x_0,y_0,z_0)=0.$$

仿照一元函数，若 $f_x(x_0,y_0)=0$ 且 $f_y(x_0,y_0)=0$，则称 (x_0,y_0) 为函数 $z=f(x,y)$ 的驻点. 从定理 1 可以看出，具有偏导数的函数的极值点必是驻点，但是函数的驻点不一定是极值点. 如 $(0,0)$ 是函数 $z=xy$ 的驻点，但并不是极值点.

如何判定驻点是否是极值点呢？下面的定理回答了这个问题.

定理 2（充分条件）　设函数 $z=f(x,y)$ 在点 (x_0,y_0) 的某邻域内连续且一阶和二阶偏导数连续，又 $f_x(x_0,y_0)=0,f_y(x_0,y_0)=0$，令

$$f_{xx}(x_0,y_0)=A,f_{xy}(x_0,y_0)=B,f_{yy}(x_0,y_0)=C,$$

则

（1）当 $AC-B^2>0$ 时，$f(x,y)$ 在 (x_0,y_0) 处是极值，且当 $A<0$ 时有极大值，当 $A>0$ 时有极小值；

（2）当 $AC-B^2<0$ 时，$f(x,y)$ 在 (x_0,y_0) 处不是极值；

（3）当 $AC-B^2=0$ 时，$f(x,y)$ 在 (x_0,y_0) 处可能是极值，也可能不是极值.

证明略.

例 1　求函数 $f(x,y)=e^{x-y}(x^2-2y^2)$ 的极值.

解　（1）求驻点：由 $\begin{cases} f_x(x,y)=e^{x-y}(x^2-2y^2)+2xe^{x-y}=0 \\ f_y(x,y)=-e^{x-y}(x^2-2y^2)-4ye^{x-y}=0 \end{cases}$,

得两个驻点 $(0,0)$，$(-4,-2)$.

(2) 求 $f(x,y)$ 的二阶偏导数：

$$f_{xx}(x,y)=\mathrm{e}^{x-y}(x^2-2y^2+4x+2),\ f_{xy}(x,y)=\mathrm{e}^{x-y}(2y^2-x^2-2x-4y),$$

$$f_{yy}(x,y)=\mathrm{e}^{x-y}(x^2-2y^2+8y-4).$$

(3) 讨论驻点是否为极值点：

在 $(0,0)$ 处，有 $A=2$，$B=0$，$C=-4$，$AC-B^2=-8<0$，由极值的充分条件知点 $(0,0)$ 不是极值点，$f(0,0)=0$ 不是函数的极值；

在 $(-4,-2)$ 处，有 $A=-6\mathrm{e}^{-2}$，$B=8\mathrm{e}^{-2}$，$C=-12\mathrm{e}^{-2}$，$AC-B^2=8\mathrm{e}^{-4}>0$，而 $A<0$，由极值的充分条件知 $(-4,-2)$ 为极大值点，$f(-4,-2)=8\mathrm{e}^{-2}$ 是函数的极大值．

例 2 求 $f(x,y)=x^4+y^4-4xy+1$ 的极值．

解 (1) 求驻点：令 $f_x(x,y)=f_y(x,y)=0$，得

$$\begin{cases} f_x(x,y)=4x^3-4y=0 \\ f_y(x,y)=4y^3-4x=0 \end{cases}.$$

于是 $x^9-x=0$，可得 $x_1=0$，$x_2=1$，$x_3=-1$，相应得 $y_1=0$，$y_2=1$，$y_3=-1$，故驻点为 $(0,0),(1,1),(-1,-1)$.

(2) 求二阶偏导数，判定驻点是否为极值点：

$$f_{xx}(x,y)=12x^2,f_{xy}(x,y)=-4,f_{yy}(x,y)=12y^2;$$

在 $(0,0)$ 处，$A=f_{xx}(0,0)=0,B=f_{xy}(0,0)=-4,C=f_{yy}(0,0)=0$，

$AC-B^2=-16<0$，故 $(0,0)$ 不是 $f(x,y)$ 极值点；

在 $(1,1)$ 处，$A=f_{xx}(1,1)=12,B=f_{xy}(1,1)=-4,C=f_{yy}(1,1)=12$，

$AC-B^2=128>0$ 且 $A=12>0$，故 $(1,1)$ 是 $f(x,y)$ 的极小值点，且极小值为 $f(1,1)=-1$；

在 $(-1,-1)$ 处，$A=f_{xx}(-1,-1)=12,B=f_{xy}(-1,-1)=-4,C=f_{yy}(-1,-1)=12$，

$AC-B^2=128>0$ 且 $A=12>0$，所以 $f(-1,-1)=-1$ 也是 $f(x,y)$ 的极小值．

二、条件极值与多元函数的最大值、最小值

上面所讨论的极值问题，对于函数的自变量，除了限制在函数的定义域内以外，并无其他条件，所以有时候称为无条件极值．但在实际问题中，有时会遇到对函数自变量还有附加条件的极值问题．像这种对自变量有附加条件的极值称为条件极值．一些问题可以通过转换为无条件极值问题解决，但在很多情况下，将条件极值化为无条件极值并不简单．这里我们介绍另一种直接求条件极值的方法——拉格朗日乘数法．

拉格朗日乘数法 要找函数 $z=f(x,y)$ 在附加条件 $\varphi(x,y)=0$ 下的可能极值点，可以先作拉格朗日函数

$$L(x,y,\lambda)=f(x,y)+\lambda\varphi(x,y),$$

其中 λ 为参数．求其对 x，y，λ 的一阶偏导数，并使之为零，得到如下方程组：

$$\begin{cases} f_x(x,y)+\lambda\varphi_x(x,y)=0 \\ f_y(x,y)+\lambda\varphi_y(x,y)=0 \\ \varphi(x,y)=0 \end{cases}.$$

由此方程组解出 x，y 及 λ，这样得到的 (x,y) 就是函数 $f(x,y)$ 在附加条件 $\varphi(x,y)=0$ 下的可能极值点．

这种方法，还可以推广到自变量多于两个而条件多于一个的情形．例如，要求函数

$$u=f(x,y,z,t),$$

在附加条件 $\qquad \varphi(x,y,z,t)=0,\psi(x,y,z,t)=0$

下的极值，可以先作拉格朗日函数

$$L(x,y,z,t,\lambda_1,\lambda_2)=f(x,y,z,t)+\lambda_1\varphi(x,y,z,t)+\lambda_2\psi(x,y,z,t),$$

其中 λ_1，λ_2 均为参数，求其关于 x，y，z，t，λ_1，λ_2 一阶偏导数，并使之为零，求解这样得出的 (x,y,z,t) 就是函数 $f(x,y,z,t)$ 在附加条件下 $\varphi(x,y,z,t)=0$，$\psi(x,y,z,t)=0$ 的可能极值点．

至于如何确定所求的点是否是极值点，在实际问题中往往可以根据问题本身的性质来判定．

例 3 某公司要用不锈钢板做成一个体积为 $8m^3$ 的有盖长方体水箱．问水箱的长、宽、高如何设计，才能使用料最省？

解 方法一 用条件极值求问题的解．

设长方体的长、宽、高分别为 x，y，z．依题意，有 $xyz=8$，表面积函数

$$S=2(xy+yz+zx).$$

建立拉格朗日函数：$f(x,y,z,\lambda)=2(xy+yz+zx)+\lambda(xyz-8)$，

由 $\begin{cases} f_x=2(y+z)+\lambda yz=0 \\ f_y=2(x+z)+\lambda xz=0 \\ f_z=2(y+x)+\lambda xy=0 \\ f_\lambda=xyz-8=0, \end{cases}$，解得驻点 $(2,2,2)$．

根据实际问题，最小值一定存在，且驻点唯一．因此，当水箱的长、宽、高分别为 $2m$ 时，才能使用料最省．

方法二 将条件极值转化为无条件极值．

设长方体的长、宽、高分别为 x，y，z．依题意，有

$$xyz=8,S=2(xy+yz+zx).$$

消去 z，得面积函数

$$S=2\left(xy+\frac{8}{x}+\frac{8}{y}\right),x>0,y>0,xy\leqslant 8.$$

由 $\begin{cases} S_x=2\left(y-\dfrac{8}{x^2}\right)=0 \\ S_y=2\left(x-\dfrac{8}{y^2}\right)=0 \end{cases}$ 得驻点 $(2,2)$．

根据实际问题，最小值一定存在，且驻点唯一．因此，$(2,2)$ 为 $S(x,y)$ 的最小值点，即当水箱的长、宽、高分别为 $2m$ 时，才能使用料最省．

从这个例子还可以看出，在体积一定的长方体中，以立方体的表面积最小．

与一元函数类似，我们可以利用函数的极值来求多元函数的最大值与最小值．在前面已经指出，如果 $z=f(x,y)$ 在有界闭区域 D 上连续，则 $z=f(x,y)$ 在 D 上必定能取得最大值和最小值．这种使函数取得最大值或最小值的点既可能在 D 的内部，也可能在 D 的边界上．

因此，由以上极值的求法给出求二元函数 $z=f(x,y)$ 的最大值和最小值的一般步骤为 [设 $z=f(x,y)$ 在有界闭区域 D 上连续]：

(1) 求出函数在 D 内部所有可能极值点处的函数值；

(2) 求出函数在 D 的边界上所有可能极值点处的函数值；

(3) 比较上述两类值的大小，最大者即为最大值，最小者即为最小值．

注 若已知函数 $z=f(x,y)$ 在 D 内必取得最值，而函数在该区域内有唯一可能的极值点 (x_0,y_0)，则 $f(x_0,y_0)$ 即为所求的最值．

例 4 求 $z=x^2+y^2-xy+x+y$ 在闭区域 $D=\{(x,y)\,|\,x\leqslant0,\ y\leqslant0$ 且 $x+y\geqslant-3\}$ 上的最大值与最小值．

解 (1) 求内部可能最值点，即驻点，由 $\begin{cases}\dfrac{\partial z}{\partial x}=2x-y+1=0\\[2mm]\dfrac{\partial z}{\partial y}=2y-x+1=0\end{cases}$，

解得 $x=-1,y=-1,f(-1,-1)=-1$；

(2) 求边界上的可能最值点：

当 $x=0$ 时，$z=y^2+y,y\in[-3,0]$，解得 $f(0,-3)=6$ 为最大值，$f\left(0,-\dfrac{1}{2}\right)=-\dfrac{1}{4}$ 为最小值；当 $y=0$ 时，$z=x^2+x$，$x\in[-3,0]$，解得 $f(-3,0)=6$ 为最大值，$f\left(-\dfrac{1}{2},0\right)=-\dfrac{1}{4}$ 为最小值；当 $x+y=-3$ 时，$z=3x^2+9x+6,x\in[-3,0]$，当 $x=-\dfrac{3}{2}$ 时，z 有最小值 $z=-\dfrac{3}{4}$，即 $f\left(-\dfrac{3}{2},-\dfrac{3}{2}\right)=-\dfrac{3}{4}$；当 $x=0$ 时，z 有最大值为 6，即 $f(0,-3)=6$.

综上所述，比较可得：$f(0,-3)=f(-3,0)=6$ 为最大值，$f(-1,-1)=-1$ 为最小值．

例 5 某工厂生产两种产品，总成本函数为 $C=Q_1^2+2Q_1Q_2+Q_2^2+5$，两种产品的需求函数分别为 $Q_1=26-P_1$，$Q_2=10-\dfrac{1}{4}P_2$，其中 P_1，P_2 为两种产品的单价．试问当两种产品的产量分别为多少时，该工厂获得最大利润，并求出最大利润．

解 由已知，总收益函数为：$R=P_1Q_1+P_2Q_2=(26-Q_1)Q_1+(40-4Q_2)Q_2$.

故总利润函数为：$L=R-C=26Q_1+40Q_2-2Q_1^2-2Q_1Q_2-5Q_2^2-5$.

对 Q_1，Q_2 分别求偏导数得：$\dfrac{\partial L}{\partial Q_1}=26-4Q_1-2Q_2$，$\dfrac{\partial L}{\partial Q_2}=40-10Q_2-2Q_1$.

令 $\dfrac{\partial L}{\partial Q_1}=\dfrac{\partial L}{\partial Q_2}=0$，得：$\begin{cases}26-4Q_1-2Q_2=0\\40-10Q_2-2Q_1=0\end{cases}$.

解之得 $Q_1=5$，$Q_2=3$，得唯一驻点 $(5,3)$.

由于是实际问题，最大利润总可达到，因此当 $Q_1 = 5$，$Q_2 = 3$ 时，工厂可获得最大利润，最大利润是 $L(5,3) = 120$.

习题 6-8

1. 求函数 $f(x,y) = 4(x-y) - x^2 - y^2$ 的极值.

2. 求 $f(x,y) = x^4 + y^4 - 4xy + 1$ 的极值.

3. 求函数 $z = x^3 + y^3 - 3xy$ 的极值.

4. 求函数 $f(x,y) = e^{2x}(x + y^2 + 2y)$ 的极值.

5. 求函数 $f(x,y) = \dfrac{1}{2}x^2 - 4xy + 9y^2 + 3x - 14y + \dfrac{1}{2}$ 的极值.

6. 求下列函数的条件极值：$z = xy$，附加条件 $x + y = 1$.

7. 求二元函数 $z = f(x,y) = x^2 y(4 - x - y)$ 在直线 $x + y = 6$，x 轴和 y 轴所围成的闭区域 D 上的最大值与最小值.

8. 求将正数 12 分成三个正数 x，y，z 之和，使得 $u = x^3 y^2 z$ 为最大.

9. 某工厂生产两种产品 A 与 B，出售单价分别为 10 元与 9 元，生产 x 单位的产品 A 与生产 y 单位的产品 B 的总费用是 $400 + 2x + 3y + 0.01(3x^2 + xy + 3y^2)$ 元，求取得最大利润时，两种产品的产量各多少.

 本章小结　**【知识目标】** 能准确表述多元函数的定义、二元函数极限、连续、可偏导、全微分的定义，能使用恰当的方法准确求出多元函数的偏导数及高阶偏导数，能准确表述多元函数方向导数和梯度并能做相应计算，会求解空间曲线切线和法平面方程、曲面的切平面和法线方程，会求二元函数的极值、条件极值.

【能力目标】 具备科学理解并准确表达多元函数极限、连续、可微等概念的能力，正确计算偏导数的能力，数形结合分析问题解决问题的能力.

【素质目标】 通过类比一元函数与多元函数在定义、极限、连续、可导、可微等知识的异同，让学生感受到数学的魅力. 通过解决烦琐的多元复合函数和隐含函数求导等问题，培养学生攻坚克难、求真求是的优良品质.

 目标测试　**记忆层次：**

1. $z = f(x,y)$ 在点 (x,y) 的偏导数 $\dfrac{\partial z}{\partial x}$ 及 $\dfrac{\partial z}{\partial y}$ 存在是 $f(x,y)$ 在该点可微分的 （　　）条件.

A. 充分　　　B. 必要　　　C. 充要　　　D. 非充分非必要

2. 函数 $z = f(x,y)$ 的两个二阶混合偏导数 $\dfrac{\partial^2 z}{\partial x \partial y}$ 及 $\dfrac{\partial^2 z}{\partial y \partial x}$ 在区域 D 内连续是这两个二阶混合偏导数在 D 内相等的 （　　）条件.

A. 充分　　　B. 必要　　　C. 充要　　　D. 非充分非必要

理解层次：

3. 求函数 $z=\sqrt{y-x^2}+\sqrt{2-x-y}$ 的定义域．

4. 求下列函数极限.

(1) $\lim\limits_{\substack{x\to 0\\y\to 0}}(x^2+y^2)\sin\dfrac{1}{x^2+y^2}$；　　　(2) $\lim\limits_{\substack{x\to 0\\y\to 1}}\dfrac{e^x+y}{x+y}$．

5. 设 $f(x,y)=x^2y^2-2y$，求 $f_x(x,y)$，$f_y(x,y)$，$f_x(2,3)$，$f_y(0,0)$．

6. 求函数 $z=xy^2+x^2$ 的全微分．

应用层次：

7. 求下列函数的一阶偏导数.

(1) $z=x^2\ln(x^2+y^2)$；　　　　(2) $z=e^x(\cos y+x\sin y)$；

(3) $u=\sin(x+y^2-e^z)$；　　　　(4) $z=4x^3+3x^2y-3xy^2-x+y$.

8. 设 $u=e^{ax}\cos by$（a，b 为常数），求二阶偏导数．

9. 设 $u=\sin t$，$v=e^t$，$z=\ln(u+v)$，求全导数 $\dfrac{\mathrm{d}z}{\mathrm{d}t}$.

10. 已知 $z=u^mv^n$，其中 $u=x+2y$，$v=x-y$，求偏导数 $\dfrac{\partial z}{\partial x}$，$\dfrac{\partial z}{\partial y}$.

11. 设方程 $e^z=xyz$ 确定隐函数 $z=f(x,y)$，求隐函数偏导数 $\dfrac{\partial z}{\partial x}$ 和 $\dfrac{\partial z}{\partial y}$.

12. 设 $z=\dfrac{y^2}{2x}+\varphi(xy)$，$\varphi$ 为可微的函数，求证 $x^2\dfrac{\partial z}{\partial x}-xy\dfrac{\partial z}{\partial y}+\dfrac{3}{2}y^2=0$.

13. 求函数 $f(x,y)=xy+x^3+y^3$ 的极大值与极小值．

14. 求下列函数的条件极值：$z=x^2+y^2$，附加条件 $\dfrac{x}{a}+\dfrac{y}{b}=1$.

15. 求函数 $u=x^2+2y^2+3z^2+3x-2y$ 在点 $(1,1,2)$ 处的梯度，并问在哪些点处梯度为零．

分析层次：

16. 求曲线 $\begin{cases} x=1\\ z=\sqrt{1+x^2+y^2} \end{cases}$ 在点 $(1,1,\sqrt{3})$ 处的切线与 y 轴的正向之间所成的夹角．

17. 在曲线 $\begin{cases} x=-3t\\ y=\dfrac{1}{2}t^2\\ z=t^3 \end{cases}$ 上求出一点，使在该点的切线平行于平面 $2x-3y+z=1$，并求过该点的切线方程及法平面方程．

18. 求函数 $z=f(x,y)=\sin x+\sin y-\sin(x+y)$ 在由 x 轴，y 轴及直线

$x+y=2\pi$ 所围成三角形中面积的最大值.

19. 在第一卦限内作椭球面 $\dfrac{x^2}{a^2}+\dfrac{y^2}{b^2}+\dfrac{z^2}{c^2}=1$ 的切平面,使切平面与三个坐标面所围成的四面体体积最小,求相应切点坐标.

20. 求表面积为 a^2 而体积为最大的长方体的体积.

数学文化拓展

植物中的神秘规律——斐波那契数

扑克牌上的"梅花"并非梅花,甚至不是花,而是三叶草。在西方文化中,三叶草是一种很有象征意义的植物,据说第一叶代表希望,第二叶代表信息,第三叶代表爱情,如果找到了四叶的三叶草就会交上好运,找到幸福。在野外寻找四叶的三叶草是西方儿童的一种游戏,不过很难找到,据估计,每一万株三叶草,才会出现一株四叶的突变型。

在中国,梅花有着类似的象征意义。民间传说梅花五瓣代表着五福。民国时期曾把梅花定为国花,声称梅花五瓣象征五族共和,具有敦五伦、重五常、敷五教的意义。但是梅花有五瓣并非独特,事实上,花最常见的花瓣数目就是五枚,例如与梅同属蔷薇科的其他物种,像桃花、李花、樱花、杏花、苹果花、梨花等等就都有五枚花瓣。常见的花瓣数还有:3 枚,如鸢尾花、百合花(其看上去 6 枚,实际上是两朵 3 枚);8 枚,如飞燕草;13 枚,如瓜叶菊;向日葵的花瓣数有的是 21 枚,有的是 34 枚;雏菊的花瓣是 34、55 或 89 枚。而其他数目花瓣的花则很少。为什么花瓣数目不是随机分布的?3,5,8,13,21,34,55,89……这些数目有什么特殊意义吗?

有的,它们是斐波那契数。

斐波那契是欧洲中世纪颇具影响力的数学家,1170 年生于意大利的比萨,早年曾就读于阿尔及尔东部的小港布日,后来又以商人的身份游历了埃及、希腊、叙利亚等地,掌握了当时较为先进的阿拉伯算术、代数和古希腊的数学成果,经过整理研究和发展之后,把它们介绍到欧洲。

1202 年,斐波那契的传世之作《算法之术》出版。在这部名著中,斐波那契提出了以下饶有趣味的问题:假定一对刚出生的小兔一个月后就能长成大兔,再过一个月便能生下一对小兔,并且此后每个月都生一对小兔。在一年内没有发生死亡的情况下,问从一对刚出生的兔子开始,12 个月后有多少对兔子呢?

第一个月是一对小兔子,第二个月小兔子长成大兔子,第三个月两对兔子,即一对大兔子、一对小兔子,第四个月两对大兔子、一对小兔子,……逐月推算,我们可以得到数列:

1,1,2,3,5,8,13,21,34,55,89,144,……

看出来规律了吗?从第三个数开始,每个数字都是前面两个数字之和。

这个数列后来便以斐波那契的名字命名,数列中的每一项,称为"斐波那契数"。第十三位的斐波那契数,即是从一对刚出生的小兔开始,12 个月后一共有的兔子的对数即是 233。

假定第 n 项斐波那契数为 F_n,于是我们有:

$$\begin{cases} F_1 = F_2 = 1 \\ F_{n+1} = F_n + F_{n-1}(n \geqslant 2) \end{cases}.$$

通过上述关系式，可以精确地计算出任意一个所需要的结果。

植物似乎对斐波那契数着了迷。不仅花瓣，还有叶、枝条、果实、种子等的形态特征都可发现斐波那契数的影子。叶序是指叶子在茎上的排列方式，最常见的是互生叶序，即在每个节上只生一叶，交互而生。任意取一个叶子作为起点，向上用线连接各个叶子的着生点可以发现这是一条螺旋线，盘旋而上，直到上方另一片叶子的着生点恰好与起点叶的着生点重合，作为终点。从起点叶到终点叶之间的螺旋线绕茎周数，称为叶序周。不同种植物的叶序周可能不同，之间的叶数也可能不同。例如，榆，叶序周为1（即绕茎1周），有2叶；桑，叶序周为1，有3叶；桃，叶序周为2，有5叶；梨，叶序周为3，有8叶；杏，叶序周为5，有13叶；松，叶序周为8，有21叶……用公式表示（绕茎的周数为分子，叶数为分母），分别是

$$\frac{1}{2},\frac{1}{3},\frac{2}{5},\frac{3}{8},\frac{5}{13},\frac{8}{21}\cdots\cdots$$

这些是最常见的叶序公式，据估计大约有90%的植物属于这类叶序，而它们全是由斐波那契数组成的。

如果仔细观察向日葵的花盘，会发现其种子排列组成了两组镶嵌在一起的螺旋线，一组是顺时针方向，一组是逆时针方向，再数一数这些螺旋线的数目，虽然不同品种的向日葵会有所不同，但是这两组螺旋线的数目一般是34和55、55和89或89和144，其中前一个数字是顺时针线数，后一个数字是逆时针线数，而每组数字都是斐波那契数列中相邻的两个数。再看看菠萝、松果上的鳞片排列，虽然不像向日葵花盘那么复杂，也存在类似的两组螺旋线，其数目通常是8和13。有时候这种螺旋线不是那么明显，需要仔细观察才会注意到，例如花菜。如果你拿一颗花菜认真研究一下，会发现花菜上的小花也形成了两组螺旋线。再数数螺旋线的数目，是不是也是相邻的两个斐波那契数，例如顺时针5条，逆时针8条？掰下一朵小花来再仔细观察，它实际上是由更小的小花组成的，而且也排列成立两条螺旋线，其数目也是相邻的两个斐波那契数。

为什么植物如此偏爱斐波那契数？是因为连续两个斐波那契数，它们的比例非常接近黄金数 $\varphi = \frac{1+\sqrt{5}}{2} \approx 1.6180339887\cdots\cdots$，即将后面的数字除以前面的数字，近似等于1.618（最初几组除外），而且数目越大越接近，当无穷大时，其比就等于黄金数。植物喜爱斐波那契数实际上是喜爱黄金数，这是为什么呢？

植物的枝条、叶子和花瓣都有相同的起源，都是从茎尖的分生组织出芽、分化而来的。新芽生长的方向与前面一个芽的方向不同，旋转了一个固定的角度。如果要充分地利用生长空间，新芽的生长方向应该与旧芽离得尽可能远。那么这个最佳角度是多少呢？

我们可以把这个角度记成 $360° \times n$，这里 $0 < n < 1$，由于左右各有一个角度，其值是一样的，只是旋转的方向不同，例如 $n = 0.4$ 和 $n = 0.6$ 实际上结果相同，因此我们只需要考虑 $0.5 \leqslant n < 1$ 的情况。如果新芽要与前一个旧芽离得尽量远，应长到对侧，即 $n = 1/2$，但这样的话第二个新芽与旧芽同方向，第三个新芽与第一个新芽同方向……也就是说，仅绕了一周就出现了重叠，而且总共只有两个生长方向，中间的空间都浪费了。如果 $n = 3/5$

呢？绕三周就出现重叠，而且总共也只有五个方向。事实上，如果 n 是个真分数 p/q，则意味着绕 p 周就出现重叠，共有 q 个生长方向。

显然，如果 n 是没法用分数表示的无理数，就会更科学。选什么样的无理数呢？圆周率 π、自然数 e 以及 $\sqrt{2}$ 都不是很好的选择，因为它们的小数部分分别与 1/7、5/7 和 2/5 非常接近，仍然会出现上面的重叠问题。而取黄金数 $\varphi \approx 1.618$，也就是 $n \approx 0.618$，即新芽的最佳旋转角度大约时 $360° \times 0.618 \approx 222.5°$ 或 $137.5°$。

前面提到，常见的叶序为 $\dfrac{1}{2}$，$\dfrac{1}{3}$，$\dfrac{2}{5}$，$\dfrac{3}{8}$，$\dfrac{5}{13}$，$\dfrac{8}{21}$，表示的是相邻两叶所成的角度（称为开度），如果我们要把它们换算成 n，只需用 1 减去开度，即为 $\dfrac{1}{2}$，$\dfrac{2}{3}$，$\dfrac{3}{5}$，$\dfrac{5}{8}$，$\dfrac{8}{13}$，$\dfrac{13}{21}$。它们是相邻两个斐波那契数的比值，是不同程度地逼近 $1/\varphi$。在这种情形下，植物的芽可以有最多的生长方向，占有尽可能多的空间；植物的叶子，尽可能地获取阳光进行光合作用，或承接尽可能多的雨水灌溉根部；植物的花，尽可能地展示自己，吸引昆虫来传粉；植物的种子，尽可能地密集排列起来。这一切，对植物的生长、繁殖都大有好处。

可见，植物之所以偏爱斐波那契数，乃是适者生存的自然选择作用下进化的结果，并不神秘。

第七章

重 积 分

本章和下一章是多元函数积分学的内容，是一元函数定积分的推广与发展．将一元函数定积分中"和式的极限"推广到定义在区域、曲线以及曲面上多元函数的相应情形，便得到了重积分、曲线积分以及曲面积分的概念．本章主要介绍二重积分和三重积分的概念、性质、计算方法及它们的一些具体应用．

第一节　二重积分的概念与性质

一、二重积分的概念

引例 1　曲顶柱体的体积

设有一立体，它的底是 xOy 面上的闭区域 D，它的侧面是以 D 的边界曲线为准线而母线平行于 z 轴的柱面，它的顶是曲面 $z=f(x,y)$，这里 $f(x,y) \geqslant 0$ 且在 D 上连续，如图7-1．这种立体叫作曲顶柱体．下面我们来求曲顶柱体的体积．

如果函数 $f(x,y)$ 在 D 上取常值，则上述曲顶柱体就化为一平顶柱体，该平顶柱体的体积可用公式

$$\text{体积}＝\text{底面积}\times\text{高}$$

来定义和计算．在一般情形下，求曲顶柱体的体积问题可用微元法来解决．

首先，用任意一组曲线网把将闭区域 D 分成 n 个小闭区域 $\Delta\sigma_1, \Delta\sigma_2, \cdots, \Delta\sigma_n$，分别以这些小闭区域的边界曲线为准线，作母线平行于 z 轴的柱面，这些柱面把原来的曲顶柱体分为 n 个细曲顶柱体．当这些小闭区域的直径很小时，由于 $f(x,y)$ 连续，对同一个小闭区域来说，$f(x,y)$ 变化很小，这时细曲顶柱体可近似看做平顶柱体．我们在每个 $\Delta\sigma_i$（这小闭区域的面积也记作 $\Delta\sigma_i$）中任取一点 (ξ_i, η_i)，以 $f(\xi_i, \eta_i)$ 为高而底为 $\Delta\sigma_i$ 的平顶柱体（图7-2）的体积为

$$f(\xi_i, \eta_i)\Delta\sigma_i (i=1,2,\cdots,n),$$

这 n 个平顶柱体体积之和 $\sum_{i=1}^{n} f(\xi_i, \eta_i)\Delta\sigma_i$ 可以认为是整个曲顶柱体体积的近似值．令 n 个小闭区域的直径的最大值（记作 λ）趋于零，取上述和的极限，所得的极限便自然地定义为所论曲顶柱体的体积 V，即

$$V＝\lim_{\lambda \to 0}\sum_{i=1}^{n} f(\xi_i, \eta_i)\Delta\sigma_i.$$

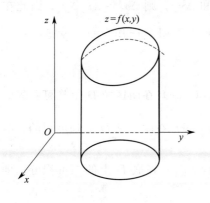

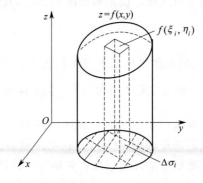

图 7-1   图 7-2

引例 2 平面薄片的质量

设有一平面薄片占有 xOy 面上的闭区域 D，它在点 (x,y) 处的面密度为 $\mu(x,y)$，这里 $\mu(x,y)>0$ 且在 D 上连续. 现在计算该薄片的质量.

如果薄片是均匀的，即面密度是常数，则薄片的质量可以用公式

$$质量＝面密度×面积$$

来计算. 现在面密度是变量，求薄片的质量问题可用微元法来解决.

由于 $\mu(x,y)$ 连续，把薄片分成许多小块后，只要小块所占的小闭区域 $\Delta\sigma_i$ 的直径很小，这些小块就可以近似地看做均匀薄片. 在 $\Delta\sigma_i$ 上任取一点 (ξ_i,η_i)，则 $\mu(\xi_i,\eta_i)\Delta\sigma_i$ $(i=1,2,\cdots,n)$ 可看做第 i 个小块的质量的近似值. 通过求和、取极限，便得出

$$m=\lim_{\lambda\to 0}\sum_{i=1}^{n}\mu(\xi_i,\eta_i)\Delta\sigma_i.$$

上面两个问题的实际意义虽然不同，但所求量都可归结为同一形式的和的极限. 在物理、力学、几何和工程技术中，有许多物理量或几何量都可归结为这一形式的和的极限. 为更一般地研究这类和式的极限，我们抽象出如下定义.

定义 设 $f(x,y)$ 是有界闭区域 D 上的有界函数. 将闭区域 D 任意分成 n 个小闭区域 $\Delta\sigma_1,\Delta\sigma_2,\cdots,\Delta\sigma_n$，其中 $\Delta\sigma_i$ 表示第 i 个小闭区域，也表示它的面积. 在每个 $\Delta\sigma_i$ 上任取一点 (ξ_i,η_i)，作乘积 $f(\xi_i,\eta_i)\Delta\sigma_i(i=1,2,\cdots,n)$，并作和 $\sum_{i=1}^{n}f(\xi_i,\eta_i)\Delta\sigma_i$. 如果当各小闭区域的直径中的最大值 λ 趋于零时，这和的极限存在，则称此极限为函数 $f(x,y)$ 在闭区域 D 上的二重积分，记作 $\iint\limits_{D}f(x,y)\mathrm{d}\sigma$，即

$$\iint\limits_{D}f(x,y)\mathrm{d}\sigma=\lim_{\lambda\to 0}\sum_{i=1}^{n}f(\xi_i,\eta_i)\Delta\sigma_i.$$

其中 $f(x,y)$ 叫作**被积函数**，$f(x,y)\mathrm{d}\sigma$ 叫作**被积表达式**，$\mathrm{d}\sigma$ 叫作**面积元素**，x 与 y 叫作**积分变量**，D 叫作**积分区域**，$\sum_{i=1}^{n}f(\xi_i,\eta_i)\Delta\sigma_i$ 叫作**积分和**.

注 （1）在二重积分的定义中对闭区域 D 的划分是任意的，如果在直角坐标系中用平行于坐标轴的直线网来划分 D，那么除了包含边界点的一些小闭区域外，其余的小闭区域

都是矩形闭区域，设矩形闭区域 $\Delta\sigma_i$ 的边长为 Δx_j 和 Δy_k，则 $\Delta\sigma_i = \Delta x_j \Delta y_k$. 因此在直角坐标系中，有时也把面积元素 $d\sigma$ 记作 $dxdy$，而把二重积分记作 $\iint\limits_D f(x,y)dxdy$，其中 $dxdy$ 叫做直角坐标系中的面积元素.

（2）如果二重积分 $\iint\limits_D f(x,y)d\sigma$ 存在，则称函数 $f(x,y)$ 在闭区域 D 上是**可积的**. 可以证明，如果函数 $f(x,y)$ 在闭区域 D 上连续，则 $f(x,y)$ 在闭区域 D 上是可积的. 本书后文中我们总是假定 $f(x,y)$ 在闭区域 D 上是连续的.

二重积分的**几何意义**：曲顶柱体的体积是函数 $f(x,y)$ 在底 D 上的二重积分，即 $V = \iint\limits_D f(x,y)d\sigma$.

二重积分的**物理意义**：平面薄片的质量是它的面密度 $\mu(x,y)$ 在薄片所占闭区域 D 上的二重积分，即 $m = \iint\limits_D \mu(x,y)d\sigma$.

一般地，如果 $f(x,y) \geqslant 0$，被积函数 $f(x,y)$ 可解释为曲顶柱体的顶点在点 (x,y) 处的竖坐标，所以二重积分的几何意义就是柱体的体积. 如果 $f(x,y)$ 是负的，柱体就在 xOy 面的下方，二重积分的绝对值仍等于柱体的体积，但二重积分的值是负的. 如果 $f(x,y)$ 在 D 的若干区域上是正的，而在其他的部分区域是负的，那么 $f(x,y)$ 在 D 上的二重积分就等于 xOy 面上方的柱体体积减去 xOy 面下方的柱体体积所得之差.

二、二重积分的性质

二重积分与定积分有类似的性质，现叙述如下.

性质 1 设 α、β 为常数，则
$$\iint\limits_D [\alpha f(x,y) + \beta g(x,y)]d\sigma = \alpha\iint\limits_D f(x,y)d\sigma + \beta\iint\limits_D g(x,y)d\sigma.$$
这个性质表明二重积分满足**线性运算**.

性质 2 如果闭区域 D 被有限条曲线分为有限个部分闭区域，则在 D 上的二重积分等于在各部分闭区域上的二重积分的和.

例如 D 分为两个闭区域 D_1 与 D_2，则
$$\iint\limits_D f(x,y)d\sigma = \iint\limits_{D_1} f(x,y)d\sigma + \iint\limits_{D_2} f(x,y)d\sigma.$$
这个性质表明二重积分对积分区域具有**可加性**.

性质 3 如果在闭区域 D 上，$f(x,y) = 1$，σ 为 D 的面积，则
$$\sigma = \iint\limits_D 1 \times d\sigma = \iint\limits_D d\sigma.$$
此性质的几何意义是以 D 为底、高为 1 的平顶柱体的体积在数值上等于柱体的底面积.

性质 4 如果在闭区域 D 上，有 $f(x,y) \leqslant \varphi(x,y)$，则
$$\iint\limits_D f(x,y)d\sigma \leqslant \iint\limits_D \varphi(x,y)d\sigma.$$
特别地，由于 $-|f(x,y)| \leqslant f(x,y) \leqslant |f(x,y)|$，有

$$\left| \iint\limits_{D} f(x,y)\mathrm{d}\sigma \right| \leqslant \iint\limits_{D} | f(x,y) | \,\mathrm{d}\sigma.$$

性质5 设 M、m 分别是 $f(x,y)$ 在闭区域 D 上的最大值和最小值，σ 为 D 的面积，则

$$m\sigma \leqslant \iint\limits_{D} f(x,y)\mathrm{d}\sigma \leqslant M\sigma.$$

这个不等式称为二重积分的**估值不等式**.

证 因为 $m \leqslant f(x,y) \leqslant M$，所以由性质 4 有

$$\iint\limits_{D} m\,\mathrm{d}\sigma \leqslant \iint\limits_{D} f(x,y)\mathrm{d}\sigma \leqslant \iint\limits_{D} M\,\mathrm{d}\sigma.$$

性质6 设函数在闭区域 D 上连续，σ 为 D 的面积，则在 D 上至少存在一点 (ξ,η)，使得

$$\iint\limits_{D} f(x,y)\mathrm{d}\sigma = f(\xi,\eta)\sigma.$$

证 显然 $\sigma \neq 0$，把性质 5 中不等式各除以 σ，有

$$m \leqslant \frac{1}{\sigma}\iint\limits_{D} f(x,y)\mathrm{d}\sigma \leqslant M.$$

这就是说，确定的数值 $\dfrac{1}{\sigma}\iint\limits_{D} f(x,y)\,\mathrm{d}\sigma$ 是介于函数 $f(x,y)$ 的最大值 M 与最小值 m 之间的. 根据在闭区域上连续函数的介值定理，在 D 上至少存在一点 (ξ,η)，使得函数在该点的值与这个确定的数值相等，即

$$\frac{1}{\sigma}\iint\limits_{D} f(x,y)\mathrm{d}\sigma = f(\xi,\eta).$$

上式两端各乘以 σ，就得所要证明的公式.

这个性质称为二重积分的**中值定理**. 其几何意义是在区域 D 上以曲面 $f(x,y)$ 为顶的曲顶柱体的体积，等于以区域 D 内某一点 (ξ,η) 的函数值 $f(\xi,\eta)$ 为高的平顶柱体的体积.

例1 估计二重积分 $I = \iint\limits_{D} \dfrac{\mathrm{d}\sigma}{\sqrt{x^2+y^2+2xy+16}}$ 的值，其中积分区域 D 为矩形闭区域 $\{(x,y) \mid 0 \leqslant x \leqslant 1, 0 \leqslant y \leqslant 2\}$.

解 因为 $f(x,y) = \dfrac{1}{\sqrt{(x+y)^2+16}}$，区域 D 的面积 $\sigma = 2$，且在 D 上 $f(x,y)$ 的最大值和最小值分别为

$$M = \frac{1}{\sqrt{(0+0)^2+16}} = \frac{1}{4}, \qquad m = \frac{1}{\sqrt{(1+2)^2+16}} = \frac{1}{5},$$

所以 $\dfrac{1}{5} \times 2 \leqslant I \leqslant \dfrac{1}{4} \times 2$，即 $\dfrac{2}{5} \leqslant I \leqslant \dfrac{1}{2}$.

习题 7-1

1. 用二重积分表示上半球体 $\{(x,y,z)\,|\,x^2+y^2+z^2 \leqslant R^2, z>0\}$ 的体积 V.

2. 判断 $\iint\limits_D \ln(x^2+y^2)\mathrm{d}\sigma$ 的正负号，其中 D：$\dfrac{1}{4} \leqslant x^2+y^2 \leqslant 1$.

3. 已知 $\iint\limits_D f(x,y)\mathrm{d}\sigma = 2, \iint\limits_D g(x,y)\mathrm{d}\sigma = 3$，计算二重积分

$$\iint\limits_D [3f(x,y)+2g(x,y)]\mathrm{d}\sigma.$$

4. 利用二重积分的性质比较下列二重积分的大小.

(1) $\iint\limits_D (x+y)^2\mathrm{d}\sigma$ 与 $\iint\limits_D (x+y)^3\mathrm{d}\sigma$，其中积分区域 D 是由 x 轴、y 轴与直线 $x+y=1$ 所围成；

(2) $\iint\limits_D (x+y)^2\mathrm{d}\sigma$ 与 $\iint\limits_D (x+y)^3\mathrm{d}\sigma$，其中积分区域 D 是由圆 $(x-2)^2+(y-1)^2=2$ 所围成；

(3) $\iint\limits_D \ln(x+y)\mathrm{d}\sigma$ 与 $\iint\limits_D [\ln(x+y)]^2\mathrm{d}\sigma$，其中 $D=\{(x,y)\,|\,3 \leqslant x \leqslant 5, 0 \leqslant y \leqslant 1\}$.

5. 利用二重积分的性质估计下列二重积分的值.

(1) $\iint\limits_D xy(x+y)\mathrm{d}\sigma$，其中 $D=\{(x,y)\,|\,0 \leqslant x \leqslant 1, 0 \leqslant y \leqslant 1\}$；

(2) $\iint\limits_D (x^2+4y^2+9)\mathrm{d}\sigma$，其中 $D=\{(x,y)\,|\,x^2+y^2 \leqslant 4\}$.

第二节　二重积分的计算

对少数特别简单的被积函数和积分区域来说，按二重积分的定义计算二重积分是可行的．但对一般的函数和区域来说，其并不是切实可行的方法．本节要讨论的二重积分的计算方法，其基本思想是将二重积分化为两次定积分来计算，转化后的这种两次定积分常称为**二次积分**或**累次积分**．通常是在直角坐标系和极坐标系下讨论二重积分的计算．

一、利用直角坐标计算二重积分

设函数 $f(x,y) \geqslant 0$ 在区域 D 上连续.

1. 积分区域 D 为 X-型区域

当积分区域 D 由直线 $x=a$，$x=b$ 和曲线 $y=\varphi_1(x)$，$y=\varphi_2(x)$ 围成时，如图 7-3 所示，其中 $\varphi_1(x)$，$\varphi_2(x)$ 在 $[a,b]$ 上连续，$\varphi_1(x) \leqslant \varphi_2(x)$，称 D 为 **X-型区域**．若 D 为 X-型区域，则穿过 D 内部且平行于 y 轴的直线与 D 的边界的交点不多于两个．区域 D 可用不等式

$$a \leqslant x \leqslant b, \quad \varphi_1(x) \leqslant y \leqslant \varphi_2(x)$$

来表示.

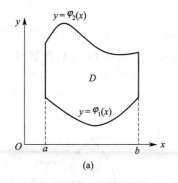

(a)

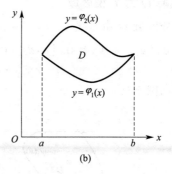

(b)

图 7-3

按二重积分的几何意义知，$\iint\limits_{D} f(x,y)\mathrm{d}x\mathrm{d}y$ 的值等于以 D 为底，以曲面 $z = f(x,y)$ 为顶的曲顶柱体（图 7-4）的体积．下面我们用"已知平行截面面积求立体的体积"的方法来计算曲顶柱体的体积．

先计算截面面积．为此，在区间 $[a,b]$ 上任意取定一点 x_0，作平行于 yOz 面的平面 $x = x_0$．这平面截曲顶柱体所得的截面是一个以区间 $[\varphi_1(x_0),\varphi_2(x_0)]$ 为底、曲线 $z = f(x_0,y)$ 为曲边的曲边梯形（图 7-4 中阴影部分），所以这截面的面积为

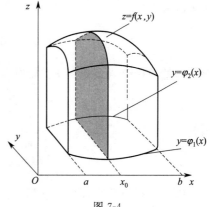

图 7-4

$$A(x_0) = \int_{\varphi_1(x_0)}^{\varphi_2(x_0)} f(x_0,y)\mathrm{d}y.$$

对任意的 $x \in [a,b]$，同样有 $A(x) = \int_{\varphi_1(x)}^{\varphi_2(x)} f(x,y)\mathrm{d}y.$

于是，应用计算平行截面面积为已知的立体体积的方法，得曲顶柱体体积为

$$V = \int_a^b A(x)\mathrm{d}x = \int_a^b \left[\int_{\varphi_1(x)}^{\varphi_2(x)} f(x,y)\mathrm{d}y \right]\mathrm{d}x.$$

这个体积也就是所求二重积分的值，从而有等式

$$\iint\limits_{D} f(x,y)\mathrm{d}\sigma = \int_a^b \left[\int_{\varphi_1(x)}^{\varphi_2(x)} f(x,y)\mathrm{d}y \right]\mathrm{d}x. \tag{7-1}$$

上式右端的积分叫做先对 y、后对 x 的二次积分，就是说，先把 x 看做常数，把 $f(x,y)$ 看做是 y 的函数，并对 y 计算定积分，再把第一次积分的结果（是 x 的函数）作为被积函数，对 x 计算在 $[a,b]$ 上的定积分，这个先对 y、后对 x 的二次积分也常记作

$$\int_a^b \mathrm{d}x \int_{\varphi_1(x)}^{\varphi_2(x)} f(x,y)\mathrm{d}y.$$

因此

$$\iint\limits_{D} f(x,y)\mathrm{d}\sigma = \int_a^b \mathrm{d}x \int_{\varphi_1(x)}^{\varphi_2(x)} f(x,y)\mathrm{d}y.$$

2. 积分区域 D 为 Y-型区域

若积分区域 D 由直线 $y=c$，$y=d$ 和曲线 $x=\psi_1(y)$，$x=\psi_2(y)$ 围成时，如图 7-5 所示，其中 $\psi_1(y)$，$\psi_2(y)$ 在 $[c,d]$ 上连续，$\psi_1(y)\leqslant\psi_2(y)$，称 D 为 **Y-型区域**．用不等式

$$c\leqslant y\leqslant d,\psi_1(y)\leqslant x\leqslant\psi_2(y)$$

来表示，如图 7-5.

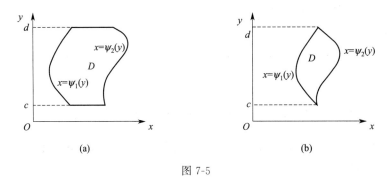

图 7-5

那么就有

$$\iint\limits_{D}f(x,y)\mathrm{d}\sigma=\int_c^d\left[\int_{\psi_1(y)}^{\psi_2(y)}f(x,y)\mathrm{d}x\right]\mathrm{d}y. \tag{7-2}$$

上式右端的积分叫做先对 x、后对 y 的二次积分，这个积分也记作

$$\int_c^d\mathrm{d}y\int_{\psi_1(y)}^{\psi_2(y)}f(x,y)\mathrm{d}x.$$

因此

$$\iint\limits_{D}f(x,y)\mathrm{d}\sigma=\int_c^d\mathrm{d}y\int_{\psi_1(y)}^{\psi_2(y)}f(x,y)\mathrm{d}x.$$

综上，在直角坐标系下计算二重积分的步骤总结如下.

(1) 画出积分区域 D 的图形，并求出交点坐标，判断是 X-型区域还是 Y-型区域．

(2) 确定二次积分的上、下限，若 D 为 X-型区域，则 $a\leqslant x\leqslant b$，固定 x 后，过 x 点从下至上作 y 轴的平行线与区域 D 相交，该平行线与区域 D 的下方边界的交点的纵坐标值 $\varphi_1(x)$ 为积分下限，而该平行线与区域 D 的上方边界的交点的纵坐标值 $\varphi_2(x)$ 为积分上限．类似地，可以确定 Y-型区域的二次积分的上、下限．

(3) 用式(7-1) 或式(7-2) 化二重积分为二次积分．

(4) 计算二次积分的值．

注 (1) 若积分区域 D 既是 X-型区域又是 Y-型区域．即积分区域 D 既可以用不等式

$$a\leqslant x\leqslant b,\varphi_1(x)\leqslant y\leqslant\varphi_2(x)$$

表示，又可以用不等式 $c\leqslant y\leqslant d$，$\psi_1(y)\leqslant x\leqslant\psi_2(y)$ 表示，则有

$$\int_a^b\mathrm{d}x\int_{\varphi_1(x)}^{\varphi_2(x)}f(x,y)\mathrm{d}y=\int_c^d\mathrm{d}y\int_{\psi_1(y)}^{\psi_2(y)}f(x,y)\mathrm{d}x.$$

(2) 若积分区域 D 既不是 X-型区域也不是 Y-型区域（图 7-6）．我们可以将它分割成若干个 X-型区域或 Y-型区域，然后在每块这样的区域上分别应用式(7-1) 或式(7-2)，再根据二重积分对积分区域的可加性，即可计算二重积分．

例1 计算 $\iint\limits_{D} xy\,\mathrm{d}\sigma$，其中 D 是由直线 $y=1$，$x=2$ 及 $y=x$ 所围成的闭区域.

解 首先画出积分区域 D. 并求出交点坐标 $(1,1),(1,2),(2,2)$.

方法一：把区域 D 看作是 X-型的（图 7-7），D 上的点的横坐标的变动范围是区间 $[1,2]$. 在区间 $[1,2]$ 上任意取定一个 x 值，则 D 上以这个 x 值为横坐标的点在一段直线上，这段直线平行于 y 轴，该线段上点的纵坐标从 $y=1$ 变到 $y=x$. 则

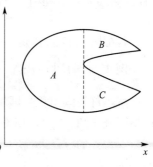

图 7-6

$$\iint\limits_{D} xy\,\mathrm{d}\sigma=\int_1^2\left[\int_1^x xy\,\mathrm{d}y\right]\mathrm{d}x=\int_1^2\left[x\frac{y^2}{2}\right]_1^x\mathrm{d}x=\int_1^2\left(\frac{x^3}{2}-\frac{x}{2}\right)\mathrm{d}x=\left[\frac{x^4}{8}-\frac{x^2}{4}\right]_1^2=\frac{9}{8}.$$

方法二：把区域 D 看作是 Y-型的（图 7-8），D 上的点的纵坐标的变动范围是区间 $[1,2]$. 在区间 $[1,2]$ 上任意取定一个 y 值，则 D 上以这个 y 值为纵坐标的点在一段直线上，这段直线平行于 x 轴，该线段上点的横坐标从 $x=y$ 变到 $x=2$. 则

$$\iint\limits_{D} xy\,\mathrm{d}\sigma=\int_1^2\left[\int_y^2 xy\,\mathrm{d}x\right]\mathrm{d}y=\int_1^2\left[y\frac{x^2}{2}\right]_y^2\mathrm{d}y=\int_1^2\left(2y-\frac{y^3}{2}\right)\mathrm{d}y=\left[y^2-\frac{y^4}{8}\right]_1^2=\frac{9}{8}.$$

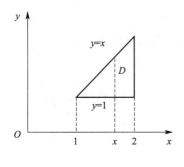

图 7-7

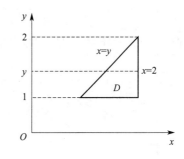

图 7-8

例2 计算 $\iint\limits_{D}(2x+y)\,\mathrm{d}\sigma$，其中 D 是由直线 $y=x$，$y=2-x$ 及 $y=0$ 所围成的闭区域.

解 画出区域 D 的图形（图 7-9），并求出交点坐标 $O(0,0),A(1,1),B(2,0)$. 把区域 D 看作是 Y-型区域，用不等式将 D 表示为 D：$0\leqslant y\leqslant1$，$y\leqslant x\leqslant2-y$. 则可得：

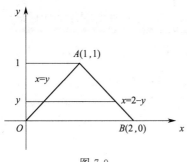

图 7-9

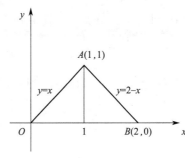

图 7-10

$$\iint\limits_{D}(2x+y)\mathrm{d}\sigma=\int_0^1\mathrm{d}y\int_y^{2-y}(2x+y)\mathrm{d}x=\int_0^1(x^2+xy)\big|_y^{2-y}\mathrm{d}y=\int_0^1(-2y^2-2y+4)\mathrm{d}y=\frac{7}{3}.$$

若把区域 D 看作是 X-型区域（图 7-10），则要把 D 分块，计算烦琐.

例 3　计算 $\iint\limits_{D}xy\mathrm{d}\sigma$，其中 D 是由直线 $y=x-2$ 及抛物线 $y^2=x$ 所围成的闭区域.

解　首先画出积分区域 D 的图形，并求出交点坐标 $(1,-1)$，$(4,2)$. 把区域 D 看作是 Y-型区域（图 7-11），用不等式将 D 表示为

$$D:-1\leqslant y\leqslant 2,y^2\leqslant x\leqslant 2+y.$$

则

$$\begin{aligned}
\iint\limits_{D}xy\mathrm{d}\sigma&=\int_{-1}^2\left[\int_{y^2}^{y+2}xy\mathrm{d}x\right]\mathrm{d}y\\
&=\int_{-1}^2\left[y\frac{x^2}{2}\right]_{y^2}^{y+2}\mathrm{d}y\\
&=\frac{1}{2}\int_{-1}^2\left[y(y+2)^2-y^5\right]\mathrm{d}y\\
&=\frac{1}{2}\left[\frac{y^4}{4}+\frac{4}{3}y^3+2y^2-\frac{y^6}{6}\right]_{-1}^2\\
&=\frac{45}{8}.
\end{aligned}$$

若把区域 D 看作是 X-型区域（图 7-12），则要把 D 分块，计算繁琐.

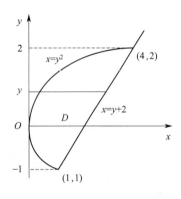

图 7-11

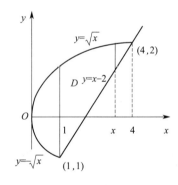

图 7-12

例 4　计算 $\iint\limits_{D}\mathrm{e}^{y^2}\mathrm{d}x\mathrm{d}y$，其中 D 是由直线 $y=1$，$y=x$ 及 y 轴所围成的闭区域.

解　首先画出积分区域 D 的图形（图 7-13），并求出交点坐标 $(0,0)$，$(1,1)$.

若将 D 看作是 X-型区域，则 $D:0\leqslant x\leqslant 1$，$x\leqslant y\leqslant 1$，从而

$$\iint\limits_{D}\mathrm{e}^{y^2}\mathrm{d}x\mathrm{d}y=\int_0^1\mathrm{d}x\int_x^1\mathrm{e}^{y^2}\mathrm{d}y.$$

因为 $\int\mathrm{e}^{y^2}\mathrm{d}y$ 的原函数不能用初等函数表示，所以应选择另一种积分次序. 把区域 D 看作是

Y-型区域，用不等式将 D 表示为 D：$0 \leqslant y \leqslant 1$，$0 \leqslant x \leqslant y$，则

$$\iint\limits_{D} e^{y^2} \mathrm{d}x\,\mathrm{d}y = \int_0^1 \mathrm{d}y \int_0^y e^{y^2} \mathrm{d}x = \int_0^1 e^{y^2} \left[x \mid_0^y \right] \mathrm{d}y = \int_0^1 y e^{y^2} \mathrm{d}y = \frac{1}{2} \int_0^1 e^{y^2} \mathrm{d}(y^2) = \frac{1}{2}(e-1).$$

从前面的几个例子可以看到，计算二重积分时，合理选择积分次序是比较关键的一步，积分次序选择不当可能会使计算烦琐甚至无法计算出结果. 因此，对给定的二次积分，交换其积分次序是常见的一种题型.

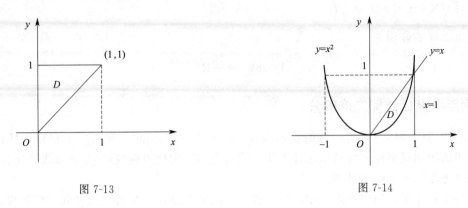

图 7-13   图 7-14

例 5 交换二次积分 $\int_0^1 \mathrm{d}x \int_{x^2}^x f(x,y) \mathrm{d}y$ 的积分次序.

解 设二次积分的积分限为 $0 \leqslant x \leqslant 1$，$x^2 \leqslant y \leqslant x$，画出积分区域 D 的图形（图 7-14）. 重新确定积分区域 D 的积分限为 $0 \leqslant y \leqslant 1$，$y \leqslant x \leqslant \sqrt{y}$，所以

$$\int_0^1 \mathrm{d}x \int_{x^2}^x f(x,y) \mathrm{d}y = \int_0^1 \mathrm{d}y \int_y^{\sqrt{y}} f(x,y) \mathrm{d}x.$$

例 6 求两个底圆半径都等于 R 的直交圆柱面所围成的立体的体积.

解 设这两个圆柱面的方程分别为

$$x^2 + y^2 = R^2 \ \text{及} \ x^2 + z^2 = R^2.$$

利用立体关于坐标平面的对称性，只要算出它在第一卦限部分（图 7-15）的体积 V_1，然后乘以 8 就可以了.

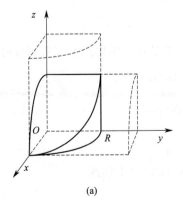 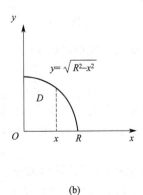

(a)   (b)

图 7-15

所求立体在第一卦限部分可以看成是一个曲顶柱体，它的底是

$$D = \{(x,y) \mid 0 \leqslant y \leqslant \sqrt{R^2 - x^2}, 0 \leqslant x \leqslant R\}.$$

它的顶是柱面 $z = \sqrt{R^2 - x^2}$，于是

$$V_1 = \iint\limits_{D} \sqrt{R^2 - x^2}\, \mathrm{d}x\, \mathrm{d}y = \int_0^R \left[\int_0^{\sqrt{R^2-x^2}} \sqrt{R^2 - x^2}\, \mathrm{d}y \right] \mathrm{d}x = \int_0^R \left[\sqrt{R^2 - x^2}\, y \right] \Big|_0^{\sqrt{R^2-x^2}} \mathrm{d}x$$

$$= \int_0^R (R^2 - x^2)\, \mathrm{d}x = \frac{2}{3}R^3,$$

从而所求立体的体积为

$$V = 8V_1 = \frac{16}{3}R^3.$$

二、利用极坐标计算二重积分

我们知道极坐标与直角坐标的关系为 $x = r\cos\theta$、$y = r\sin\theta$，有些二重积分，其积分区域的边界曲线用极坐标方程表示比较方便，或被积函数用极坐标变量 r、θ 来表达比较简单，这时往往考虑用极坐标来计算.

在极坐标系下，用以极点为中心的一族同心圆 r 为常数，从极点出发的一族射线 θ 为常数，分割区域 D（图 7-16），小区域的形状如图 7-17 中的阴影部分所示，它由半径分别为 r 和 $r + \mathrm{d}r$ 的两段圆弧及两条极角分别为 θ 和 $\theta + \mathrm{d}\theta$ 的射线围成. 我们将其近似看成小矩形，边长分别为 $\mathrm{d}r$ 和 $r\mathrm{d}\theta$，所以二重积分在极坐标系下的面积元素为

$$\mathrm{d}\sigma = r\mathrm{d}r\mathrm{d}\theta.$$

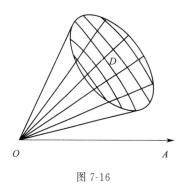
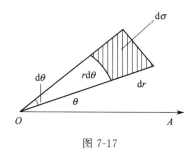

图 7-16　　　　　　　　　　　　　　　　图 7-17

极坐标系下被积函数 $f(x,y) = f(r\cos\theta, r\sin\theta)$，于是在极坐标系下二重积分可表示为

$$\iint\limits_{D} f(x,y)\, \mathrm{d}\sigma = \iint\limits_{D} f(r\cos\theta, r\sin\theta) r\mathrm{d}r\mathrm{d}\theta.$$

极坐标系中的二重积分，同样可以化为二次积分来计算.

（1）设积分区域 D 可以用不等式

$$\varphi_1(\theta) \leqslant r \leqslant \varphi_2(\theta), \alpha \leqslant \theta \leqslant \beta$$

表示（图 7-18），其中函数 $\varphi_1(\theta)$、$\varphi_2(\theta)$ 在区间 $[\alpha, \beta]$ 上连续.

则二重积分化为极坐标系下二次积分的公式为

$$\iint\limits_{D} f(x,y)\, \mathrm{d}\sigma = \int_{\alpha}^{\beta} \mathrm{d}\theta \int_{\varphi_1(\theta)}^{\varphi_2(\theta)} f(r\cos\theta, r\sin\theta) r\mathrm{d}r.$$

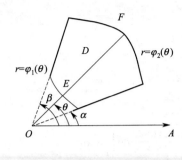

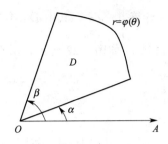

图 7-18   图 7-19

（2）设积分区域 D 是如图 7-19 所示的曲边扇形，那么可以把它看做是图 7-18 中当 $\varphi_1(\theta)=0$，$\varphi_2(\theta)=\varphi(\theta)$ 时的特例．这时闭区域 D 可以用不等式

$$0\leqslant r\leqslant\varphi(\theta),\alpha\leqslant\theta\leqslant\beta$$

表示，二重积分化为极坐标系下的二次积分的公式为

$$\iint\limits_{D}f(x,y)\mathrm{d}\sigma=\int_{\alpha}^{\beta}\mathrm{d}\theta\int_{0}^{\varphi(\theta)}f(r\cos\theta,r\sin\theta)r\mathrm{d}r.$$

（3）设积分区域 D 如图 7-20 所示，极点在 D 的内部，那么可以把它看做图 7-19 中当 $\alpha=0$，$\beta=2\pi$ 时的特例．这时闭区域 D 可以用不等式

$$0\leqslant r\leqslant\varphi(\theta),0\leqslant\theta\leqslant2\pi$$

表示，二重积分化为极坐标系下的二次积分的公式为

$$\iint\limits_{D}f(x,y)\mathrm{d}\sigma=\int_{0}^{2\pi}\mathrm{d}\theta\int_{0}^{\varphi(\theta)}f(r\cos\theta,r\sin\theta)r\mathrm{d}r.$$

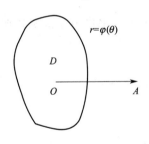

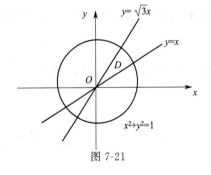

图 7-20   图 7-21

例 7　计算 $\iint\limits_{D}\sqrt{x^2+y^2}\,\mathrm{d}\sigma$，区域 D 是由 $x^2+y^2=1$，$y=x$，$y=\sqrt{3}\,x$ 围成的第一象限内的部分．

解　区域 D 如图 7-21 所示，用不等式表示为

$$D:\frac{\pi}{4}\leqslant\theta\leqslant\frac{\pi}{3},0\leqslant r\leqslant1,$$

于是

$$\iint\limits_{D}\sqrt{x^2+y^2}\,\mathrm{d}\sigma=\int_{\frac{\pi}{4}}^{\frac{\pi}{3}}\mathrm{d}\theta\int_{0}^{1}r\times r\mathrm{d}r=\int_{\frac{\pi}{4}}^{\frac{\pi}{3}}\left[\frac{r^3}{3}\right]\Big|_{0}^{1}\mathrm{d}\theta=\frac{\pi}{36}.$$

例 8 计算 $\iint\limits_D x^2 \mathrm{d}\sigma$，其中 D：$1 \leqslant x^2 + y^2 \leqslant 4$.

解 区域 D 如图 7-22 所示，用不等式表示为

$$D：0 \leqslant \theta \leqslant 2\pi, 1 \leqslant r \leqslant 2.$$

于是

$$\iint\limits_D x^2 \mathrm{d}\sigma = \int_0^{2\pi} \mathrm{d}\theta \int_1^2 r^2 \cos^2\theta \times r\,\mathrm{d}r = \int_0^{2\pi} \frac{1 + \cos 2\theta}{2} \mathrm{d}\theta \int_1^2 r^3 \mathrm{d}r$$

$$= \left[\frac{\theta}{2} + \frac{1}{4}\sin 2\theta \right] \Big|_0^{2\pi} \times \left[\frac{r^4}{4} \right] \Big|_1^2 = \frac{15}{4}\pi.$$

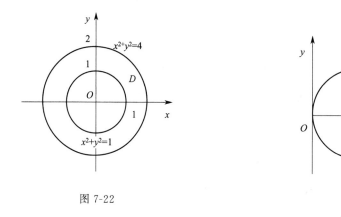

图 7-22　　　　　　　　　　　　　图 7-23

例 9 计算 $\iint\limits_D \mathrm{e}^{-x^2-y^2} \mathrm{d}x\,\mathrm{d}y$，其中区域 D 是由中心在原点、半径为 a 的圆周所围成的闭区域.

解 在极坐标系中，闭区域 D 可表示为

$$0 \leqslant r \leqslant a, 0 \leqslant \theta \leqslant 2\pi,$$

于是

$$\iint\limits_D \mathrm{e}^{-x^2-y^2} \mathrm{d}x\,\mathrm{d}y = \int_0^{2\pi} \mathrm{d}\theta \int_0^a \mathrm{e}^{-r^2} r\,\mathrm{d}r = \int_0^{2\pi} \left[-\frac{1}{2}\mathrm{e}^{-r^2} \right] \Big|_0^a \mathrm{d}\theta = \frac{1}{2}(1 - \mathrm{e}^{-a^2}) \int_0^{2\pi} \mathrm{d}\theta = \pi(1 - \mathrm{e}^{-a^2}).$$

例 10 计算 $\iint\limits_D \frac{y^2}{x^2} \mathrm{d}x\,\mathrm{d}y$，其中区域 D 是由曲线 $x^2 + y^2 = 2x$ 所围成的平面区域.

解 积分区域 D 如图 7-23 所示. 其边界曲线的极坐标方程为 $r = 2\cos\theta$. 积分区域 D 可表示为

$$-\frac{\pi}{2} \leqslant \theta \leqslant \frac{\pi}{2}, 0 \leqslant r \leqslant 2\cos\theta,$$

于是

$$\iint\limits_D \frac{y^2}{x^2} \mathrm{d}x\,\mathrm{d}y = \int_{-\frac{\pi}{2}}^{\frac{\pi}{2}} \mathrm{d}\theta \int_0^{2\cos\theta} \frac{\sin^2\theta}{\cos^2\theta} r\,\mathrm{d}r = \int_{-\frac{\pi}{2}}^{\frac{\pi}{2}} 2\sin^2\theta\,\mathrm{d}\theta = \int_{-\frac{\pi}{2}}^{\frac{\pi}{2}} (1 - \cos 2\theta)\mathrm{d}\theta = \pi.$$

习题 7-2

1. 利用直角坐标计算下列二重积分.

(1) $\iint\limits_{D} x\sin y\,d\sigma$，其中 D：$1\leqslant x\leqslant 2$，$0\leqslant y\leqslant\dfrac{\pi}{2}$；

(2) $\iint\limits_{D}(3x+2y)\,d\sigma$，其中 D 是由两坐标轴及直线 $x+y=2$ 所围成的闭区域；

(3) $\iint\limits_{D}(x^3+3x^2y+y^3)\,d\sigma$，其中 D：$0\leqslant x\leqslant 1$，$0\leqslant y\leqslant 1$；

(4) $\iint\limits_{D} x\sqrt{y}\,d\sigma$，其中 D 是由 $y=\sqrt{x}$ 及 $y=x^2$ 所围成的闭区域.

2. 将二重积分 $\iint\limits_{D} f(x,y)\,d\sigma$ 化为二次积分（写出两种积分次序），其中积分区域 D 分别是：

(1) 由 y 轴，$y=x$ 及 $y=1$ 围成的闭区域；

(2) 由 $y=x$ 及 $y^2=4x$ 围成的闭区域；

(3) 由 x 轴及半圆周 $x^2+y^2=a^2$（$y\geqslant 0$）所围成的闭区域；

(4) 由直线 $y=x$，$x=2$ 及双曲线 $y=\dfrac{1}{x}$（$x>0$）所围成的闭区域.

3. 改变下列二次积分的积分次序.

(1) $\displaystyle\int_0^1 dy\int_0^y f(x,y)\,dx$；

(2) $\displaystyle\int_0^2 dy\int_{y^2}^{2y} f(x,y)\,dx$；

(3) $\displaystyle\int_{-1}^1 dx\int_0^{\sqrt{1-x^2}} f(x,y)\,dy$；

(4) $\displaystyle\int_1^e dx\int_0^{\ln x} f(x,y)\,dy$.

4. 将二重积分 $\iint\limits_{D} f(x,y)\,d\sigma$ 化为极坐标系下的二次积分，其中

(1) D：$x^2+y^2\leqslant 4$，$x\geqslant 0$，$y\geqslant 0$；

(2) D：$x^2+y^2\leqslant 2x$；

(3) D：$a^2\leqslant x^2+y^2\leqslant b^2$（$0<a<b$）；

(4) D：$0\leqslant y\leqslant 1-x$，$0\leqslant x\leqslant 1$.

5. 把下列积分化为极坐标系下的二次积分.

(1) $\displaystyle\int_{-1}^1 dx\int_0^{\sqrt{1-x^2}} f(x,y)\,dy$；

(2) $\displaystyle\int_0^1 dx\int_0^{\sqrt{x-x^2}} f(x,y)\,dy$；

(3) $\displaystyle\int_0^a dy\int_0^{\sqrt{a^2-y^2}} f(x,y)\,dx$；

(4) $\displaystyle\int_0^2 dy\int_0^{\sqrt{2y-y^2}} f(x,y)\,dx$.

6. 利用极坐标计算下列二重积分.

(1) $\iint\limits_{D}(1-x^2-y^2)\,d\sigma$，$D$ 是 $y=x$，$y=0$，$x^2+y^2=1$ 在第一象限围成的闭区域；

(2) $\iint\limits_{D}(x^2+y^2)\,d\sigma$，其中 D 是由 $x^2+y^2=2ax$ 与 x 轴所围成的上半部分的闭区域.

7. 选用适当的坐标计算下列各题.

(1) $\displaystyle\iint\limits_{D} y\mathrm{d}\sigma$，其中 D 由 $y=x^2$ 及 $x=y^2$ 围成；

(2) $\displaystyle\iint\limits_{D} y^2\mathrm{d}\sigma$，其中 D 由 $x^2+y^2=1$ 及 $x^2+y^2=4$ 围成；

(3) $\displaystyle\iint\limits_{D} \sqrt{1-x^2-y^2}\,\mathrm{d}\sigma$，其中 D：$x^2+y^2\leqslant y$，$x>0$.

第三节　三重积分的概念和计算

一、三重积分的概念

将二重积分定义中的平面闭区域推广到空间闭区域，被积函数从二元函数推广到三元函数，就可给出三重积分的定义.

定义　设 $f(x,y,z)$ 是空间有界闭区域 Ω 上的有界函数. 将 Ω 任意分成 n 个小闭区域 $\Delta v_1,\Delta v_2,\cdots,\Delta v_n$，其中 Δv_i 表示第 i 个小闭区域，也表示它的体积. 在每个 Δv_i 上任取一点 (ξ_i,η_i,ζ_i)，作乘积 $f(\xi_i,\eta_i,\zeta_i)\Delta v_i(i=1,2,\cdots,n)$，并作和 $\sum\limits_{i=1}^{n}f(\xi_i,\eta_i,\zeta_i)\Delta v_i$. 如果当各小闭区域的直径中的最大值 λ 趋于零时，这和的极限存在，则称此极限为函数 $f(x,y,z)$ 在闭区域 Ω 上的三重积分，记作 $\displaystyle\iiint\limits_{\Omega}f(x,y,z)\mathrm{d}v$，即

$$\iiint\limits_{\Omega}f(x,y,z)\mathrm{d}v=\lim_{\lambda\to 0}\sum_{i=1}^{n}f(\xi_i,\eta_i,\zeta_i)\Delta v_i.$$

其中 $f(x,y,z)$ 叫做**被积函数**，$\mathrm{d}v$ 叫做**体积元素**.

注　(1) 如果三重积分 $\displaystyle\iiint\limits_{\Omega}f(x,y,z)\mathrm{d}v$ 存在，则称函数 $f(x,y,z)$ 在闭区域 Ω 上是可积的. 可以证明，如果函数 $f(x,y,z)$ 在闭区域 Ω 上连续，则 $f(x,y,z)$ 在闭区域 Ω 上是可积的. 本书后文中我们总是假定 $f(x,y,z)$ 在闭区域 Ω 上是连续的.

(2) 当 $f(x,y,z)=1$ 时，$\displaystyle\iiint\limits_{\Omega}\mathrm{d}v=V$，其中 V 是空间闭区域 Ω 的体积.

三重积分的性质与二重积分的性质类似，这里不再重复.

三重积分的**物理意义**：如果 $f(x,y,z)$ 表示物体在点 (x,y,z) 处的密度，Ω 是该物体所占的空间闭区域，则 $\sum\limits_{i=1}^{n}f(\xi_i,\eta_i,\zeta_i)\Delta v_i$ 是该物体质量 M 的近似值，当 $\lambda\to 0$ 时这个和的极限便是该物体质量 M，即物体的质量

$$M=\iiint\limits_{\Omega}f(x,y,z)\mathrm{d}v.$$

三重积分和二重积分一样，要讨论它的计算问题. 计算三重积分的基本方法是将三重积分化为三次积分. 下面介绍利用不同的坐标系将三重积分化为三次积分的方法.

二、利用直角坐标计算三重积分

1. 直角坐标系中的体积元素

直角坐标系下，如果用平行于坐标面的平面来划分 Ω，那么除了包含 Ω 的边界点的一些不规则小闭区域外，得到的小闭区域 Δv_i 为长方体．设长方体小闭区域 Δv_i 的边长为 Δx_j、Δy_k、Δz_l，则 $\Delta v_i = \Delta x_j \Delta y_k \Delta z_l$．因此在直角坐标系中，有时也把体积元素 $\mathrm{d}v$ 记作 $\mathrm{d}x\mathrm{d}y\mathrm{d}z$，而把三重积分记作 $\iiint\limits_{\Omega} f(x,y,z)\mathrm{d}x\mathrm{d}y\mathrm{d}z$，其中 $\mathrm{d}x\mathrm{d}y\mathrm{d}z$ 叫做直角坐标系中的**体积元素**．

2. 在直角坐标系中化三重积分为三次积分

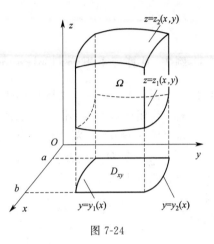

图 7-24

假设平行于 z 轴且穿过闭区域 Ω 内部的直线与闭区域 Ω 的边界曲面 S 相交不多于两点．把闭区域 Ω 投影到 xOy 面上，得一平面闭区域 D_{xy}（图 7-24）．以 D_{xy} 的边界为准线作母线平行于 z 轴的柱面．这柱面与曲面 S 的交线从 S 中分出的上、下两部分，它们的方程分别为

$$S_1 : z = z_1(x,y), \quad S_2 : z = z_2(x,y).$$

其中 $z_1(x,y)$ 与 $z_2(x,y)$ 都是 D_{xy} 上的连续函数，且 $z_1(x,y) \leqslant z_2(x,y)$．过 D_{xy} 内任一点 (x,y) 作平行于 z 轴的直线，这直线通过曲面 S_1 穿入 Ω，然后通过曲面 S_2 穿出 Ω，穿入点与穿出点的竖坐标分别为 $z_1(x,y)$ 与 $z_2(x,y)$．

在这种情形下，积分区域 Ω 可表示为

$$\Omega = \{(x,y,z) \mid z_1(x,y) \leqslant z \leqslant z_2(x,y), (x,y) \in D_{xy}\}.$$

先将 x、y 看做定值，将 $f(x,y,z)$ 只看做 z 轴的函数，在区间 $[z_1(x,y), z_2(x,y)]$ 上对 z 积分，积分的结果是 x、y 的函数，记为 $F(x,y)$，即

$$F(x,y) = \int_{z_1(x,y)}^{z_2(x,y)} f(x,y,z)\mathrm{d}z,$$

然后计算 $F(x,y)$ 在闭区域 D_{xy} 上的二重积分

$$\iint\limits_{D_{xy}} F(x,y)\mathrm{d}\sigma = \iint\limits_{D_{xy}} \left[\int_{z_1(x,y)}^{z_2(x,y)} f(x,y,z)\mathrm{d}z \right] \mathrm{d}\sigma.$$

假如闭区域 $D_{xy} = \{(x,y) \mid y_1(x) \leqslant y \leqslant y_2(x), a \leqslant x \leqslant b\}$，把这个二重积分化为二次积分，于是得到三重积分的计算公式

$$\iiint\limits_{\Omega} f(x,y,z)\mathrm{d}v = \int_a^b \mathrm{d}x \int_{y_1(x)}^{y_2(x)} \mathrm{d}y \int_{z_1(x,y)}^{z_2(x,y)} f(x,y,z)\mathrm{d}z.$$

三重积分的次序是：**先对 z，再对 y，最后对 x 积分**．

如果平行于 x 轴或 y 轴且穿过闭区域 Ω 内部的直线与 Ω 的边界曲面 S 相交不多于两点，也可把闭区域 Ω 投影到 yOz 面上或 xOz 面上，这样便可把三重积分化为按其他次序的三次积分．如果平行于坐标轴且穿过闭区域 Ω 内部的直线与 Ω 的边界曲面 S 的交点多于两个，也可像处理二重积分那样，把 Ω 分成若干部分，使 Ω 上的三重积分化为各部分闭区域上的

三重积分的和.

例 1 已知 $\Omega = \{(x,y,z) | 0 \leqslant x \leqslant 1, 0 \leqslant y \leqslant 2, 0 \leqslant z \leqslant 3\}$，计算三重积分 $\iiint\limits_{\Omega} x^3 y^2 z \mathrm{d}x\mathrm{d}y\mathrm{d}z$.

解 将三重积分化为先对 z，再对 y，最后对 x 积分的三次积分，得

$$
\iiint\limits_{\Omega} x^3 y^2 z \mathrm{d}x\mathrm{d}y\mathrm{d}z = \int_0^1 \mathrm{d}x \int_0^2 \mathrm{d}y \int_0^3 x^3 y^2 z \mathrm{d}z
$$

$$
= \int_0^1 x^3 \mathrm{d}x \int_0^2 y^2 \mathrm{d}y \int_0^3 z \mathrm{d}z
$$

$$
= \frac{1}{4} \times \frac{8}{3} \times \frac{9}{2}
$$

$$
= 3.
$$

例 2 计算三重积分 $\iiint\limits_{\Omega} x \mathrm{d}x\mathrm{d}y\mathrm{d}z$，其中 Ω 为三个坐标面及平面 $x+y+z=1$ 所围成的闭区域.

解 作闭区域 Ω 如图 7-25 所示. 将 Ω 投影到 xOy 面上，得投影区域 D_{xy} 为三角形闭区域 OAB：$0 \leqslant x \leqslant 1$，$0 \leqslant y \leqslant 1-x$. 在 D_{xy} 内任一点 (x,y) 作平行于 z 轴的直线，该直线从平面 $z=0$ 穿入，从平面 $z=1-x-y$ 穿出，即有 $0 \leqslant z \leqslant 1-x-y$.

所以

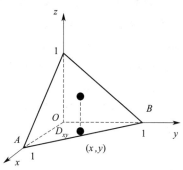

图 7-25

$$
\iiint\limits_{\Omega} x \mathrm{d}x\mathrm{d}y\mathrm{d}z = \int_0^1 \mathrm{d}x \int_0^{1-x} \mathrm{d}y \int_0^{1-x-y} x \mathrm{d}z
$$

$$
= \int_0^1 \mathrm{d}x \int_0^{1-x} x(1-x-y)\mathrm{d}y
$$

$$
= \frac{1}{2} \int_0^1 x(1-x)^2 \mathrm{d}x
$$

$$
= \frac{1}{2} \int_0^1 (x - 2x^2 + x^3) \mathrm{d}x
$$

$$
= \frac{1}{24}.
$$

例 3 化三重积分 $\iiint\limits_{\Omega} f(x,y,z)\mathrm{d}x\mathrm{d}y\mathrm{d}z$ 为三次积分，其中积分区域 Ω 为由曲面 $z=x^2+2y^2$ 及 $z=2-x^2$ 所围成的闭区域.

解 曲面 $z=x^2+2y^2$ 为开口向上的椭圆抛物面，而 $z=2-x^2$ 为母线平行于 y 轴的开口向下的抛物柱面，这两个曲面的交线为 $x^2+y^2=1$. 由此可知，由这两个曲面所围成的空间立体 Ω 的投影区域 D_{xy}：$x^2+y^2 \leqslant 1$. 积分区域 Ω 可表示为

$$
\Omega = \{(x,y,z) | x^2+2y^2 \leqslant z \leqslant 2-x^2, (x,y) \in D_{xy}\}.
$$

所以

$$
\iiint\limits_{\Omega} f(x,y,z)\mathrm{d}x\mathrm{d}y\mathrm{d}z = \iint\limits_{D_{xy}} \mathrm{d}x\mathrm{d}y \int_{x^2+2y^2}^{2-x^2} f(x,y,z)\mathrm{d}z
$$

$$
= \int_{-1}^1 \mathrm{d}x \int_{-\sqrt{1-x^2}}^{\sqrt{1-x^2}} \mathrm{d}y \int_{x^2+2y^2}^{2-x^2} f(x,y,z)\mathrm{d}z.
$$

三、利用柱面坐标计算三重积分

1. 空间点的柱面坐标

设 $M(x,y,z)$ 为空间一点，并设点 M 在 xOy 面上的投影 P 的极坐标为 (r,θ)，则数组 (r,θ,z) 就称为点 M 的柱面坐标，如图 7-26 所示.

规定：$0 \leqslant r \leqslant +\infty$，$0 \leqslant \theta \leqslant 2\pi$，$-\infty < z < +\infty$.

点 M 的直角坐标和柱面坐标的关系为：$x = r\cos\theta$，$y = r\sin\theta$，$z = z$.

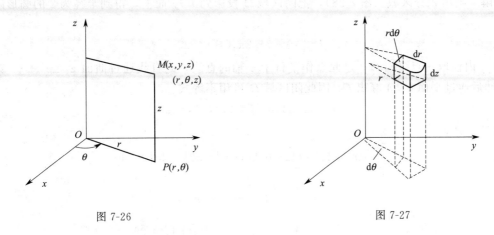

图 7-26   图 7-27

2. 柱面坐标系中的体积元素

柱面坐标系中的三组坐标面分别是：r 为常数，表示以 z 轴为轴的圆柱面；θ 为常数，表示过 z 轴的半平面；z 为常数，表示与 xOy 面平行的平面.

用柱面坐标系中的三族坐标面把空间 Ω 划分成许多小闭区域，除了含 Ω 的边界点的一些不规则小闭区域外，这种小闭区域都是柱体. 考虑由 r，θ，z 分别取得微小增量 $\mathrm{d}r$，$\mathrm{d}\theta$，$\mathrm{d}z$ 所成的小柱体的体积（图 7-27）. 这个体积等于高与底面积的乘积. 现在高为 $\mathrm{d}z$、底面积在不计高阶无穷小时为 $r\mathrm{d}r\mathrm{d}\theta$（即极坐标系中的面积元素）. 于是

$$\mathrm{d}v = r\mathrm{d}r\mathrm{d}\theta\mathrm{d}z,$$

这就是柱面坐标系中的**体积元素**. 此时三重积分

$$\iiint\limits_{\Omega} f(x,y,z)\mathrm{d}v = \iiint\limits_{\Omega} f(r\cos\theta, r\sin\theta, z)r\mathrm{d}r\mathrm{d}\theta\mathrm{d}z.$$

3. 柱面坐标系中化三重积分为三次积分

把闭区域 Ω 投影到 xOy 面上，得到平面闭区域 D_{xy}，设闭区域 D_{xy} 用极坐标表示为

$$D_{xy}: \alpha \leqslant \theta \leqslant \beta, \varphi_1(\theta) \leqslant r \leqslant \varphi_2(\theta).$$

确定积分变量 z 的范围的方法与直角坐标类似，在 D_{xy} 上任取一点作平行于 z 轴的直线. 这直线从曲面 S_1 穿入 Ω，然后通过曲面 S_2 穿出 Ω，曲面 S_1，S_2 的方程可用柱面坐标表示为

$$S_1: z = z_1(r,\theta); \qquad S_2: z = z_2(r,\theta).$$

所以 $z_1(r,\theta) \leqslant z \leqslant z_2(r,\theta)$，故在柱面坐标系下，闭区域 Ω 可用不等式表示为

$$\Omega: \alpha \leqslant \theta \leqslant \beta, \varphi_1(\theta) \leqslant r \leqslant \varphi_2(\theta), z_1(r,\theta) \leqslant z \leqslant z_2(r,\theta).$$

于是在柱面坐标系下三重积分计算公式是

$$\iiint\limits_{\Omega} f(x,y,z)\mathrm{d}v = \int_{\alpha}^{\beta}\mathrm{d}\theta\int_{\varphi_1(\theta)}^{\varphi_2(\theta)} r\mathrm{d}r\int_{z_1(r,\theta)}^{z_2(r,\theta)} f(r\cos\theta,r\sin\theta,z)\mathrm{d}z.$$

三重积分的次序是：先对 z，再对 r，最后对 θ 积分.

例 4 利用柱面坐标计算三重积分 $\iiint\limits_{\Omega} z\mathrm{d}x\mathrm{d}y\mathrm{d}z$，其中 Ω 是由曲面 $z=x^2+y^2$ 与平面 $z=4$ 所围成的闭区域.

解 画出积分区域（图 7-28），把闭区域 Ω 投影到 xOy 面上，得到半径为 2 的圆形闭区域

$$D_{xy}:0\leqslant\theta\leqslant 2\pi,0\leqslant r\leqslant 2.$$

在 D_{xy} 内任取一点 (r,θ)，过此点作平行于 z 轴的直线，此直线通过曲面 $z=x^2+y^2$ 穿入 Ω，然后通过平面 $z=4$ 穿出 Ω. 因此闭区域 Ω 可用不等式

$$r^2\leqslant z\leqslant 4,0\leqslant\theta\leqslant 2\pi,0\leqslant r\leqslant 2$$

来表示. 于是

$$\iiint\limits_{\Omega} z\mathrm{d}x\mathrm{d}y\mathrm{d}z = \iiint\limits_{\Omega} zr\mathrm{d}r\mathrm{d}\theta\mathrm{d}z = \int_0^{2\pi}\mathrm{d}\theta\int_0^2 r\mathrm{d}r\int_{r^2}^4 z\mathrm{d}z$$

$$= \frac{1}{2}\int_0^{2\pi}\mathrm{d}\theta\int_0^2 r(16-r^4)\mathrm{d}r$$

$$= \frac{1}{2}\times 2\pi\left[8r^2-\frac{1}{6}r^6\right]\Big|_0^2 = \frac{64}{3}\pi.$$

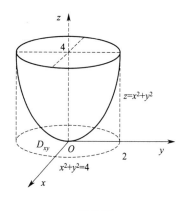

图 7-28

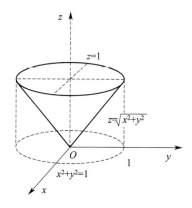

图 7-29

例 5 计算三重积分 $\iiint\limits_{\Omega}(x^2+y^2+z^2)\mathrm{d}v$，其中 Ω 是由上半圆锥面与平面 $z=1$ 所围成的闭区域.

解 积分区域如图 7-29，上半圆锥面与平面的交线为 $\begin{cases} z=\sqrt{x^2+y^2} \\ z=1 \end{cases}$，$\Omega$ 在 xOy 面上的投影为平面闭区域 D_{xy}，把 D_{xy} 用极坐标表示为

$$D_{xy}:0\leqslant\theta\leqslant 2\pi,0\leqslant r\leqslant 1.$$

在 D_{xy} 内任取一点 (r,θ)，过此点作平行于 z 轴的直线，此直线通过曲面 $z=\sqrt{x^2+y^2}$ 穿

入 Ω，然后通过平面 $z=1$ 穿出 Ω. 因此闭区域 Ω 可用不等式
$$r \leqslant z \leqslant 1, 0 \leqslant \theta \leqslant 2\pi, 0 \leqslant r \leqslant 1$$
来表示. 于是

$$\iiint\limits_{\Omega} (x^2+y^2+z^2)\mathrm{d}v = \int_0^{2\pi}\mathrm{d}\theta\int_0^1 r\mathrm{d}r\int_r^1 (r^2\cos^2\theta + r^2\sin^2\theta + z^2)\mathrm{d}z$$
$$= \int_0^{2\pi}\mathrm{d}\theta\int_0^1 r\left(r^2 z + \frac{z^3}{3}\right)\bigg|_r^1\mathrm{d}r$$
$$= 2\pi\int_0^1\left(-\frac{4}{3}r^4 + r^3 + \frac{r}{3}\right)\mathrm{d}r = \frac{3}{10}\pi.$$

例 6 化三重积分 $\iiint\limits_{\Omega} f(x,y,z)\mathrm{d}v$ 为柱面坐标系下的三次积分，其中

(1) Ω 由旋转抛物面 $2z=x^2+y^2$ 与平面 $z=2$ 所围成；

(2) Ω：$x^2+y^2+z^2 \leqslant a^2$，$x^2+y^2 \leqslant b^2$，$z \geqslant 0 (0<b<a)$.

解 (1) 积分区域如图 7-30 所示，旋转抛物面与平面的交线为
$$\begin{cases} 2z=x^2+y^2 \\ z=2 \end{cases}, \text{即} \begin{cases} x^2+y^2=4 \\ z=2 \end{cases}.$$

Ω 在 xOy 面上的投影为平面闭区域 D_{xy}，把 D_{xy} 用极坐标表示为
$$D_{xy}: 0 \leqslant \theta \leqslant 2\pi, 0 \leqslant r \leqslant 2.$$
在 D_{xy} 内任取一点 (r,θ)，过此点作平行于 z 轴的直线，找穿入点和穿出点. 因此闭区域 Ω 可用不等式 $\frac{r^2}{2} \leqslant z \leqslant 2$，$0 \leqslant \theta \leqslant 2\pi$，$0 \leqslant r \leqslant 2$ 来表示. 于是

$$\iiint\limits_{\Omega} f(x,y,z)\mathrm{d}v = \int_0^{2\pi}\mathrm{d}\theta\int_0^2 r\mathrm{d}r\int_{\frac{r^2}{2}}^2 f(r\cos\theta, r\sin\theta, z)\mathrm{d}z.$$

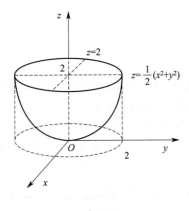

图 7-30

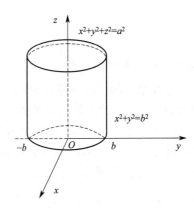

图 7-31

(2) 积分区域如图 7-31 所示，Ω 在 xOy 面上的投影为平面闭区域 D_{xy}，把 D_{xy} 用极坐标表示为 D_{xy}：$0 \leqslant \theta \leqslant 2\pi$，$0 \leqslant r \leqslant b$. 在 D_{xy} 内任取一点 (r,θ)，过此点作平行于 z 轴的直线，该直线从平面 $z=0$ 穿入 Ω，从上半球面 $z=\sqrt{a^2-r^2}$ 穿出 Ω. 因此闭区域 Ω 可用不等式

$$0 \leqslant z \leqslant \sqrt{a^2-r^2}, 0 \leqslant \theta \leqslant 2\pi, 0 \leqslant r \leqslant b$$

来表示. 于是

$$\iiint\limits_{\Omega} f(x,y,z)\mathrm{d}v = \int_0^{2\pi}\mathrm{d}\theta\int_0^b r\mathrm{d}r\int_0^{\sqrt{a^2-r^2}} f(r\cos\theta,r\sin\theta,z)\mathrm{d}z.$$

四、利用球面坐标计算三重积分

1. 空间点的球面坐标

设 $M(x,y,z)$ 为空间一点，并设点 M 在 xOy 面上的投影 P，原点 O 到点 M 的距离为 r. 有向线段 $\overrightarrow{OM}$ 与 z 轴正向所夹的角为 φ，有向线段 $\overrightarrow{OP}$ 与 x 轴正向所夹的角为 θ. 这样的三个数 r，φ，θ 叫做点 M 的**球面坐标**，如图 7-32 所示.

规定：$0\leqslant r\leqslant+\infty$，$0\leqslant\theta\leqslant 2\pi$，$0<\varphi<\pi$.

设点 P 在 x 轴上的投影为 A，则 $OA=x$，$AP=y$，$PM=z$，$OP=r\sin\varphi$，$z=r\cos\varphi$. 因此，点 M 的直角坐标和柱面坐标的关系为：

$$x=r\sin\varphi\cos\theta,y=r\sin\varphi\sin\theta,z=r\cos\varphi.$$

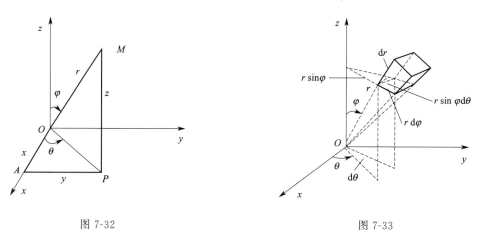

图 7-32　　　　　　　　　　　　　　图 7-33

2. 球面坐标系中的体积元素

球面坐标系中的三组坐标面分别是：r 为常数，表示以原点为心的球面；φ 为常数，表示以原点为顶点、z 轴为轴的圆锥面；θ 为常数，表示过 z 轴的半平面.

用球面坐标系中的三组坐标面把空间 Ω 划分成许多小闭区域，考虑由 r,θ,φ 分别取得微小增量 $\mathrm{d}r$，$\mathrm{d}\theta$，$\mathrm{d}\varphi$ 所成的六面体的体积（图 7-33）. 不计高阶无穷小，可把这六面体看作长方体，三边长分别为 $r\mathrm{d}\varphi$，$\mathrm{d}r$，$r\sin\varphi\mathrm{d}\theta$. 于是，

$$\mathrm{d}v=r^2\sin\varphi\mathrm{d}r\mathrm{d}\theta\mathrm{d}\varphi,$$

这就是球面坐标系中的**体积元素**.

此时三重积分

$$\iiint\limits_{\Omega} f(x,y,z)\mathrm{d}v = \iiint\limits_{\Omega} f(r\sin\varphi\cos\theta,r\sin\varphi\sin\theta,r\cos\varphi)r^2\sin\varphi\mathrm{d}r\mathrm{d}\theta\mathrm{d}\varphi.$$

3. 球面坐标系中化三重积分为三次积分

当被积函数含有 $x^2+y^2+z^2$，积分区域是球面围成的区域或由球面及锥面围成的区域等，在球面坐标变换下，区域用 r，θ，φ 表示比较简单时，利用球面坐标变换能化简积分

的计算.

特别地，当积分区域 Ω 由球面 $r=a$ 所围成时，有

$$\iiint\limits_{\Omega} f(x,y,z)\mathrm{d}v = \int_0^{2\pi}\mathrm{d}\theta\int_0^{\pi}\mathrm{d}\varphi\int_0^a f(r\sin\varphi\cos\theta,r\sin\varphi\sin\theta,r\cos\varphi)r^2\sin\varphi\mathrm{d}r.$$

球的体积：上式中令 $f(x,y,z)=1$，即得球的体积

$$V = \iiint\limits_{\Omega}\mathrm{d}v = \int_0^{2\pi}\mathrm{d}\theta\int_0^{\pi}\mathrm{d}\varphi\int_0^a r^2\sin\varphi\mathrm{d}r = 2\pi\times 2\times\frac{a^3}{3} = \frac{4\pi a^3}{3}.$$

例7 计算球体 $x^2+y^2+z^2\leqslant 2a^2$ 在锥面 $z=\sqrt{x^2+y^2}$ 上方部分 Ω 的体积.

解 积分区域如图 7-34 所示. 在球面坐标变换下，球面 $x^2+y^2+z^2=2a^2$ 的方程为 $r=\sqrt{2}a$，锥面 $z=\sqrt{x^2+y^2}$ 的方程为 $\varphi=\dfrac{\pi}{4}$，于是区域 Ω 可表示为

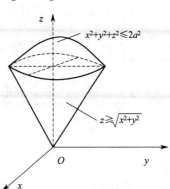

图 7-34

$$0\leqslant r\leqslant\sqrt{2}a,0\leqslant\varphi\leqslant\frac{\pi}{4},0\leqslant\theta\leqslant 2\pi,$$

所以

$$\begin{aligned}
V &= \iiint\limits_{\Omega}\mathrm{d}v = \int_0^{2\pi}\mathrm{d}\theta\int_0^{\frac{\pi}{4}}\mathrm{d}\varphi\int_0^{\sqrt{2}a}r^2\sin\varphi\mathrm{d}r \\
&= 2\pi\int_0^{\frac{\pi}{4}}\sin\varphi\,\frac{(\sqrt{2}a)^3}{3}\mathrm{d}\varphi \\
&= \frac{4}{3}\pi(\sqrt{2}-1)a^3.
\end{aligned}$$

习题 7-3

1. 计算下列累次积分.

(1) $\displaystyle\int_0^2\mathrm{d}x\int_{-1}^4\mathrm{d}y\int_0^{3y+x}\mathrm{d}z$；　(2) $\displaystyle\int_1^4\mathrm{d}z\int_{z-1}^{2z}\mathrm{d}y\int_0^{y+2z}\mathrm{d}x$；(3) $\displaystyle\int_0^4\mathrm{d}y\int_0^y\mathrm{d}x\int_0^{\frac{3}{2}}\mathrm{e}^y\mathrm{d}z$.

2. 设有一物体，占有空间闭区域 $\Omega:\{(x,y,z)\,|\,0\leqslant x\leqslant 1,0\leqslant y\leqslant 1,0\leqslant z\leqslant 1\}$，在点 (x,y,z) 处的密度 $\rho(x,y,z)=x+y+z$，计算该物体的质量.

3. 计算下列三重积分.

(1) $\displaystyle\iiint\limits_{\Omega}xy^2z^3\mathrm{d}x\mathrm{d}y\mathrm{d}z$，其中 Ω 由曲面 $z=xy$ 与平面 $y=x$，$x=1$，$z=0$ 所围成；

(2) $\displaystyle\iiint\limits_{\Omega}xyz\mathrm{d}x\mathrm{d}y\mathrm{d}z$，其中 Ω 是球体 $x^2+y^2+z^2\leqslant 1$ 在第一卦限中的部分；

(3) $\displaystyle\iiint\limits_{\Omega}\frac{\mathrm{d}x\mathrm{d}y\mathrm{d}z}{(1+x+y+z)^3}$，其中 Ω 是平面 $x=0$，$y=0$，$z=0$，$x+y+z=1$ 所围成的四面体；

(4) $\displaystyle\iiint\limits_{\Omega}xz\mathrm{d}x\mathrm{d}y\mathrm{d}z$，其中 Ω 由抛物柱面 $y=x^2$ 与平面 $z=0$，$z=y$，$y=1$ 所围成.

4. 化三重积分 $\iiint\limits_{\Omega} f(x,y,z)\mathrm{d}v$ 为直角坐标系下的三次积分，其中积分区域 Ω 分别为：

(1) 由 $x+2y+z=1$，$x=0$，$y=0$，$z=0$ 四个平面所围成的闭区域；

(2) 由曲面 $z=x^2+y^2$ 及平面 $z=1$ 所围成的闭区域；

(3) 由 $x^2+y^2+z^2 \leqslant R^2 (R>0)$ 围成的闭区域.

5. 利用柱面坐标计算下列三重积分.

(1) $\iiint\limits_{\Omega} z\mathrm{d}v$，其中 Ω 由曲面 $z=\sqrt{2-x^2-y^2}$ 与 $z=x^2+y^2$ 所围成；

(2) $\iiint\limits_{\Omega} (x^2+y^2)\mathrm{d}v$，其中 Ω 由曲面 $x^2+y^2=2z$ 与平面 $z=2$ 所围成；

(3) $\iiint\limits_{\Omega} \sqrt{x^2+y^2}\mathrm{d}v$，其中 Ω 由曲面 $z=\sqrt{x^2+y^2}$ 与 $z=x^2+y^2$ 所围成；

(4) $\iiint\limits_{\Omega} xy\mathrm{d}v$，其中 Ω 是由 $x^2+y^2=1$ 与 $z=0$，$z=1$，$x=0$，$y=0$ 在第一卦限围成的

部分.

6. 利用球面坐标计算下列三重积分.

(1) $\iiint\limits_{\Omega} (x^2+y^2+z^2)\mathrm{d}v$，其中 Ω 是由球面 $x^2+y^2+z^2=1$ 所围成的闭区域；

(2) $\iiint\limits_{\Omega} (x^2+y^2+z^2)\mathrm{d}v$，其中 Ω 是由球面 $x^2+y^2+z^2=2z$ 所围成的闭区域；

(3) $\iiint\limits_{\Omega} \left(\dfrac{x^2}{a^2}+\dfrac{y^2}{b^2}+\dfrac{z^2}{c^2}\right)\mathrm{d}v$，其中 Ω 是由椭球面 $\dfrac{x^2}{a^2}+\dfrac{y^2}{b^2}+\dfrac{z^2}{c^2}=1$ 所围成的闭区域.

7. 选用适当的坐标计算下列三重积分.

(1) $\iiint\limits_{\Omega} \mathrm{d}v$，由 $x+y+z=1$，$x=0$，$y=0$，$z=0$ 四个平面所围成的闭区域；

(2) $\iiint\limits_{\Omega} z\mathrm{d}v$，其中 Ω 是由 $x^2+y^2=1$，$z=0$ 及 $z=\sqrt{x^2+y^2}$ 所围成的闭区域；

(3) $\iiint\limits_{\Omega} (x^2+y^2)\mathrm{d}v$，其中 Ω 由曲面 $25(x^2+y^2)=4z^2$ 与平面 $z=5$ 所围成的闭区域.

第四节　重积分应用举例

一、曲面的面积

在定积分中我们计算过平面图形的面积，也可以用二重积分来求平面图形的面积. 由二重积分和性质知，在积分区域 D 上，若令 σ 表示区域 D 的面积，则

$$\iint\limits_{D} d\sigma = \sigma.$$

本节我们主要讨论用二重积分求空间曲面的面积.

设曲面 Σ 由方程 $z=f(x,y)$ 给出，D_{xy} 为曲面 Σ 在 xOy 面上的投影区域（图 7-35），

函数 $f(x,y)$ 在 D_{xy} 上具有连续偏导数.可以证明曲面上的面积元素 $\mathrm{d}S$ 与其在 xOy 面上的投影区域的面积元素 $\mathrm{d}\sigma$ 之间有如下关系

$$\mathrm{d}S = \sqrt{1 + f_x'^2 + f_y'^2}\,\mathrm{d}\sigma.$$

则曲面 Σ 的面积可以用二重积分表示

$$S = \iint\limits_{D_{xy}} \sqrt{1 + f_x'^2 + f_y'^2}\,\mathrm{d}x\,\mathrm{d}y.$$

类似地,若空间曲面 Σ 的方程为 $x = f(y,z)$,则 Σ 的面积为

$$S = \iint\limits_{D_{yz}} \sqrt{1 + f_y'^2 + f_z'^2}\,\mathrm{d}y\,\mathrm{d}z.$$

若空间曲面 Σ 的方程为 $y = f(x,z)$,则 Σ 的面积为

$$S = \iint\limits_{D_{xz}} \sqrt{1 + f_x'^2 + f_z'^2}\,\mathrm{d}x\,\mathrm{d}z.$$

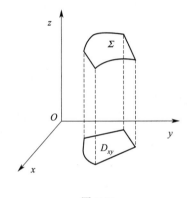

图 7-35

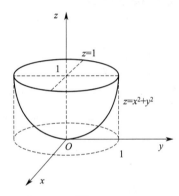

图 7-36

例 1 求旋转抛物面 $z = x^2 + y^2$ 被平面 $z = 1$ 所截下的有限部分的面积.

解 如图 7-36 所示,抛物面与平面的交线为

$$\begin{cases} z = x^2 + y^2, \\ z = 1 \end{cases} \quad \text{即} \quad \begin{cases} x^2 + y^2 = 1 \\ z = 1 \end{cases}.$$

曲面在 xOy 面上的投影为 $D_{xy}: x^2 + y^2 \leqslant 1$,且 $\dfrac{\partial z}{\partial x} = 2x$,$\dfrac{\partial z}{\partial y} = 2y$.

故曲面的面积为

$$S = \iint\limits_{D_{xy}} \sqrt{1 + 4x^2 + 4y^2}\,\mathrm{d}x\,\mathrm{d}y = \int_0^{2\pi}\mathrm{d}\theta \int_0^1 r\sqrt{1 + 4r^2}\,\mathrm{d}r$$

$$= 2\pi \times \frac{1}{8}\int_0^1 \sqrt{1 + 4r^2}\,\mathrm{d}(1 + 4r^2) = \frac{\pi}{4} \times \frac{2}{3}(1 + 4r^2)^{\frac{3}{2}} \Big|_0^1 = \frac{\pi}{6}(5\sqrt{5} - 1).$$

例 2 求半径为 a 的球的表面积.

解 取上半球面方程为 $z = \sqrt{a^2 - x^2 - y^2}$,则它在 xOy 面上的投影为 $D_{xy}: x^2 + y^2 \leqslant a^2$.则 $\dfrac{\partial z}{\partial x} = \dfrac{-x}{\sqrt{a^2 - x^2 - y^2}}$,$\dfrac{\partial z}{\partial y} = \dfrac{-y}{\sqrt{a^2 - x^2 - y^2}}$.得

$$\sqrt{1+\left(\frac{\partial z}{\partial x}\right)^2+\left(\frac{\partial z}{\partial y}\right)^2}=\frac{a}{\sqrt{a^2-x^2-y^2}}.$$

因为此函数在闭区域 D_{xy} 上无界，我们不能直接应用曲面面积公式．所以先取区域 D_1：$x^2+y^2 \leqslant b^2$ （$0<b<a$）为积分区域，算出相应于 D_1 上的球面面积 A_1 后，令 $b \rightarrow a$ 取 A_1 的极限就得半球面的面积．

$$A_1=\iint\limits_{D_1}\frac{a}{\sqrt{a^2-x^2-y^2}}\mathrm{d}x\,\mathrm{d}y=a\int_0^{2\pi}\mathrm{d}\theta\int_0^b\frac{r}{\sqrt{a^2-r^2}}\mathrm{d}r=2\pi a\left(a-\sqrt{a^2-b^2}\right).$$

于是，

$$\lim_{b\rightarrow a}A_1=\lim_{b\rightarrow a}2\pi a\left(a-\sqrt{a^2-b^2}\right)=2\pi a^2.$$

这就是半个球面的面积，因此整个球面的面积为

$$A=4\pi a^2.$$

二、质心和转动惯量

1. 质心

先讨论平面薄片的质心．

设在 xOy 面上有 n 个质点，它们分别位于点 $(x_1,y_1),(x_2,y_2),\cdots,(x_n,y_n)$ 处，质量分别为 $m_1,m_2,\cdots,m_n$. 由力学知道，该质点系的质心坐标为

$$\bar{x}=\frac{M_y}{M}=\frac{\sum\limits_{i=1}^n m_i x_i}{\sum\limits_{i=1}^n m_i},\quad \bar{y}=\frac{M_x}{M}=\frac{\sum\limits_{i=1}^n m_i y_i}{\sum\limits_{i=1}^n m_i},$$

其中 $M=\sum\limits_{i=1}^n m_i$ 为该质点系的质量，$M_y=\sum\limits_{i=1}^n m_i x_i$，$M_x=\sum\limits_{i=1}^n m_i y_i$ 分别为该质点系对 y 轴和 x 轴的静矩．

设有一平面薄片，占有 xOy 面上的闭区域 D，在点 (x,y) 处的面密度为 $\mu(x,y)$，这里 $\mu(x,y)$ 在 D 上连续．现在要找该薄片的质心的坐标．

在闭区域 D 上任取一直径很小的闭区域 $\mathrm{d}\sigma$（这小闭区域的面积也记作 $\mathrm{d}\sigma$），(x,y) 是这小闭区域上的一个点．由于 $\mathrm{d}\sigma$ 的直径很小，且 $\mu(x,y)$ 在 D 上连续，所以薄片中相应于 $\mathrm{d}\sigma$ 的部分的质量近似等于 $\mu(x,y)\mathrm{d}\sigma$，这部分质量可近似地看作集中在点 (x,y) 上，于是可写出静矩元素 $\mathrm{d}M_y$ 及 $\mathrm{d}M_x$：

$$\mathrm{d}M_y=x\mu(x,y)\mathrm{d}\sigma,\quad \mathrm{d}M_x=y\mu(x,y)\mathrm{d}\sigma.$$

以这些元素为被积表达式，在闭区域 D 上积分，便得

$$M_y=\iint\limits_D x\mu(x,y)\mathrm{d}\sigma,\quad M_x=\iint\limits_D y\mu(x,y)\mathrm{d}\sigma.$$

又由前面知道，薄片的质量为 $M=\iint\limits_D \mu(x,y)\mathrm{d}\sigma$. 所以，薄片的质心坐标为

$$\bar{x}=\frac{M_y}{M}=\frac{\iint\limits_D x\mu(x,y)\mathrm{d}\sigma}{\iint\limits_D \mu(x,y)\mathrm{d}\sigma},\quad \bar{y}=\frac{M_x}{M}=\frac{\iint\limits_D y\mu(x,y)\mathrm{d}\sigma}{\iint\limits_D \mu(x,y)\mathrm{d}\sigma}.$$

如果薄片是均匀的，即面密度为常量，则上式中可把 μ 提到积分号外面并从分子、分母中约去，这样便得均匀薄片的质心的坐标为

$$\bar{x}=\frac{1}{A}\iint\limits_{D}x\,\mathrm{d}\sigma, \quad \bar{y}=\frac{1}{A}\iint\limits_{D}y\,\mathrm{d}\sigma.$$

其中 $A=\iint\limits_{D}\mathrm{d}\sigma$ 为闭区域 D 的面积. 这时薄片的质心完全由闭区域 D 的形状所决定. 我们把均匀薄片的质心叫做这平面薄片所占的平面图形的**形心**.

类似地，占有空间有界闭区域 Ω、在点 (x,y,z) 处的密度为 $\rho(x,y,z)$ [假定 $\rho(x,y,z)$ 在 Ω 上连续] 的物体的质心坐标是

$$\bar{x}=\frac{1}{M}\iiint\limits_{\Omega}x\rho(x,y,z)\,\mathrm{d}v, \quad \bar{y}=\frac{1}{M}\iiint\limits_{\Omega}y\rho(x,y,z)\,\mathrm{d}v, \quad \bar{z}=\frac{1}{M}\iiint\limits_{\Omega}z\rho(x,y,z)\,\mathrm{d}v.$$

其中 $M=\iiint\limits_{\Omega}\rho(x,y,z)\,\mathrm{d}v$.

例 3 求位于两圆 $r=2\sin\theta$ 和 $r=4\sin\theta$ 之间的均匀薄片的质心.

解 因为闭区域 D 对称于 y 轴 （图 7-37），所以质心 C $(\bar{x},\bar{y})$ 必位于 y 轴上，于是 $\bar{x}=0$.

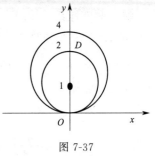

图 7-37

又由于闭区域 D 位于半径为 1 与半径为 2 的两圆之间，所以它的面积等于这两个圆的面积之差，即 $A=3\pi$，则

$$\begin{aligned}
\bar{y}&=\frac{1}{A}\iint\limits_{D}y\,\mathrm{d}\sigma=\frac{1}{3\pi}\iint\limits_{D}r^{2}\sin\theta\,\mathrm{d}r\,\mathrm{d}\theta\\
&=\frac{1}{3\pi}\int_{0}^{\pi}\sin\theta\,\mathrm{d}\theta\int_{2\sin\theta}^{4\sin\theta}r^{2}\,\mathrm{d}r\\
&=\frac{1}{3\pi}\int_{0}^{\pi}\frac{1}{3}\sin\theta\,r^{3}\Big|_{2\sin\theta}^{4\sin\theta}\,\mathrm{d}\theta\\
&=\frac{1}{3\pi}\times\frac{56}{3}\int_{0}^{\pi}\sin^{4}\theta\,\mathrm{d}\theta=\frac{7}{3}.
\end{aligned}$$

2. 转动惯量

先讨论平面薄片的转动惯量.

设在 xOy 面上有 n 个质点，它们分别位于点 $(x_1,y_1),(x_2,y_2),\cdots,(x_n,y_n)$ 处，质量分别为 $m_1,m_2,\cdots,m_n$. 由力学知道，该质点系对于 x 轴以及对于 y 轴的转动惯量依次为

$$I_x=\sum_{i=1}^{n}y_i^2 m_i, \quad I_y=\sum_{i=1}^{n}x_i^2 m_i.$$

设有一平面薄片，占有 xOy 面上的闭区域 D，在点 (x,y) 处的面密度为 $\mu(x,y)$，这里 $\mu(x,y)$ 在 D 上连续. 现在要找该薄片对于 x 轴以及对于 y 轴的转动惯量.

在闭区域 D 上任取一直径很小的闭区域 $\mathrm{d}\sigma$（这小闭区域的面积也记作 $\mathrm{d}\sigma$），(x,y) 是这小闭区域上的一个点. 由于 $\mathrm{d}\sigma$ 的直径很小，且 $\mu(x,y)$ 在 D 上连续，所以薄片中相应于 $\mathrm{d}\sigma$ 的部分的质量近似等于 $\mu(x,y)\mathrm{d}\sigma$，这部分质量可近似地看作集中在点 (x,y) 上，于是可写出该薄片的对于 x 轴以及对于 y 轴的转动惯量元素：$\mathrm{d}I_x=y^2\mu(x,y)\mathrm{d}\sigma,\mathrm{d}I_y=x^2\mu(x,y)\mathrm{d}\sigma$. 以这些元素为被积表达式，在闭区域 D 上积分，便得

$$I_x = \iint\limits_D y^2 \mu(x,y)\mathrm{d}\sigma, \quad I_y = \iint\limits_D x^2 \mu(x,y)\mathrm{d}\sigma.$$

类似地，占有空间有界闭区域 Ω、在点 (x,y,z) 处的密度为 $\rho(x,y,z)$〔假定 $\rho(x,y,z)$ 在 Ω 上连续〕的物体的对于 x、y、z 轴的转动惯量为

$$I_x = \frac{1}{M}\iiint\limits_\Omega (y^2+z^2)\rho(x,y,z)\mathrm{d}v,$$

$$I_y = \frac{1}{M}\iiint\limits_\Omega (z^2+x^2)\rho(x,y,z)\mathrm{d}v,$$

$$I_z = \frac{1}{M}\iiint\limits_\Omega (x^2+y^2)\rho(x,y,z)\mathrm{d}v,$$

例 4 求半径为 a 的均匀半圆薄片（面密度为常量 μ）对于其直径边的转动惯量.

解 取坐标系，如图 7-38 所示，则薄片所占闭区域 D：$x^2+y^2 \leqslant a^2$，$y \geqslant 0$.

而所求转动惯量即半圆薄片对于 x 轴的转动惯量为

$$\begin{aligned}
I_x &= \iint\limits_D y^2 \mu \mathrm{d}\sigma = \mu\iint\limits_D r^3 \sin^2\theta \mathrm{d}r\mathrm{d}\theta \\
&= \mu\int_0^\pi \mathrm{d}\theta \int_0^a r^3 \sin^2\theta \mathrm{d}r \\
&= \mu\frac{a^4}{4}\int_0^\pi \sin^2\theta \mathrm{d}\theta \\
&= \frac{\mu a^4}{4}\times\frac{\pi}{2} = \frac{Ma^2}{4},
\end{aligned}$$

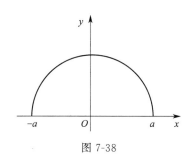

图 7-38

其中 $M = \frac{1}{2}\pi a^2 \mu$ 为半圆薄片的质量.

三、引力

下面讨论空间一物体对于物体外一点 $P_0(x_0,y_0,z_0)$ 处的单位质量的质点的引力问题.

设物体占有空间有界闭区域 Ω，它在点 (x,y,z) 处的密度为 $\rho(x,y,z)$，并假定 $\rho(x,y,z)$ 在 Ω 上连续. 在物体内任取一直径很小的闭区域 $\mathrm{d}v$（这小闭区域的体积也记作 $\mathrm{d}v$），(x,y,z) 是这一小块中的一个点. 把这一小块物体的质量 $\rho\mathrm{d}v$ 近似地看做集中在点 (x,y,z) 处. 于是按两质点间的引力公式，可得这一小块物体对于 $P_0(x_0,y_0,z_0)$ 处的单位质量的质点的引力近似地为

$$\begin{aligned}
\mathrm{d}F &= (\mathrm{d}F_x, \mathrm{d}F_y, \mathrm{d}F_z) \\
&= \left(G\frac{\rho(x,y,z)(x-x_0)}{r^3}\mathrm{d}v, G\frac{\rho(x,y,z)(y-y_0)}{r^3}\mathrm{d}v, G\frac{\rho(x,y,z)(z-z_0)}{r^3}\mathrm{d}v\right),
\end{aligned}$$

其中 $\mathrm{d}F_x$，$\mathrm{d}F_y$，$\mathrm{d}F_z$ 为引力元素 $\mathrm{d}F$ 在三个坐标轴上的分量，$r = \sqrt{(x-x_0)^2+(y-y_0)^2+(z-z_0)^2}$，$G$ 为引力常数. 将 $\mathrm{d}F_x$，$\mathrm{d}F_y$，$\mathrm{d}F_z$ 在 Ω 上分别积分，即得

$$\begin{aligned}
F &= (F_x, F_y, F_z) \\
&= \left(\iiint\limits_\Omega G\frac{\rho(x,y,z)(x-x_0)}{r^3}\mathrm{d}v, \iiint\limits_\Omega G\frac{\rho(x,y,z)(y-y_0)}{r^3}\mathrm{d}v, \iiint\limits_\Omega G\frac{\rho(x,y,z)(z-z_0)}{r^3}\mathrm{d}v\right).
\end{aligned}$$

如果考虑平面薄片对薄片外一点 $P_0(x_0,y_0,z_0)$ 处的单位质量的质点的引力，设平面薄

片占有 xOy 面上的闭区域 D，在点 (x,y) 处的面密度为 $\mu(x,y)$，那么只要将上式中的密度 $\rho(x,y,z)$ 换成面密度 $\mu(x,y)$，将 Ω 上的三重积分换成 D 上的二重积分，就可得到相应的计算公式.

例5 设半径为 R 的匀质球占有空间闭区域 $\Omega = \{(x,y,z) \mid x^2+y^2+z^2 \leqslant R^2\}$. 求它对位于 $M_0(0,0,a)(a>R)$ 处的单位质量的质点的引力.

解 设球的密度为 ρ_0，由球体的对称性及质量分布的均匀性知 $F_x = F_y = 0$，所求引力沿 z 轴的分量为

$$
\begin{aligned}
F_z &= \iiint\limits_{\Omega} G\rho_0 \frac{z-a}{[x^2+y^2+(z-a)^2]^{\frac{3}{2}}} \mathrm{d}v \\
&= G\rho_0 \int_{-R}^{R} (z-a)\mathrm{d}z \iint\limits_{x^2+y^2\leqslant R^2-z^2} \frac{1}{[x^2+y^2+(z-a)^2]^{\frac{3}{2}}} \mathrm{d}x\,\mathrm{d}y \\
&= G\rho_0 \int_{-R}^{R} (z-a)\mathrm{d}z \int_0^{2\pi} \mathrm{d}\theta \int_0^{\sqrt{R^2-z^2}} \frac{r}{[r^2+(z-a)^2]^{\frac{3}{2}}} \mathrm{d}r \\
&= 2\pi G\rho_0 \int_{-R}^{R} (z-a)\left(\frac{1}{a-z} - \frac{1}{\sqrt{R^2-2az+a^2}}\right) \mathrm{d}z \\
&= 2\pi G\rho_0 \left[-2R + \frac{1}{a}\int_{-R}^{R} (z-a)\mathrm{d}\sqrt{R^2-2az+a^2}\right] \\
&= 2\pi G\rho_0 \left(-2R + 2R - \frac{2R^3}{3a^2}\right) = -G\rho_0 \frac{4\pi R^3}{3a^2}.
\end{aligned}
$$

上述结果表明：匀质球对球外一质点的引力如同球的质量集中于球心时两质点间的引力.

习题 7-4

1. 求下列曲面的面积.

(1) 抛物面 $z = x^2+y^2$ 在 $z=9$ 以下的面积；

(2) 马鞍面 $z = xy$ 在柱面 $x^2+y^2=4$ 内的面积；

(3) 上半球面 $z = \sqrt{R^2-x^2-y^2}$ 被圆柱面 $x^2+y^2=Rx$ 所截部分的面积.

2. 已知平面薄片 S 的形状是第一象限中半径为 a 的四分之一圆盘，每一点的密度与该点到圆心的距离成正比，求 S 的质心.

3. 设薄板 S 在平面上所占的区域由 $y=3+2x$，$y=3-2x$ 和 $y=0$ 围成，密度为 $\rho(x,y)=y$，求 S 的质心.

4. 利用三重积分计算下列由曲面所围立体的质心（设密度 $\rho=1$）.

(1) $z^2 = x^2+y^2$，$z=1$；

(2) $z = x^2+y^2$，$x+y=a$，$x=0$，$y=0$，$z=0$.

5. 设均匀薄片（面密度为常数 1）所占闭区域 D 如下，求指定的转动惯量.

(1) $D = \left\{(x,y) \left| \frac{x^2}{a^2} + \frac{y^2}{b^2} \leqslant 1\right.\right\}$，求 I_y；

(2) D 由抛物线 $y^2 = \frac{9}{2}x$ 与直线 $x=2$ 所围成，求 I_x 和 I_y；

(3) $D=\{(x,y)\,|\,0\leqslant x\leqslant a,0\leqslant y\leqslant b\}$，求 I_x 和 I_y．

6. 设面密度为常量 μ 的匀质半圆形薄片占有闭区域 $\Omega=\{(x,y,z)\,|\,R_1\leqslant\sqrt{x^2+y^2}\leqslant R_2,x\geqslant 0\}$，求它对位于 $M_0(0,0,a)(a>R)$ 处的单位质量的质点的引力．

□ 本章小结

【知识目标】 能表述二重积分、三重积分的概念，说出二重积分、三重积分的性质并能做简单的应用，能选择恰当的方法准确计算二重积分（直角坐标、极坐标）、三重积分（直角坐标、柱面坐标、球面坐标），会用重积分求一些几何量和物理量（如平面图形的面积、体积、曲面面积、质心、质量、转动惯量、引力、功等）．

【能力目标】 准确计算二重积分、三重积分的能力，利用重积分解决实际问题的能力，利用数形结合解决积分问题的能力．

【素质目标】 通过一元函数定积分的知识解决二重积分、三重积分的相关问题，进而培养学生学会利用已有知识解决新问题的能力．引导学生阅读数学史料，通过数学家刘徽、祖冲之和祖暅父子利用牟合方盖寻求球体体积公式等经典故事，激发学生学习数学的兴趣和学习热情，提高其数学素养．

□ 目标测试

理解层次：

1. 改变下列二次积分的积分次序．

(1) $\displaystyle\int_0^{2\pi}\mathrm{d}x\int_0^{\sin x}f(x,y)\mathrm{d}y$；

(2) $\displaystyle\int_0^1\mathrm{d}y\int_0^{2y}f(x,y)\mathrm{d}x+\int_1^3\mathrm{d}y\int_0^{3-y}f(x,y)\mathrm{d}x$；

(3) $\displaystyle\int_0^1\mathrm{d}x\int_x^{\sqrt{x}}\frac{\sin y}{y}\mathrm{d}y$．

2. 把积分 $\displaystyle\iiint\limits_{\Omega}f(x,y,z)\mathrm{d}x\mathrm{d}y\mathrm{d}z$ 化为三次积分，其中积分区域 Ω 是由曲面 $z=x^2+y^2$，$y=x^2$ 及平面 $y=1$，$z=0$ 所围成的闭区域．

应用层次：

3. 计算下列二重积分．

(1) $\displaystyle\iint\limits_{D}(1+x)\sin y\mathrm{d}\sigma$，其中 D 是顶点分别为 $(0,0)$，$(1,0)$，$(1,2)$ 和 $(0,1)$ 的梯形闭区域；

(2) $\displaystyle\iint\limits_{D}(x^2-y^2)\mathrm{d}\sigma$，其中 $D=\{(x,y)\,|\,0\leqslant x\leqslant\pi,0\leqslant y\leqslant\sin x\}$；

(3) $\displaystyle\iint\limits_{D}\sqrt{R^2-x^2-y^2}\mathrm{d}\sigma$，其中 D 是圆周 $x^2+y^2=Rx$ 所围成的闭区域；

(4) $\displaystyle\iint\limits_{D}(y^2+3x-6y+9)\mathrm{d}\sigma$，其中 $D=\{(x,y)\mid x^2+y^2\leqslant R^2\}$.

4. 计算下列三重积分.

(1) $\displaystyle\iiint\limits_{\Omega}(x+y+z)\mathrm{d}x\mathrm{d}y\mathrm{d}z$，其中积分区域 Ω 是由平面 $x+y+z=1$ 及三个坐标轴所围成；

(2) $\displaystyle\iiint\limits_{\Omega}z\mathrm{d}x\mathrm{d}y\mathrm{d}z$，其中积分区域 Ω 是由锥面 $z=\dfrac{h}{R}\sqrt{x^2+y^2}$ 与平面 $z=h(R>0,h>0)$ 所围成；

(3) $\displaystyle\iiint\limits_{\Omega}(x^2+y^2+z^2)\mathrm{d}v$，其中积分区域 Ω 是由球面 $x^2+y^2+(z-1)^2=1$ 所围成；

(4) $\displaystyle\iiint\limits_{\Omega}(y^2+z^2)\mathrm{d}v$，其中积分区域 Ω 是由 xOy 平面上曲线 $y^2=2x$ 绕 x 轴旋转而成的曲面与平面 $x=5$ 所围成的闭区域.

5. 求下列曲面的面积.

(1) 锥面 $z=\sqrt{x^2+y^2}$ 被柱面 $z^2=2x$ 所割下部分的曲面面积；

(2) 平面 $\dfrac{x}{a}+\dfrac{y}{b}+\dfrac{z}{c}=1$ 被三坐标面所割出的有限部分的面积.

6. 在球体 $x^2+y^2+z^2\leqslant 2Rz$ 内，任意点的密度等于该点到坐标原点的距离的平方，试求这个球体的质心.

7. 求半径为 a，高为 h 的均匀圆柱体对于过它的几何中心而垂直于母线的轴的转动惯量(设密度 $\rho=1$).

8. 一均匀物体(设密度 ρ 为常量)占有的闭区域 Ω 由曲面 $z=x^2+y^2$ 和平面 $z=0$，$|x|=a$，$|y|=a$ 所围成，求

(1) 物体的体积；

(2) 物体的质心；

(3) 物体关于 z 轴的转动惯量.

分析层次：

9. 设 $f(x)$ 在 $[0,1]$ 上连续，并设 $\displaystyle\int_{0}^{1}f(x)\mathrm{d}x=A$，求 $\displaystyle\int_{0}^{1}\mathrm{d}x\int_{x}^{1}f(x)f(y)\mathrm{d}y$.

10. 证明 $\displaystyle\int_{a}^{b}\mathrm{d}x\int_{a}^{x}(x-y)^{n-2}f(y)\mathrm{d}y=\dfrac{1}{n-1}\int_{a}^{b}(b-y)^{n-1}2f(y)\mathrm{d}y$.

11. 证明 $\displaystyle\int_{0}^{a}\mathrm{d}y\int_{0}^{y}\mathrm{e}^{m(a-x)}f(x)\mathrm{d}x=\int_{0}^{a}(a-x)\mathrm{e}^{m(a-x)}f(x)\mathrm{d}x$.

数学文化拓展

牟合方盖

《九章算术》的"少广"章的廿三及廿四两问中有所谓"开立圆术","立圆"的意思是"球体",古称"丸",而"开立圆术"即求已知体积的球体的直径的方法。其中廿四问为："又有积一万六千四百四十八亿六千六百四十三万七千五百尺。问为立圆径几何？"

开立圆术曰："置积尺数，以十六乘之，九而一，所得开立方除之，即丸径。"

从中可知，在《九章算术》内由球体体积求球体直径，是把球体体积先乘 16 再除以 9，然后再把得数开立方根求出约得 14300 尺，约为 4.77 千米，换言之 $d = \sqrt[3]{\dfrac{16}{9}V}$，即 $V = \dfrac{9}{16}d^3$。

当然这个结果对数学家而言是极为不满的，其中为《九章算术》作注的古代中国数学家刘徽便对这公式有所怀疑：

"以周三径一为圆率，则圆幂伤少；令圆囷为方率，则丸积伤多。互相通补，是以九与十六之率，偶与实相近，而丸犹伤多耳。"

即是说，用 $\pi = 3$ 来计算圆面积时，则较实际面积要少；若按 $\pi = 4$ 的比率来计算球和外切直圆柱的体积时，则球的体积又较实际多了一些。然而可以互相通补，但按 $9:16$ 的比率来计算球和外切立方体体积时，则球的体积较实际多一些。因此，刘徽创造了一个独特的立体几何图形，而希望用这个图形以求出球体体积公式，称之为"牟合方盖"。

如图 7-39 所示，其实刘徽是希望构作一个立体图形，它的每一个横切面皆是正方形，而且会外接于球体在同一高度的横切面的圆形，而这个图形就是"牟合方盖"，因为刘徽只知道一个圆及它的外接正方形的面积比为 $\pi:4$，他希望可以用"牟合方盖"来证实《九章算术》的公式有错误。当然他也希望由这方面入手得出求球体体积的正确公式，因为他知道"牟合方盖"的体积跟内接球体体积的比为 $4:\pi$，只要有方法找出"牟合方盖"的体积便可。可惜，刘徽始终不能解决，他只可以指出解决方法是计算出"外棋"的体积，但由于"外棋"的形状复杂，所以没有成功，无奈地只好留待有能之士图谋解决的方法："观立方之内，合盖之外，虽衰杀有渐，而多少不掩。判合总结，方圆相缠，浓纤诡互，不可等正。欲陋形措意，惧失正理。敢不阙疑，以俟能言者。"

而贤能之士要在刘徽后二百多年才出现，便是中国伟大数学家祖冲之及他的儿子祖暅，他们承袭了刘徽的想法，利用"牟合方盖"彻底地解决了求球体体积公式的问题。他们先考虑一个由八个边长为 a 的正立方体组成的大正立方体，然后用制作"牟合方盖"的方法把这大正立方体分割，再取其中一个小正立方体部分作分析，分割的结果将跟图 7-40 所示的相同，白色部分称为"小牟合方盖"，它的体积为"牟合方盖"的八分之一，而其他颜色的部分便是三个"外棋"。

祖冲之父子考虑这个小立方体的横切面。设由小立方体的底至横切面高度为 h，三个"外棋"的横切面面积的总和为 S 及小牟合方盖的横切面边长为 a，因此根据"勾股定理"有

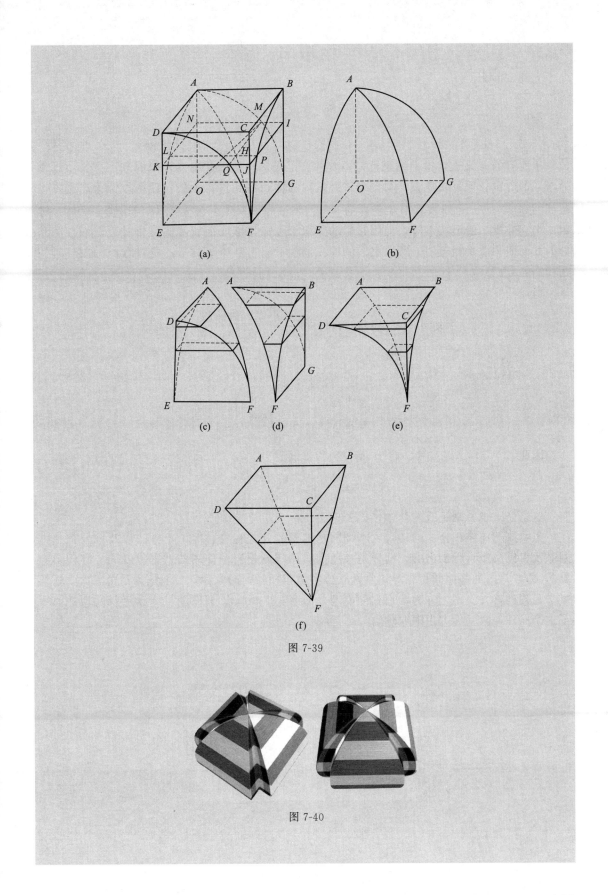

图 7-39

图 7-40

$$a^2 = r^2 - h^2$$

另外，因为

$$S = r^2 - a^2,$$

所以

$$S = r^2 - (r^2 - h^2) = h^2.$$

于所有的 h 来说，这个结果也是不变的。祖氏父子便由此出发，他们取一个长和高都等于 r 的方锥，倒过来立着，与三个"外棋"的体积的和进行比较。设由方锥顶点至方锥截面的高度为 h，不难发现对于任意的 h，方锥截面面积也必为 h^2。换句话说，虽然方锥跟三个"外棋"的形状不同，但因它们的体积都可以用截面面积和高度来计算，而在等高处的截面面积总是相等的，所以它们的体积也就不能不是相等的了，所以有："幂势既同，则积不容异。"

所以

$$外棋体积之和 = 方锥体积 = \frac{小立方体体积}{3} = \frac{r^3}{3},$$

即

$$小牟合方盖体积 = \frac{2r^3}{3},$$

$$牟合方盖体积 = \frac{16r^3}{3}。$$

因此

$$球体体积 = \frac{\pi}{4} \times \frac{16r^3}{3} = \frac{4\pi r^3}{3},$$

这条公式也就是正式的球体体积公式。

虽然该球体体积公式的出现比欧洲阿基米德的公式晚些，但由于方法以及推导都是由刘徽及祖氏父子自行创出的，同样是一项杰出的成就。当中使用的"幂势既同，则积不容异"，即"等高处截面面积相等，则两立体的体积相等"的原理，一般认为是由意大利数学家卡瓦列利首先引用，称为卡瓦列利原理，但事实上祖氏父子比他早一千年就发现并使用了这个原理，故又称"祖暅原理"。

第八章
曲线积分与曲面积分

对于一元函数的定积分是一个在数轴区间上的积分问题，对于多元函数而言的二重积分、三重积分是在平面区域 D 上或空间闭域 Ω 上的积分问题．而在工程技术与物理学中，常常要遇到计算非均匀曲线状或曲面状构件的质量、质点受变力作用沿曲线运动而做的功、流体通过曲面的流量等问题，要解决这类问题，就要将积分范围推广到一段曲线弧或一片曲面上，即所谓曲线积分、曲面积分．本章我们将研究这种积分的一些基本内容．

第一节　对弧长的曲线积分

一、对弧长的曲线积分的概念与性质

曲线形构件的质量　在设计曲线形构件时，为了合理使用材料，应根据构件各部受力的情况，把构件上各点处的粗细程度设计得不完全一样．因此，可以认为曲线形构件的线密度（单位长度的质量）是变量．

设在平面上有曲线形构件，曲线弧长为 L，其线密度 $\rho(x,y)$ 为连续函数，其中（x,y）是曲线弧上一点的坐标，求曲线形构件的质量 M（图 8-1）．

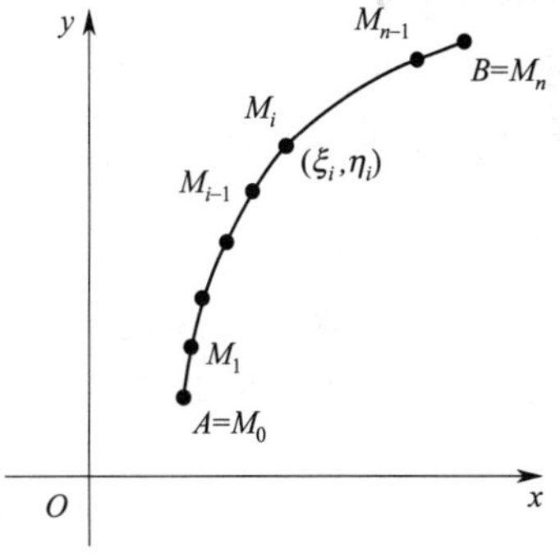

如果线密度 ρ 是一个常量，那么质量 M 就等于它的线密度 ρ 与长度 L 的乘积．现在，线密度 $\rho(x,y)$ 是变量，则不能直接用上述方法计算．为解决这个问题，在曲线弧上插入点 M_1，M_2，$\cdots$，M_{n-1} 把曲线弧分成 n 个小段弧，并记 $M_0=A$，$M_n=B$，取其中一小段弧 $\overset{\frown}{M_{i-1}M_i}$ 来分析．

在线密度连续变化的前提下，只要这小段很短，就可以用这小段上任一点（ξ_i,η_i）处的线密度代替这小段上其他各点处的线密度，从而得到这小段的质量的近似值为

$$\rho(\xi_i,\eta_i)\Delta s_i.$$

其中 Δs_i 表示 $\overset{\frown}{M_{i-1}M_i}$ 的长度，于是整个构件的质量为

$$M \approx \sum_{i=1}^{n}\rho(\xi_i,\eta_i)\Delta s_i.$$

记 $\lambda=\max_{1\leqslant i\leqslant n}\{\Delta s_i\}$，当分点无限增多且 $\lambda\to 0$ 时，此和式极限就是该曲线构件的质量，即

$$M =\lim_{\lambda\to 0}\sum_{i=1}^{n}\rho(\xi_i,\eta_i)\Delta s_i.$$

这种形式的极限，我们还会在许许多多其他实际问题中得到，所以抽去它们的具体意

图 8-1

义，形成了下面的对弧长的曲线积分概念.

定义 1 设 L 为 xOy 平面内的一条光滑曲线弧，函数 $f(x,y)$ 在 L 上有界，在 L 上任意插入一点列 M_1，M_2，$\cdots$，M_{n-1} 把 L 分成 n 个小段，设第 i 个小段弧长为 Δs_i，又 (ξ_i,η_i) 为第 i 个小段上任意取定的一点，作乘积 $f(\xi_i,\eta_i)\Delta s_i (i=1,2,\cdots,n)$，并作和 $\sum\limits_{i=1}^{n}f(\xi_i,\eta_i)\Delta s_i$．如果当各小弧段的长度的最大值 $\lambda\to 0$ 时，这和的极限总存在，则称此极限为函数 $f(x,y)$ 在曲线弧 L 上对弧长的曲线积分或第一类曲线积分，记作 $\int_L f(x,y)\mathrm{d}s$，即

$$\int_L f(x,y)\mathrm{d}s =\lim_{\lambda\to 0}\sum_{i=1}^{n}f(\xi_i,\eta_i)\Delta s_i.$$

其中 $f(x,y)$ 叫做**被积函数**，L 叫做**积分弧段**.

关于这个定义，我们应当注意几点：

（1）只有被积函数 $f(x,y)$ 在光滑曲线弧 L 上连续时，对弧长的曲线积分 $\int_L f(x,y)\mathrm{d}s$ 才是存在的，当曲线弧 L 为封闭曲线时，可记为 $\oint_L f(x,y)\mathrm{d}s$.

（2）Δs_i 表示每一小段弧的长度，所以始终为正值.

（3）对弧长的曲线积分的物理意义和几何意义：

物理意义：当 $f(x,y)$ 在光滑曲线弧 L 上表示连续密度函数时，对弧长的曲线积分 $\int_L f(x,y)\mathrm{d}s$ 表示曲线形物件的质量.

几何意义：当 $f(x,y)$ 在平面光滑曲线弧 L 上为正值连续函数，对弧长的曲线积分 $\int_L f(x,y)\mathrm{d}s$ 表示以 L 为准线，母线平行 z 轴，以 xOy 平面为底，以 $f(x,y)$ 为顶的柱面的侧面积.

由上述定义可知，以密度 $\rho(x,y)$ 分布在曲线 L 上的质量等于密度函数 $\rho(x,y)$ 沿曲线 L 对弧长的曲线积分

$$M =\int_L \rho(x,y)\mathrm{d}s.$$

如果函数 $f(x,y,z)$ 在空间光滑或分段光滑的曲线弧 Γ 上连续，则可类似得到函数 $f(x,y,z)$ 在空间曲线 Γ 上对弧长的曲线积分

$$\int_L f(x,y,z)\mathrm{d}s =\lim_{\lambda\to 0}\sum_{i=1}^{n}f(\xi_i,\eta_i,\zeta_i)\Delta s_i.$$

由对弧长的曲线积分的定义可知，它有以下性质：

（1）$\int_L \left[f(x,y)\pm g(x,y)\right]\mathrm{d}s =\int_L f(x,y)\mathrm{d}s \pm\int_L g(x,y)\mathrm{d}s.$

（2）$\int_L kf(x,y)\mathrm{d}s =k\int_L f(x,y)\mathrm{d}s$（$k$ 为常数）.

（3）设曲线弧 L 由 L_1 和 L_2 组成，则

$$\int_L f(x,y)\mathrm{d}s =\int_{L_1} f(x,y)\mathrm{d}s +\int_{L_2} g(x,y)\mathrm{d}s.$$

（4）若 $f(x,y)=1$，l 为曲线 L 的弧长，则 $\int_L f(x,y)\mathrm{d}s -l$.

二、对弧长的曲线积分的计算方法

对弧长的曲线积分的计算，其基本思想是将其转化为定积分进行计算. 分下面几种情形讨论.

（1）曲线 L 为参数方程 $x=\varphi(t)$，$y=\psi(t)$ 表示形式.

首先给出下面定理.

定理 1　设 $f(x,y)$ 在曲线 L 上有定义且连续，L 的参数方程为

$$\begin{cases} x=\varphi(t) \\ y=\psi(t) \end{cases} (\alpha\leqslant t\leqslant\beta),$$

其中 $\varphi(t)$，$\psi(t)$ 在 $[\alpha,\beta]$ 上具有一阶连续导数，且 $\varphi'^2(t)+\psi'^2(t)\neq 0$，则曲线积分 $\int_L f(x,y)\mathrm{d}s$ 存在，且

$$\int_L f(x,y)\mathrm{d}s=\int_\alpha^\beta f[\varphi(t),\psi(t)]\sqrt{\varphi'^2(t)+\psi'^2(t)}\,\mathrm{d}t \quad (\alpha<\beta). \tag{8-1}$$

证　假定当参数 t 由 α 变至 β 时，L 上的点 $M(x,y)$ 依点 A 至点 B 的方向描出曲线 L. 在 L 上取一系列点

$$A=M_0,M_1,M_2,\cdots,M_{n-1},M_n=B,$$

它们对应于一列单调增加的参数值

$$\alpha=t_0<t_1<t_2<\cdots<t_{n-1}<t_n=\beta.$$

根据对弧长的曲线积分的定义，有

$$\int_L f(x,y)\mathrm{d}s=\lim_{\lambda\to 0}\sum_{i=1}^n f(\xi_i,\eta_i)\Delta s_i,$$

设点 (ξ_i,η_i) 对应于参数值 τ_i，即 $\xi_i=\varphi(\tau_i)$，$\eta_i=\psi(\tau_i)$，这里 $t_{i-1}\leqslant\tau_i\leqslant t_i$，由于

$$\Delta s_i=\int_{t_{i-1}}^{t_i}\sqrt{\varphi'^2(t)+\psi'^2(t)}\,\mathrm{d}t,$$

应用积分中值定理，有

$$\Delta s_i=\sqrt{\varphi'^2(\tau_i')+\psi'^2(\tau_i')}\,\Delta t_i,$$

其中 $\Delta t_i=t_i-t_{i-1}$，$t_{i-1}\leqslant\tau_i'\leqslant t_i$，于是

$$\int_L f(x,y)\mathrm{d}s=\lim_{\lambda\to 0}\sum_{i=1}^n f[\varphi(\tau_i),\psi(\tau_i)]\sqrt{\varphi'^2(\tau_i')+\psi'^2(\tau_i')}\,\Delta t_i.$$

由于函数 $\sqrt{\varphi'^2(\tau_i')+\psi'^2(\tau_i')}$ 在闭区间 $[\alpha,\beta]$ 上连续，我们可以把上式中的 τ_i' 换成 τ_i，从而

$$\int_L f(x,y)\mathrm{d}s=\lim_{\lambda\to 0}\sum_{i=1}^n f[\varphi(\tau_i),\psi(\tau_i)]\sqrt{\varphi'^2(\tau_i)+\psi'^2(\tau_i)}\,\Delta t_i,$$

上式右端的和式极限，就是函数 $f[\varphi(t),\psi(t)]\sqrt{\varphi'^2(t)+\psi'^2(t)}$ 在区间 $[\alpha,\beta]$ 上的定积分. 由于这个函数在 $[\alpha,\beta]$ 上连续，所以这个定积分是存在的，因此上式左端的曲线积分 $\int_L f(x,y)\mathrm{d}s$ 也存在，并且有

$$\int_L f(x,y)\mathrm{d}s=\int_\alpha^\beta f[\varphi(t),\psi(t)]\sqrt{\varphi'^2(t)+\psi'^2(t)}\,\mathrm{d}t \quad (\alpha<\beta).$$

（2）如果曲线 L 由方程
$$y = \psi(x), a \leqslant x \leqslant b$$
给出，那么可以将 x 当参数，得曲线 L 的参数方程为
$$\begin{cases} x = x \\ y = \psi(x) \end{cases}, a \leqslant x \leqslant b,$$
从而由公式（8-1）得出
$$\int_L f(x,y)\mathrm{d}s = \int_a^b f[x, \psi(x)] \sqrt{1 + \psi'^2(x)}\mathrm{d}x \quad (a < b). \tag{8-2}$$

（3）如果曲线 L 由方程
$$x = \varphi(y), c \leqslant y \leqslant d$$
给出，那么可以将 y 当参数，得曲线 L 的参数方程为
$$\begin{cases} x = \varphi(y) \\ y = y \end{cases}, c \leqslant y \leqslant d,$$
从而由公式（8-1）得出
$$\int_L f(x,y)\mathrm{d}s = \int_c^d f[\varphi(y), y] \sqrt{1 + \varphi'^2(y)}\mathrm{d}y \quad (c < d). \tag{8-3}$$

（4）如果空间曲线 Γ 由参数方程
$$x = \varphi(t), y = \psi(t), z = \omega(t), \alpha \leqslant t \leqslant \beta$$
给出，那么有
$$\int_\Gamma f(x,y,z)\mathrm{d}s = \int_\alpha^\beta f[\varphi(t), \psi(t), \omega(t)] \sqrt{\varphi'^2(t) + \psi'^2(t) + \omega'^2(t)}\mathrm{d}t \quad (\alpha < t < \beta). \tag{8-4}$$

由上述讨论及推导过程，可以归纳出对弧长的曲线积分转化为定积分的计算步骤：

第一步，确定所求积分属上述四种情况的哪一种；

第二步，找准参数，并明确其取值范围；

第三步，代入公式，计算定积分.

需要注意的是：这里的弧长 s 是随着参量的增大而增大的，而对弧长的曲线积分的定义中规定 Δs_i 总是正的，因此在化成定积分时，下限 α 总小于上限 β.

例 1　计算 $\int_L (x+y)\mathrm{d}s$，其中 L 为从点 $O(0,0)$ 到 $A(1,1)$ 的直线段，见图 8-2.

解　$\int_L (x+y)\mathrm{d}s = \int_0^1 (x+x) \sqrt{1+1}\mathrm{d}x = \sqrt{2}$.

例 2　求 $\int_L \sqrt{y}\mathrm{d}s$，其中 L 是抛物线 $y = x^2$ 上点 $O(0,0)$ 与点 $B(1,1)$ 之间的一段弧，见图 8-3.

解　L 由方程 $y = x^2$（$0 \leqslant x \leqslant 1$）给出，由公式（8-2）得
$$\int_L \sqrt{y}\mathrm{d}s = \int_0^1 \sqrt{x^2} \sqrt{1 + [(x^2)']^2}\mathrm{d}x$$
$$= \int_0^1 x \sqrt{1 + 4x^2}\mathrm{d}x$$
$$= \left[\frac{1}{12}(1 + 4x^2)^{\frac{3}{2}}\right]_0^1 = \frac{1}{12}(5\sqrt{5} - 1).$$

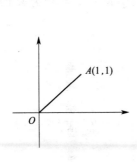

图 8-2

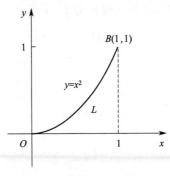

图 8-3

例 3 求 $\int_L y\mathrm{d}s$ ，其中 L 是抛物线 $y^2=4x$ 上从点 $(1,2)$ 到点 $(1,-2)$ 的一段弧，见图 8-4.

解 将 L 的方程改写为 $x=\dfrac{y^2}{4}$ （$-2\leqslant y\leqslant 2$），由公式(8-3) 和奇函数在对称区间上的积分等于零，有

$$\int_L y\mathrm{d}s=\int_{-2}^{2} y\sqrt{1+\left(\frac{y}{2}\right)^2}\,\mathrm{d}y=0.$$

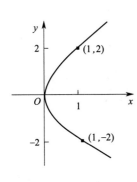

图 8-4

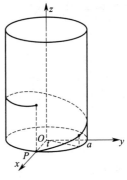

图 8-5

例 4 计算曲线积分 $\int_{\Gamma}(x^2+y^2+z^2)\mathrm{d}s$ ，其中 Γ 是螺旋线 $x=a\cos t$ ，$y=a\sin t$ ，$z=kt$ 上相应于 0 到 2π 的一段，见图 8-5.

解 由公式(8-4) 得

$$\int_{\Gamma}(x^2+y^2+z^2)\mathrm{d}s$$

$$=\int_0^{2\pi}\left[(a\cos t)^2+(a\sin t)^2+(kt)^2\right]\sqrt{(-a\sin t)^2+(a\cos t)^2+k^2}\,\mathrm{d}t$$

$$=\int_0^{2\pi}(a^2+k^2t^2)\sqrt{a^2+k^2}\,\mathrm{d}t$$

$$=\sqrt{a^2+k^2}\left[a^2t+\frac{k^2}{3}t^3\right]_0^{2\pi}$$

$$=\frac{2\pi}{3}\sqrt{a^2+k^2}(3a^2+4\pi^2k^2).$$

例 5　计算曲线积分 $\displaystyle\int_L \sqrt{x^2+y^2}\,\mathrm{d}s$，其中 L 为中心在 $(R,0)$，半径为 R 的上半圆周.

解　由于上半圆周的参数方程为

$$\begin{cases} x=R(1+\cos t) \\ y=R\sin t \end{cases} (0\leqslant t\leqslant \pi),$$

所以

$$\begin{aligned} \int_L \sqrt{x^2+y^2}\,\mathrm{d}s &=\int_0^\pi [R^2(1+\cos t)^2+R^2\sin^2 t]\sqrt{(-R\sin t)^2+(R\cos t)^2}\,\mathrm{d}t \\ &=2R^3\int_0^\pi (1+\cos t)\,\mathrm{d}t \\ &=2R^3[t+\sin t]_0^\pi \\ &=2\pi R^3. \end{aligned}$$

例 6　计算曲线积分 $\displaystyle\oint_L \sqrt{x^2+y^2}\,\mathrm{d}s$，其中 L 为 $x^2+y^2=ax$ $(a>0)$.

分析　此题也可以像例 5 一样，用圆的参数方程来做. 现在我们选择极坐标系下求解此题，要注意两种方程的差别.

解　设 $\begin{cases} x=r\cos\theta \\ y=r\sin\theta \end{cases}$，于是积分曲线 L 在极坐标系下的方程为 L：$r=a\cos\theta$ $\left(a>0,\ -\dfrac{\pi}{2}\leqslant\theta\leqslant\dfrac{\pi}{2}\right)$，即

$$x=a\cos^2\theta,\ y=a\cos\theta\sin\theta,\ \mathrm{d}s=a\,\mathrm{d}\theta.$$

则

$$\oint_L \sqrt{x^2+y^2}\,\mathrm{d}s =\int_{-\frac{\pi}{2}}^{\frac{\pi}{2}} a^2\cos\theta\,\mathrm{d}\theta =2a^2.$$

习题 8-1

1. 计算曲线积分 $\displaystyle\oint_L (x+y)\,\mathrm{d}s$，其中 L 为连接三点 $O(0,0)$、$A(1,0)$、$B(1,1)$ 的封闭折线段 $OABO$.

2. 计算 $\displaystyle\oint_L (x^2+y^2)\,\mathrm{d}s$，其中 L 为圆周 $x=a\cos t$，$y=a\sin t$ $(0\leqslant t\leqslant 2\pi)$.

3. 计算 $\displaystyle\oint_L x\,\mathrm{d}s$，其中 L 为由直线 $y=x$ 及抛物线 $y=x^2$ 所围成的区域的整个边界.

4. 计算 $\displaystyle\int_L y\,\mathrm{d}s$，其中 L 是抛物线 $y^2=4x$ 上从 $O(0,0)$ 到 $A(1,2)$ 的一段弧.

5. 求 $I=\displaystyle\int_L xy\,\mathrm{d}s$，其中积分路径 Γ 是在第一象限内的一段椭圆：

$$x=a\cos t,\ y=b\sin t, 0\leqslant t\leqslant \frac{\pi}{2}.$$

6. 计算 $\displaystyle\oint_L \mathrm{e}^{\sqrt{x^2+y^2}}\,\mathrm{d}s$，其中 L 为圆周 $x^2+y^2=a^2$，直线 $y=x$ 及 x 轴在第一象限所围成的扇形的整个边界.

7. 计算 $\int_{\Gamma} \dfrac{z^2}{x^2+y^2} \mathrm{d}s$，$\Gamma$ 为螺线 $x=a\cos t$，$y=a\sin t$，$z=at$，$0 \leqslant t \leqslant 2\pi$.

8. 计算 $\oint_L (x^2+y^2)^n \mathrm{d}s$，其中 L 为圆周 $x=a\cos t$，$y=a\sin t$，$0 \leqslant t \leqslant 2\pi$.

9. 计算 $\int_L xyz\mathrm{d}s$，其中 L 是曲线 $x=t$，$y=\dfrac{2}{3}\sqrt{2t^3}$，$z=\dfrac{1}{2}t^2$，$0 \leqslant t \leqslant 1$ 的一段.

10. 求 $\int_L xyz\mathrm{d}s$，其中 Γ 是螺旋线 $x=a\cos\theta$，$y=a\sin\theta$，$z=k\theta$ 上的一段，其中 $0 \leqslant \theta \leqslant 2\pi$.

第二节 对坐标的曲线积分

一、对坐标的曲线积分的概念与性质

质点受变力作用沿平面曲线运动做功问题　设一个质点在 xOy 平面内从点 A 沿光滑曲线弧 L 移动到点 B，在移动过程中，这质点受到力

$$\boldsymbol{F}(x,y)=P(x,y)\boldsymbol{i}+Q(x,y)\boldsymbol{j}$$

的作用，其中函数 $P(x,y)$，$Q(x,y)$ 在 L 上连续，要计算在上述移动过程中变力 $\boldsymbol{F}(x,y)$ 所做的功（图 8-6）.

如果 $\boldsymbol{F}$ 是常力，质点从 A 沿直线移动到 B，那么常力 $\boldsymbol{F}$ 所做的功等于向量 $\boldsymbol{F}$ 与 $\overrightarrow{AB}$ 的数量积，即

$$W=\boldsymbol{F}\cdot\overrightarrow{AB}.$$

现在 $\boldsymbol{F}(x,y)$ 是变力，且质点沿曲线 L 移动，功 W 不能直接按上述公式计算. 如何来克服这个困难呢？我们仍然采用"分割、近似、求和、取极限"的方法来求变力沿曲线所做的功 W. 为此，我们用有向曲线 L 上的点 $A=M_0(x_0,y_0),M_1(x_1,y_1),\cdots,M_{n-1}$ $(x_{n-1},y_{n-1}),M_n(x_n,y_n)=B$，将 L 任意分成 n 个有向小弧段

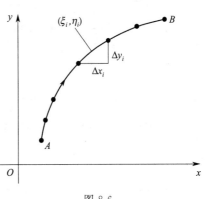

图 8-6

$$\widehat{M_0 M_1},\widehat{M_1 M_2},\cdots,\widehat{M_{n-1} M_n}.$$

当各小弧段的长度很小时，可以用有向线段

$$\overrightarrow{M_{i-1} M_i}=\Delta x_i \boldsymbol{i}+\Delta y_i \boldsymbol{j}$$

来近似代替有向弧段 $\widehat{M_{i-1} M_i}$，这里 $\Delta x_i=x_i-x_{i-1}$，$\Delta y_i=y_i-y_{i-1}$；因为 $P(x,y)$，$Q(x,y)$ 在 L 上连续，故可用小弧段 $\widehat{M_{i-1} M_i}$ 上任一点 (ξ_i,η_i) 处的力

$$\boldsymbol{F}(\xi_i,\eta_i)=P(\xi_i,\eta_i)\boldsymbol{i}+Q(\xi_i,\eta_i)\boldsymbol{j}$$

来近似代替其上各点处的力. 于是，质点沿小弧段 $\widehat{M_{i-1} M_i}$ 从点 M_{i-1} 移动至点 M_i 时，力 $\boldsymbol{F}$ 所做的功为

$$\Delta W_i \approx \boldsymbol{F}(\xi_i,\eta_i)\cdot\overrightarrow{M_{i-1} M_i}=P(\xi_i,\eta_i)\Delta x_i+Q(\xi_i,\eta_i)\Delta y_i,$$

求和即得

$$W = \sum_{i=1}^{n} \Delta W_i \approx \sum_{i=1}^{n} [P(\xi_i, \eta_i) \Delta x_i + Q(\xi_i, \eta_i) \Delta y_i].$$

令各小弧段长度的最大值 $\lambda \to 0$，便得到

$$W = \lim_{\lambda \to 0} \sum_{i=1}^{n} [P(\xi_i, \eta_i) \Delta x_i + Q(\xi_i, \eta_i) \Delta y_i].$$

在一些实际问题中，常常遇到上述类型的极限，因此，我们引入对坐标的曲线积分的定义.

定义 1 设 L 为 xOy 面内从点 A 到点 B 的一条有向光滑曲线弧，函数 $P(x,y)$，$Q(x,y)$ 在 L 上有界. 用 L 上的点

$$A = M_0(x_0, y_0), M_1(x_1, y_1), \cdots, M_{n-1}(x_{n-1}, y_{n-1}), M_n(x_n, y_n) = B$$

将 L 分成 n 个有向小弧段

$$\overgroup{M_0 M_1}, \overgroup{M_1 M_2}, \cdots, \overgroup{M_{n-1} M_n}.$$

设 $\Delta x_i = x_i - x_{i-1}$，$\Delta y_i = y_i - y_{i-1}$，$(\xi_i, \eta_i)$ 为 $\overgroup{M_{i-1} M_i}$ 上任一点，如果当各小弧段长度的最大值 $\lambda \to 0$ 时，和式

$$\sum_{i=1}^{n} [P(\xi_i, \eta_i) \Delta x_i + Q(\xi_i, \eta_i) \Delta y_i]$$

的极限存在，且极限与曲线 L 的分法及点 (ξ_i, η_i) 的取法无关，则称此极限为函数 $P(x,y)$，$Q(x,y)$ 在有向弧段 L 上对坐标的曲线积分，也叫**第二类曲线积分**，记作

$$\int_L P(x,y) \mathrm{d}x + Q(x,y) \mathrm{d}y,$$

即

$$\int_L P(x,y) \mathrm{d}x + Q(x,y) \mathrm{d}y = \lim_{\lambda \to 0} \sum_{i=1}^{n} [P(\xi_i, \eta_i) \Delta x_i + Q(\xi_i, \eta_i) \Delta y_i].$$

其中 $P(x,y)$，$Q(x,y)$ 称为**被积函数**，L 称为**有向曲线弧段**或**有向积分路径**.

特别地，当 $Q(x,y) \equiv 0$ 时，称 $\int_L P(x,y) \mathrm{d}x$ 为函数 $P(x,y)$ 在有向曲线弧 L 上对坐标 x 的曲线积分；当 $P(x,y) \equiv 0$ 时，称 $\int_L Q(x,y) \mathrm{d}y$ 为函数 $Q(x,y)$ 在有向曲线弧 L 上对坐标 y 的曲线积分.

由定义 1 可知，一质点在变力 $\boldsymbol{F}(x,y) = P(x,y)\boldsymbol{i} + Q(x,y)\boldsymbol{j}$ 的作用下，沿曲线 L 从点 A 移动至点 B 时，力 $\boldsymbol{F}$ 所做的功为

$$W = \int_L P(x,y) \mathrm{d}x + Q(x,y) \mathrm{d}y.$$

可以证明，如果 $P(x,y)$，$Q(x,y)$ 在有向光滑曲线弧 L 上连续，则

$$\int_L P(x,y) \mathrm{d}x + Q(x,y) \mathrm{d}y \text{ 存在}.$$

如果积分弧段为封闭曲线，则常把曲线积分 $\int_L P(x,y) \mathrm{d}x + Q(x,y) \mathrm{d}y$ 写成

$$\oint_L P(x,y) \mathrm{d}x + Q(x,y) \mathrm{d}y.$$

此时封闭曲线 L 围成平面区域 D. 对 L 的方向我们作这样的规定：当观察者沿 L 行走时，若 D 内邻近他的部分总位于他的左边，则称观察者前进的方向为曲线 L 的正向. 我们用 $-L$ 表示方向与 L 相反的有向曲线弧.

定义 1 可以类似推广到积分弧段为空间有向曲线弧 Γ 的情形. 如果函数 $P(x,y,z)$、$Q(x,y,z)$、$R(x,y,z)$ 在空间有向曲线弧 Γ 上连续，则有

$$\int_{\Gamma} P(x,y,z)\mathrm{d}x + Q(x,y,z)\mathrm{d}y + R(x,y,z)\mathrm{d}z.$$

对坐标的曲线积分的性质有：

性质 1 设有向曲线弧 L 由两段有向曲线弧 L_1 和 L_2 组成，则

$$\int_L P\mathrm{d}x + Q\mathrm{d}y = \int_{L_1} P\mathrm{d}x + Q\mathrm{d}y + \int_{L_2} P\mathrm{d}x + Q\mathrm{d}y. \tag{8-5}$$

式 (8-5) 可以推广到 L 由 L_1，L_2，$\cdots$，L_n 组成的情形.

性质 2 设 L 是有向曲线弧，$-L$ 是与 L 方向相反的有向曲线弧，则

$$\int_{-L} P\mathrm{d}x + Q\mathrm{d}y = -\int_L P\mathrm{d}x + Q\mathrm{d}y. \tag{8-6}$$

证明从略.

二、对坐标的曲线积分的计算方法

定理 1 设 $P(x,y)$，$Q(x,y)$ 在有向曲线弧 L 上有定义且连续，L 的参数方程为

$$\begin{cases} x = \varphi(t), \\ y = \psi(t). \end{cases}$$

当参数 t 单调地由 α 变到 β 时，点 $M(x,y)$ 从 L 的起点 A 沿 L 运动到终点 B，$\varphi(t)$、$\psi(t)$ 在以 α 及 β 为端点的闭区间上具有一阶连续导数，且 $\varphi'^2(t) + \psi'^2(t) \neq 0$，则曲线积分 $\int_L P(x,y)\mathrm{d}x + Q(x,y)\mathrm{d}y$ 存在，且

$$\int_L P(x,y)\mathrm{d}x + Q(x,y)\mathrm{d}y = \int_{\alpha}^{\beta} \{P[\varphi(t),\psi(t)]\varphi'(t) + Q[\varphi(t),\psi(t)]\psi'(t)\}\mathrm{d}t. \tag{8-7}$$

证 在 L 上取一点列

$$A = M_0, M_1, M_2, \cdots, M_{n-1}, M_n = B,$$

它们对应于一列单调变化的参数值

$$\alpha = t_0 < t_1 < t_2 < \cdots < t_{n-1} < t_n = \beta.$$

根据对坐标的曲线积分的定义，有

$$\int_L P(x,y)\mathrm{d}x = \lim_{\lambda \to 0} \sum_{i=1}^{n} P(\xi_i, \eta_i)\Delta x_i,$$

设点 (ξ_i, η_i) 对应于参数值 τ_i，即 $\xi_i = \varphi(\tau_i)$，$\eta_i = \psi(\tau_i)$，这里 τ_i 在 t_{i-1} 与 t_i 之间. 由于

$$\Delta x_i = x_i - x_{i-1} = \varphi(t_i) - \varphi(t_{i-1}),$$

应用微分中值定理，有

$$\Delta x_i = \varphi'(\tau_i')\Delta t_i,$$

其中 $\Delta t_i = t_i - t_{i-1}$，$\tau_i'$ 在 t_{i-1} 与 t_i 之间. 于是

$$\int_L P(x,y)\mathrm{d}x = \lim_{\lambda \to 0} \sum_{i=1}^{n} P[\varphi(\tau_i),\psi(\tau_i)]\varphi'(\tau_i')\Delta t_i.$$

因为函数 $\varphi'(t)$ 在闭区间 $[\alpha,\beta]$（或 $[\beta,\alpha]$）上连续，我们可以把上式中的 τ_i' 换成

τ_i，从而

$$\int_L P(x,y)\mathrm{d}x = \lim_{\lambda\to 0}\sum_{i=1}^{n} P[\varphi(\tau_i),\psi(\tau_i)]\varphi'(\tau_i)\Delta t_i,$$

上式右端的和的极限就是定积分 $\displaystyle\int_\alpha^\beta P[\varphi(t),\psi(t)]\varphi'(t)\mathrm{d}t$，由于函数 $P[\varphi(t),\psi(t)]\varphi'(t)$

连续，这个定积分是存在的，因此上式左端的曲线积分 $\displaystyle\int_L P(x,y)\mathrm{d}x$ 也存在，并且有

$$\int_L P(x,y)\mathrm{d}x = \int_\alpha^\beta P[\varphi(t),\psi(t)]\varphi'(t)\mathrm{d}t,$$

同理可证

$$\int_L Q(x,y)\mathrm{d}y = \int_\alpha^\beta Q[\varphi(t),\psi(t)]\psi'(t)\mathrm{d}t.$$

把以上两式相加，得

$$\int_L P(x,y)\mathrm{d}x + Q(x,y)\mathrm{d}y = \int_\alpha^\beta \{P[\varphi(t),\psi(t)]\varphi'(t) + Q[\varphi(t),\psi(t)]\psi'(t)\}\mathrm{d}t$$

这里下限 α 对应于 L 的起点，上限 β 对应于 L 的终点.

式(8-7) 表明，计算对坐标的曲线积分 $\displaystyle\int_L P(x,y)\mathrm{d}x + Q(x,y)\mathrm{d}y$ 时，只要把 x、y、$\mathrm{d}x$、$\mathrm{d}y$ 依次换为 $\varphi(t)$、$\psi(t)$、$\varphi'(t)\mathrm{d}t$、$\psi'(t)\mathrm{d}t$，然后从 L 的起点所对应的参数值 α 到 L 的终点所对应的参数值 β 作定积分就行了. 这里必须注意，下限 α 对应于 L 的起点，上限 β 对应于 L 的终点，α 不一定小于 β.

如果曲线弧 L 的方程为 $y=\psi(x)$，取 x 作参数，即得参数方程

$$\begin{cases} x=x \\ y=\psi(x) \end{cases} \quad (a\leqslant x\leqslant b).$$

式(8-7) 变为

$$\int_L P(x,y)\mathrm{d}x + Q(x,y)\mathrm{d}y = \int_a^b \{P[x,\psi(x)] + Q[x,\psi(x)]\psi'(x)\}\mathrm{d}x. \tag{8-8}$$

这里下限 a 对应于 L 的起点，上限 b 对应于 L 的终点.

如果曲线弧 L 的方程为 $x=\varphi(y)$，取 y 作参数，即得参数方程

$$\begin{cases} x=\varphi(y) \\ y=y \end{cases} \quad (c\leqslant y\leqslant d).$$

式(8-7) 变为

$$\int_L P(x,y)\mathrm{d}x + Q(x,y)\mathrm{d}y = \int_c^d \{P[\varphi(y),y]\varphi'(y) + Q[\varphi(y),y]\}\mathrm{d}y. \tag{8-9}$$

这里下限 c 对应于 L 的起点，上限 d 对应于 L 的终点.

式(8-7) 可推广到空间曲线 Γ 由参数方程

$$x=\varphi(t),y=\psi(t),z=\omega(t),$$

给出的情形，这样便得到

$$\int_L P(x,y,z)\mathrm{d}x + Q(x,y,z)\mathrm{d}y + R(x,y,z)\mathrm{d}z$$

$$= \int_\alpha^\beta \{P[\varphi(t),\psi(t),\omega(t)]\varphi'(t) + Q[\varphi(t),\psi(t),\omega(t)]\psi'(t) + R[\varphi(t),\psi(t),\omega(t)]\omega'(t)\}\mathrm{d}t,$$

$$\tag{8-10}$$

这里下限 α 对应于 L 的起点，上限 β 对应于 L 的终点．

例 1 计算 $\int_L (x^2 + y^2)\mathrm{d}x + (x^2 - y^2)\mathrm{d}y$，其中 L 如图 8-7
所示：

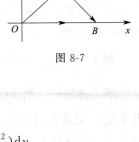

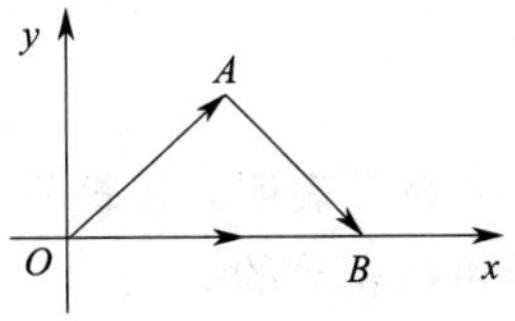

图 8-7

（1）有向折线 OAB；

（2）有向直线段 OB．

解

（1）利用性质 1，有

$$\int_L (x^2 + y^2)\mathrm{d}x + (x^2 - y^2)\mathrm{d}y$$

$$= \int_{OA} (x^2 + y^2)\mathrm{d}x + (x^2 - y^2)\mathrm{d}y + \int_{AB} (x^2 + y^2)\mathrm{d}x + (x^2 - y^2)\mathrm{d}y.$$

直线段 OA 的方程为 $y = x$，x 从 0 变到 1，所以

$$\int_{OA} (x^2 + y^2)\mathrm{d}x + (x^2 - y^2)\mathrm{d}y = \int_0^1 [(x^2 + x^2) + (x^2 - x^2)]\mathrm{d}x = \frac{2}{3};$$

直线段 AB 的方程为 $y = 2 - x$，x 从 1 变到 2，所以

$$\int_{AB} (x^2 + y^2)\mathrm{d}x + (x^2 - y^2)\mathrm{d}y$$

$$= \int_1^2 \{[x^2 + (2-x)^2] + [x^2 - (2-x)^2] \times (-1)\}\mathrm{d}x = \int_1^2 2(2-x)^2 \mathrm{d}x = \frac{2}{3},$$

于是

$$\int_L (x^2 + y^2)\mathrm{d}x + (x^2 - y^2)\mathrm{d}y = \frac{4}{3}.$$

（2）直线段 OB 的方程为 $y = 0$，x 从 0 变到 2，所以

$$\int_L (x^2 + y^2)\mathrm{d}x + (x^2 - y^2)\mathrm{d}y = \int_0^2 (x^2 + 0^2)\mathrm{d}x + 0 = \frac{8}{3}.$$

例 1 说明，尽管被积函数相同，起点和终点相同，但沿不同路
径的曲线积分之值却可以不相等．

例 2 计算 $\int_L 2xy\mathrm{d}x + x^2\mathrm{d}y$，其中 L 见图 8-8：

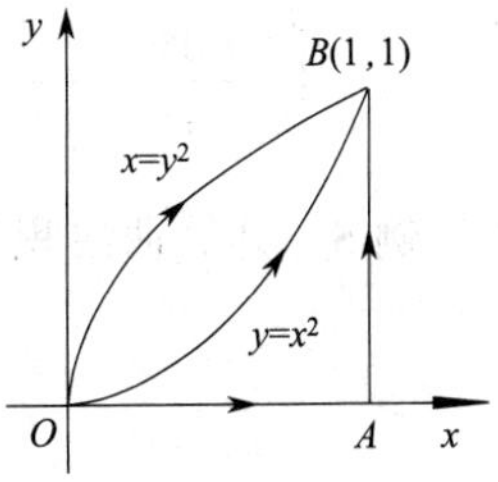

（1）抛物线 $y = x^2$ 从点 $O(0,0)$ 至点 $B(1,1)$ 的一段；

（2）抛物线 $x = y^2$ 从点 $O(0,0)$ 至点 $B(1,1)$ 的一段；

（3）有向折线段 OAB．

图 8-8

解

（1）由式(8-8) 得

$$\int_L 2xy\mathrm{d}x + x^2\mathrm{d}y = \int_0^1 (2x \times x^2 + x^2 \times 2x)\mathrm{d}x = 1.$$

（2）由式(8-9) 得

$$\int_L 2xy\mathrm{d}x + x^2\mathrm{d}y = \int_0^1 (2y^2 \times y \times 2y + y^4)\mathrm{d}y = 1.$$

（3）直线段 OA 的方程是 $y = 0$，x 从 0 变到 1；直线段 AB 的方程是 $x = 1$，y 从 0 变到
1，由性质 1 得

$$\int_L 2xy\mathrm{d}x + x^2\mathrm{d}y = \int_{OA} 2xy\mathrm{d}x + \int_{AB} x^2\mathrm{d}y$$

$$= \int_0^1 2x \times 0\mathrm{d}x + \int_0^1 1^2\mathrm{d}y = 1.$$

例 2 表明，当被积函数相同，起点和终点也相同时，沿不同路径的曲线积分的值有时也是可以相等的.

例 3 计算 $\int_L xy\mathrm{d}x$，其中 L 为曲线 $y^2 = x$ 上从 $A(1,-1)$ 到 $B(1,1)$ 的一段弧.

解 方法一 把曲线积分化为对 x 的定积分进行计算. 由 $y^2 = x$ 可知，$y = \pm\sqrt{x}$. 为此要把 L 分为有向弧 $\overset{\frown}{AO}$ 与 $\overset{\frown}{OB}$ 两部分. $\overset{\frown}{AO}$ 的方程为 $y = -\sqrt{x}$，当 x 由 1 变为 0 时，相应的点沿弧 $\overset{\frown}{AO}$ 从点 A 运动到点 O；$\overset{\frown}{OB}$ 的方程为 $y = \sqrt{x}$，当 x 由 0 变为 1 时，相应的点沿弧 $\overset{\frown}{OB}$ 从点 O 运动到点 B. 于是

$$\int_L xy\mathrm{d}x = \int_{\overset{\frown}{AO}} xy\mathrm{d}x + \int_{\overset{\frown}{OB}} xy\mathrm{d}x = \int_1^0 x(-\sqrt{x})\mathrm{d}x + \int_0^1 x\sqrt{x}\,\mathrm{d}x$$

$$= 2\int_0^1 x^{\frac{3}{2}}\mathrm{d}x = \frac{4}{5}.$$

方法二 把曲线积分化为对 y 的定积分进行计算. L 的方程为 $x = y^2$，当 y 从 -1 变到 1 时，相应的点沿 L 从起点 A 运动到终点 B. 于是

$$\int_L xy\mathrm{d}x = \int_{\overset{\frown}{AB}} xy\mathrm{d}x = \int_{-1}^1 y^2 y(y^2)'\mathrm{d}y = 2\int_{-1}^1 y^4\mathrm{d}y = \frac{4}{5}.$$

显然，解法二较为简便.

例 4 计算 $\int_L \dfrac{x\mathrm{d}y - y\mathrm{d}x}{x^2 + y^2}$，其中 L 是圆周 $x^2 + y^2 = a^2$ 取逆时针方向.

解 L 的参数方程为 $x = a\cos t$，$y = a\sin t$.

当 t 由 0 增到 2π 时，曲线取逆时针方向，于是

$$\int_L \frac{x\mathrm{d}y - y\mathrm{d}x}{x^2 + y^2} = \int_0^{2\pi} \frac{(a\cos t)(a\cos t) - (a\sin t)(-a\sin t)}{a^2}\mathrm{d}t = \int_0^{2\pi} \mathrm{d}t = 2\pi.$$

例 5 计算曲线积分 $\int_L (2a - y)\mathrm{d}x + x\mathrm{d}y$，其中 L 为摆线

$$\begin{cases} x = a(t - \sin t), \\ y = a(1 - \cos t), \end{cases} (0 \leqslant t \leqslant 2\pi)$$

的一拱.

解 将曲线积分化为关于参数 t 的定积分来计算.

$$\int_L (2a - y)\mathrm{d}x + x\mathrm{d}y = \int_0^{2\pi} \{[2a - a(1 - \cos t)]a(1 - \cos t) + a(t - \sin t)a\sin t\}\mathrm{d}t$$

$$= \int_0^{2\pi} a^2 t\sin t\,\mathrm{d}t = -a^2[t\cos t - \sin t]_0^{2\pi}$$

$$= -2\pi a^2.$$

例 6 计算 $\oint_\Gamma xyz\mathrm{d}z$，其中 Γ 是用平面 $y = z$ 截球面 $x^2 + y^2 + z^2 = 1$ 所得的截痕，从 x 轴的正向看去，沿逆时针方向.

解 将 $y=z$ 代入球面方程 $x^2+y^2+z^2=1$ 消去 z 得，$x^2+2y^2=1$，令 $x=\cos t$，$y=\dfrac{1}{\sqrt{2}}\sin t$，并将其代入 $y=z$ 得，$z=\dfrac{1}{\sqrt{2}}\sin t$.

Γ 的参数方程为 $x=\cos t$，$y=\dfrac{1}{\sqrt{2}}\sin t$，$z=\dfrac{1}{\sqrt{2}}\sin t$，始点对应的参数值为 0，终点对应的参数值为 2π.

$$\oint_{\Gamma} xyz\,\mathrm{d}z = \int_0^{2\pi} \frac{1}{2}\cos t\sin^2 t \times \frac{1}{\sqrt{2}}\cos t\,\mathrm{d}t$$

$$= \frac{1}{8\sqrt{2}}\int_0^{2\pi} \sin^2 2t\,\mathrm{d}t = \frac{1}{16\sqrt{2}}\int_0^{2\pi}(1-\cos 4t)\,\mathrm{d}t = \frac{\sqrt{2}}{16}\pi.$$

例 7 设有一质量为 m 的质点受重力作用沿铅直平面上的某条曲线 L 从点 A 下落至点 B，下落距离为 h，求重力所做的功.

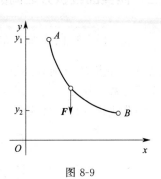

图 8-9

解 取如图 8-9 所示的坐标系，重力 $\boldsymbol{F}$ 在 x 轴上的投影为 0，在 y 轴上的投影为 $-mg$，即

$$\boldsymbol{F}=0\cdot\boldsymbol{i}+(-mg)\boldsymbol{j},$$

设曲线 L 的方程为 $x=\varphi(y)$，y 从 y_1 下降至 y_2，则重力所做的功为

$$W=\int_L 0\mathrm{d}x+(-mg)\mathrm{d}y=\int_{y_1}^{y_2}(-mg)\mathrm{d}y=mg(y_1-y_2).$$

因为下落距离是 h，即 $y_1-y_2=h$，所以重力所做的功为

$$W=mgh.$$

它与路径无关，仅与下落的距离有关.

例 8 计算 $\displaystyle\int_{\Gamma} x^3\,\mathrm{d}x+3y^2z\,\mathrm{d}y-x^2y\,\mathrm{d}z$，其中 Γ 是从点 $A(1,2,3)$ 到点 $B(0,0,0)$ 的直线段 AB.

解 直线段 AB 的方程是

$$\frac{x}{1}=\frac{y}{2}=\frac{z}{3},$$

化为参数方程是

$$x=t,\ y=2t,\ z=3t, t\ \text{从}\ 1\ \text{变到}\ 0.$$

所以由公式(8-10)得

$$\int_{\Gamma} x^3\,\mathrm{d}x+3y^2z\,\mathrm{d}y-x^2y\,\mathrm{d}z$$

$$=\int_1^0 \left[t^3+3(2t)^2\times 3t\times 2-3\times t^2\times 2t\right]\mathrm{d}t$$

$$=67\int_1^0 t^3\,\mathrm{d}t=-\frac{67}{4}.$$

例 9 设一个质点在 $M(x,y)$ 处受到力 $\boldsymbol{F}$ 的作用，$\boldsymbol{F}$ 的大小与 M 到原点 O 的距离成正比，$\boldsymbol{F}$ 的方向恒指向原点，此质点由 $A(a,0)$ 沿椭圆 $\dfrac{x^2}{a^2}+\dfrac{y^2}{b^2}=1$ 按逆时针方向移动到 $B(0,b)$，

求力 $\boldsymbol{F}$ 所做的功.

解
$$\overrightarrow{OM}=x\boldsymbol{i}+y\boldsymbol{j}，\ |\overrightarrow{OM}|=\sqrt{x^2+y^2}.$$

由假设有 $\boldsymbol{F}=-k(x\boldsymbol{i}+y\boldsymbol{j})$，其中 $k>0$ 是比例常数，于是

$$W=\int_{\overset{\frown}{AB}}-kx\,\mathrm{d}x-ky\,\mathrm{d}y=-k\int_{\overset{\frown}{AB}}x\,\mathrm{d}x+y\,\mathrm{d}y.$$

利用椭圆的参数方程 $\begin{cases}x=a\cos t\\y=b\sin t\end{cases}$ 可知起点 A、终点 B 分别对应参数 0、$\dfrac{\pi}{2}$，于是

$$W=-k\int_0^{\frac{\pi}{2}}(-a^2\cos t\sin t+b^2\sin t\cos t)\,\mathrm{d}t=k(a^2-b^2)\int_0^{\frac{\pi}{2}}\sin t\cos t\,\mathrm{d}t=\frac{k}{2}(a^2-b^2).$$

三、两类曲线积分之间的联系

设光滑有向曲线弧 L 的起点为 A、终点为 B，曲线弧 L 由参数方程 $\begin{cases}x=\varphi(t)\\y=\psi(t)\end{cases}$ 给出，起点 A、终点 B 分别对应参数 α、β. 函数 $\varphi(t)$、$\psi(t)$ 在以 α、β 为端点的闭区间上具有一阶连续导数，且 $\varphi'^2(t)+\psi'^2(t)\neq0$. 又函数 $P(x,y)$、$Q(x,y)$ 在 L 上连续. 于是，由对坐标的曲线积分计算公式 (8-7) 有

$$\int_L P(x,y)\,\mathrm{d}x+Q(x,y)\,\mathrm{d}y$$
$$=\int_\alpha^\beta\{P[\varphi(t),\psi(t)]\varphi'(t)+Q[\varphi(t),\psi(t)]\psi'(t)\}\,\mathrm{d}t.$$

又有向曲线弧 L 的切向量为 $\boldsymbol{\tau}=\{\varphi'(t),\psi'(t)\}$，方向余弦为

$$\cos\alpha=\frac{\varphi'(t)}{\sqrt{\varphi'^2(t)+\psi'^2(t)}}，\ \cos\beta=\frac{\psi'(t)}{\sqrt{\varphi'^2(t)+\psi'^2(t)}}.$$

由此得，平面曲线 L 上的两类曲线积分之间有如下联系：

$$\int_L P\,\mathrm{d}x+Q\,\mathrm{d}y=\int_L(P\cos\alpha+Q\cos\beta)\,\mathrm{d}s，\tag{8-11}$$

其中 $\alpha(x,y)$、$\beta(x,y)$ 为有向曲线弧 L 上点 (x,y) 处的切线向量的方向角.

类似地，空间曲线 Γ 上的两类曲线积分之间有如下联系：

$$\int_\Gamma P\,\mathrm{d}x+Q\,\mathrm{d}y+R\,\mathrm{d}z=\int_\Gamma(P\cos\alpha+Q\cos\beta+R\cos\gamma)\,\mathrm{d}s，\tag{8-12}$$

其中 $\alpha(x,y,z)$、$\beta(x,y,z)$、$\gamma(x,y,z)$ 为有向曲线弧 Γ 上点 (x,y,z) 处的切线向量的方向角.

习题 8-2

1. 设 L 是曲线 $x=t+1$，$y=t^2+1$ 上从点 $(1,1)$ 到点 $(2,2)$ 的一段弧，计算
$$I=\int_L 2y\,\mathrm{d}x+(2-x)\,\mathrm{d}y.$$

2. 计算 $\displaystyle\int_L y\,\mathrm{d}x+x\,\mathrm{d}y$，其中 L 为圆周 $x=R\cos t$，$y=R\sin t$ 上对应 t 从 0 到 $\dfrac{\pi}{2}$ 的一段弧.

3. 计算 $\displaystyle\int_L x\,\mathrm{d}y+y\,\mathrm{d}x$，其中 L 分别为：

（1）沿抛物线 $y=2x^2$ 从 $O(0,0)$ 到 $B(1,2)$ 的一段；

（2）沿从 $O(0,0)$ 到 $B(1,2)$ 的直线段；

（3）沿封闭曲线 $OABO$，其中 $A(1,0)$，$B(1,2)$.

4. 计算 $\displaystyle\int_\Gamma x^2\,\mathrm{d}x+2\,\mathrm{d}y-y\,\mathrm{d}z$，其中 Γ 为曲线 $x=k\theta$，$y=\cos\theta$，$z=a\sin\theta$ 上对应 θ 从 0 到 π 的一段弧.

5. 计算 $\displaystyle\int_\Gamma x^2\,\mathrm{d}x+y\,\mathrm{d}y+(x+y-1)\,\mathrm{d}z$，其中 Γ 是从点 $(1,1,1)$ 到点 $(2,3,4)$ 的一段直线.

6. 计算 $\displaystyle\int_L x\,\mathrm{d}y-y\,\mathrm{d}x$，其中 L 是抛物线 $y=x^2$ 上从点 $A(1,1)$ 至点 $B(-1,1)$ 的一段.

7. 计算 $\displaystyle\int_L (x^2-y^2)\,\mathrm{d}x$，其中 L 是抛物线 $y=x^2$ 上从点 $(0,0)$ 到点 $(2,4)$ 的一段弧.

8. 计算 $\displaystyle\oint_L x^2y^2\,\mathrm{d}x+xy^2\,\mathrm{d}y$，$L$ 为直线 $x=1$ 与抛物线 $x=y^2$ 围成的区域的边界（按逆时针方向绕行）.

第三节　格林公式及其应用

一、格林公式

格林公式无论在理论上还是在应用上都十分重要，因为它揭示了平面闭曲线上对坐标的曲线积分与闭曲线所围区域上的二重积分之间的内在关系. 下面介绍格林公式及其应用.

定理 1　设有界闭区域 D 由分段光滑的曲线 L 围成，函数 $P(x,y)$ 及 $Q(x,y)$ 在 D 上具有一阶连续偏导数，则有

$$\iint\limits_D \left(\frac{\partial Q}{\partial x}-\frac{\partial P}{\partial y}\right)\mathrm{d}x\,\mathrm{d}y=\int_L P\,\mathrm{d}x+Q\,\mathrm{d}y,\qquad(8\text{-}13)$$

其中 L 是 D 的取正方向的边界曲线. 称公式(8-13)为格林公式.

证　首先考虑平行坐标轴的直线与区域 D 的边界曲线至多只有两个交点的情形（图 8-10），并将区域 D 表示为 $\varphi_1(x)\leqslant y\leqslant\varphi_2(x)$，$a\leqslant x\leqslant b$. 利用二重积分的计算方法，有

$$\begin{aligned}\iint\limits_D \frac{\partial P}{\partial y}\mathrm{d}x\,\mathrm{d}y&=\int_a^b \mathrm{d}x\int_{\varphi_1(x)}^{\varphi_2(x)}\frac{\partial P}{\partial y}\mathrm{d}y\\&=\int_a^b\left[P(x,y)\right]_{\varphi_1(x)}^{\varphi_2(x)}\mathrm{d}x\\&=\int_a^b P[x,\varphi_2(x)]\mathrm{d}x-\int_a^b P[x,\varphi_1(x)]\mathrm{d}x.\end{aligned}$$

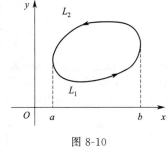

图 8-10

另一方面，根据对坐标的曲线积分的计算方法，有

$$\int_L P(x,y)\,\mathrm{d}x=\int_{L_1}P(x,y)\,\mathrm{d}x+\int_{L_2}P(x,y)\,\mathrm{d}x$$

$$= \int_a^b P[x, \varphi_1(x)] \mathrm{d}x + \int_b^a P[x, \varphi_2(x)] \mathrm{d}x$$

$$= - \left\{ \int_a^b P[(x, \varphi_2(x)] \mathrm{d}x - \int_a^b P[(x, \varphi_1(x)] \mathrm{d}x \right\}.$$

于是得

$$-\iint\limits_D \frac{\partial P}{\partial y} \mathrm{d}x \, \mathrm{d}y = \int_L P \mathrm{d}x. \tag{8-14}$$

若将区域 D（图 8-11）表示为

$$\psi_1(x) \leqslant x \leqslant \psi_2(x), \, c \leqslant y \leqslant d,$$

类似可得

$$\iint\limits_D \frac{\partial Q}{\partial x} \mathrm{d}x \, \mathrm{d}y = \int_L Q \mathrm{d}y. \tag{8-15}$$

合并式(8-14)、式(8-15) 即得式(8-13).

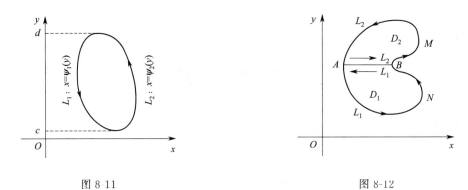

图 8-11   图 8-12

一般地，若区域 D 不属于图 8-10 及图 8-11 的情形，则可在区域 D 内引入辅助线段把 D 分成有限个部分区域，使每个区域都属于上述类型．例如，对于图 8-12 所示的区域 D，引辅助线 AB，将 D 分为 $D_1(\overset{\frown}{ANBA})$ 与 $D_2(\overset{\frown}{ABMA})$ 两个部分．对每个部分应用式(8-13)，得到

$$\iint\limits_{D_1} \left(\frac{\partial Q}{\partial x} - \frac{\partial P}{\partial y} \right) \mathrm{d}x \, \mathrm{d}y = \oint_{L_1} P \mathrm{d}x + Q \mathrm{d}y,$$

$$\iint\limits_{D_2} \left(\frac{\partial Q}{\partial x} - \frac{\partial P}{\partial y} \right) \mathrm{d}x \, \mathrm{d}y = \oint_{L_2} P \mathrm{d}x + Q \mathrm{d}y,$$

其中 $L_1(\overset{\frown}{ANBA})$ 与 $L_2(\overset{\frown}{ABMA})$ 分别为区域 D_1 与 D_2 的正向边界曲线．将上两式左右两端分别相加，注意到沿辅助线段上的积分值相互抵消，即得

$$\iint\limits_D \left(\frac{\partial Q}{\partial x} - \frac{\partial P}{\partial y} \right) \mathrm{d}x \, \mathrm{d}y = \int_L P \mathrm{d}x + Q \mathrm{d}y,$$

定理证毕.

例 1 设 L 是任意一条有向闭曲线，证明 $\int_L 2xy \mathrm{d}x + x^2 \mathrm{d}y = 0$.

证 这里 $P=2xy$，$Q=x^2$，故 $\dfrac{\partial Q}{\partial x}-\dfrac{\partial P}{\partial y}=2x-2x=0$.

由 L 围成区域 D，由格林公式得 $\displaystyle\int_L 2xy\,\mathrm{d}x+x^2\,\mathrm{d}y=\pm\iint\limits_D 0\,\mathrm{d}\sigma=0$.

其中正负号的取法是：当 L 为 D 的正向边界时取正号，反向时取负号.

例2 计算 $\displaystyle\iint\limits_D y^2\,\mathrm{d}x\,\mathrm{d}y$，其中 D 是以 $O(0,0)$，$A(1,1)$，

$B(0,1)$ 为顶点的三角形闭区域（图8-13）.

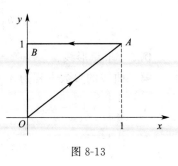

图 8-13

解 由二重积分的被积函数 y^2 可知，$\dfrac{\partial P}{\partial y}=0$，$\dfrac{\partial Q}{\partial x}=y^2$，

故可令 $P=0$，$Q=xy^2$，则

$$\frac{\partial Q}{\partial x}-\frac{\partial P}{\partial y}=y^2.$$

于是，由式（8-13）得

$$\iint\limits_D y^2\,\mathrm{d}x\,\mathrm{d}y=\int_{OA+AB+BO}xy^2\,\mathrm{d}y=\int_{OA}xy^2\,\mathrm{d}y=\int_0^1 x^3\,\mathrm{d}x=\frac{1}{4}x^4\Big|_0^1=\frac{1}{4}.$$

例3 计算 $\displaystyle\int_L(x^2-y)\,\mathrm{d}x-(x+\sin^2 y)\,\mathrm{d}y$，其中 L 为自点 $A(1,0)$ 沿 $y=\sqrt{2x-x^2}$ 至

点 $O(0,0)$ 的上半圆周（图8-14）.

解 $P=x^2-y$，$Q=-(x+\sin^2 y)$，

$$\frac{\partial P}{\partial y}=-1,\quad \frac{\partial Q}{\partial x}=-1.$$

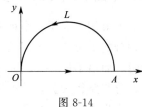

图 8-14

由于 L 不是闭区线，不能直接用格林公式. 但 $L+OA$ 是闭

曲线，取其正向，则由格林公式得到

$$\oint_{L+OA}(x^2-y)\,\mathrm{d}x-(x+\sin^2 y)\,\mathrm{d}y$$

$$=\iint\limits_D[(-1)-(-1)]\,\mathrm{d}\sigma=0,$$

因为直线 OA 的方程是 $y=0$，x 自 0 变到 1，所以

$$\int_{OA}(x^2-y)\,\mathrm{d}x-(x+\sin^2 y)\,\mathrm{d}y=\int_0^1 x^2\,\mathrm{d}x=\frac{1}{3},$$

于是

$$\int_L(x^2-y)\,\mathrm{d}x-(x+\sin^2 y)\,\mathrm{d}y$$

$$=\oint_{L+OA}(x^2-y)\,\mathrm{d}x-(x+\sin^2 y)\,\mathrm{d}y-\int_{OA}(x^2-y)\,\mathrm{d}x-(x+\sin^2 y)\,\mathrm{d}y=0-\frac{1}{3}=-\frac{1}{3}.$$

下面说明格林公式的一个简单应用.

在式（8-13）中令 $P=-y$，$Q=x$，即得

$$2\iint\limits_D \mathrm{d}x\,\mathrm{d}y=\int_L x\,\mathrm{d}y-y\,\mathrm{d}x.$$

上式左端是闭区域 D 的面积是 A 的 2 倍，因此有

$$A=\frac{1}{2}\int_L x\,\mathrm{d}y-y\,\mathrm{d}x, \tag{8-16}$$

其中 L 取正向.

例 4　求椭圆 $x=a\cos\theta$，$y=b\sin\theta$ 所围成的区域的面积.

解　根据式(8-16) 有

$$A=\frac{1}{2}\int_L x\,\mathrm{d}y-y\,\mathrm{d}x=\frac{1}{2}\int_0^{2\pi}(ab\cos^2\theta+ab\sin^2\theta)\,\mathrm{d}\theta$$

$$=\frac{1}{2}ab\int_0^{2\pi}\mathrm{d}\theta=\pi ab.$$

例 5　求星形线 $x^{\frac{2}{3}}+y^{\frac{2}{3}}=a^{\frac{2}{3}}$（$a>0$）所围区域的面积.

解　曲线的参数方程为 $x=a\cos^3 t$，$y=a\sin^3 t$，t 为从 0 至 2π，根据式(8-16) 有

$$A=\frac{1}{2}\int_L x\,\mathrm{d}y-y\,\mathrm{d}x$$

$$=\frac{1}{2}\int_0^{2\pi}\left[a\cos^3 t(3a\sin^2 t\cos t)-a\sin^3 t(-3a\cos^2 t\sin t)\right]\mathrm{d}t$$

$$=\frac{3}{2}a^2\int_0^{2\pi}\sin^2 t\cos^2 t\,\mathrm{d}t=\frac{3}{2}a^2\int_0^{2\pi}\frac{1}{8}(1-\cos 4t)\,\mathrm{d}t$$

$$=\frac{3}{16}a^2\left[t-\frac{1}{4}\sin 4t\right]_0^{2\pi}=\frac{3}{8}\pi a^2.$$

二、平面上曲线积分与路径无关的条件

上节例 1 表明，当被积函数相同，曲线弧 L 的起点和终点相同时，而沿不同路径的曲线积分的值可能是不同的；上节例 2 表明，当被积分函数相同，曲线弧 L 的起点和终点相同时，而沿不同路径的曲线积分的值可能是相同的. 前者称曲线积分与路径有关，后者称曲线积分与路径无关，其严格定义如下.

定义 1　设 G 是开区域，函数 $P(x,y)$，$Q(x,y)$ 在 G 内具有　阶连续偏导数，如果对 G 内任意两点 A、B 及 G 内从点 A 至点 B 的任意两条曲线 L_1、L_2 都有

$$\int_{L_1}P\,\mathrm{d}x+Q\,\mathrm{d}y=\int_{L_2}P\,\mathrm{d}x+Q\,\mathrm{d}y,$$

则称曲线积分 $\displaystyle\int_L P\,\mathrm{d}x+Q\,\mathrm{d}y$ 在 G 内与路径无关，否则称为与路径有关.

根据定义 1，如果曲线积分与路径无关，那么对 G 内起点和终点相同的任意两条曲线段 L_1、L_2（图 8-15）都有

$$\int_{L_1}P\,\mathrm{d}x+Q\,\mathrm{d}y=\int_{L_2}P\,\mathrm{d}x+Q\,\mathrm{d}y,$$

由于 $$\int_{L_2}P\,\mathrm{d}x+Q\,\mathrm{d}y=-\int_{-L_2}P\,\mathrm{d}x+Q\,\mathrm{d}y,$$

故有

$$\int_{L_2}P\,\mathrm{d}x+Q\,\mathrm{d}y+\int_{-L_2}P\,\mathrm{d}x+Q\,\mathrm{d}y=0,$$

即

$$\oint_{L_1+(-L_2)}P\,\mathrm{d}x+Q\,\mathrm{d}y=0,$$

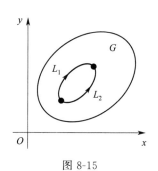

图 8-15

这里 $L_1+(-L_2)$ 是一条封闭曲线. 因此，在区域 G 内由曲

线积分与路径无关可推得在 G 内沿闭曲线的曲线积分为零. 反之, 如果在区域 G 内沿闭曲线的曲线积分为零, 也可推得在 G 内曲线积分与路径无关. 由此得结论: 曲线积分 $\int_L P\mathrm{d}x + Q\mathrm{d}y$ 在 G 内与路径无关相当于沿 G 内任意闭曲线的曲线积分 $\oint_L P\mathrm{d}x + Q\mathrm{d}y$ 等于零.

值得注意的是: 上述结论的区域 G 一定要是单连通区域. 为此, 我们下面介绍单连通区域和复连通区域概念.

定义 2　如果在区域 G 内, 任意一条闭曲线所围成的区域都完全属于 G, 则称 G 是**单连通区域**, 否则称为**复连通区域**.

直观地说, 单连通区域是无"洞"(包括"点洞")的区域, 复连通区域是有"洞"(包括"点洞")的区域. 例如, 平面上的圆形区域 $\{(x,y)|x^2+y^2<1\}$、上半平面 $\{(x,y)|y>0\}$ 都是单连通区域, 圆环形区域 $\{(x,y)|1<x^2+y^2<4\}$, $\{(x,y)|0<x^2+y^2<2\}$ 都是复连通区域.

定理 2　设开区域 G 是一个单连通区域, 函数 $P(x,y)$, $Q(x,y)$ 在 G 内具有一阶连续偏导数, 则曲线积分 $\int_L P\mathrm{d}x + Q\mathrm{d}y$ 在 G 内与路径无关 (或沿 G 内任意闭曲线的曲线积分为零) 的充分必要条件是等式

$$\frac{\partial P}{\partial y} = \frac{\partial Q}{\partial x} \tag{8-17}$$

在 G 内恒成立.

证　先证充分性. 设 C 为 G 内任意一条闭曲线, 要证当条件式 (8-17) 成立时有 $\oint_C P\mathrm{d}x + Q\mathrm{d}y = 0$. 因为 G 是单连通的, 所以闭曲线 C 所围成的区域 D 全部在 G 内, 于是式 (8-17) 在 D 上恒成立. 应用格林公式, 有

$$\iint\limits_D \left(\frac{\partial Q}{\partial x} - \frac{\partial P}{\partial y} \right) \mathrm{d}x\,\mathrm{d}y = \oint_C P\mathrm{d}x + Q\mathrm{d}y,$$

因为在 D 上 $\dfrac{\partial Q}{\partial x} = \dfrac{\partial P}{\partial y}$, 即 $\dfrac{\partial Q}{\partial x} - \dfrac{\partial P}{\partial y} = 0$, 从而右端的积分也等于零.

再证必要性. 要证的是: 如果沿 G 内任意闭曲线的曲线积分为零, 那么式 (8-17) 在 G 内恒成立. 用反证法来证, 假如上述论断不成立, 那么在 G 内至少有一点 M_0, 使

$$\left(\frac{\partial Q}{\partial x} - \frac{\partial P}{\partial y} \right)_{M_0} \neq 0.$$

不妨假定

$$\left(\frac{\partial Q}{\partial x} - \frac{\partial P}{\partial y} \right)_{M_0} = \varepsilon > 0,$$

由于 $\dfrac{\partial P}{\partial y}$、$\dfrac{\partial Q}{\partial x}$ 在 G 内连续, 可以在 G 内取得一个以 M_0 为圆心、半径足够小的圆形闭区域 k, 使得在 k 上恒有

$$\frac{\partial Q}{\partial x} - \frac{\partial P}{\partial y} \geqslant \frac{\varepsilon}{2},$$

于是由格林公式及二重积分的性质就有

$$\oint_r P\mathrm{d}x + Q\mathrm{d}y = \iint\limits_D \left(\frac{\partial Q}{\partial x} - \frac{\partial P}{\partial y} \right) \mathrm{d}x\,\mathrm{d}y \geqslant \frac{\varepsilon}{2} \times \sigma,$$

这里 r 是 k 的正向边界曲线，σ 是 k 的面积. 因为 $\varepsilon > 0$，$\sigma > 0$，从而

$$\oint_r P\,dx + Q\,dy > 0.$$

该结果与沿 C 内任意闭曲线的曲线积分为零的假定相矛盾，可见 G 内使式(8-17) 不成立的点不可能存在，故式(8-17) 在 G 内处处成立.

值得注意的是：定理 2 中要求开区域 G 是单连通区域，且函数 $P(x,y)$，$Q(x,y)$ 在 G 内具有一阶连续偏导数. 如果这两个条件之一不能满足，那么定理的结论不能保证成立.

例 6 计算 $\int_L e^x(\cos y\,dx - \sin y\,dy)$，其中 L 是半圆 $y = \sqrt{2ax - x^2}$ 上自点 $O(0,0)$ 至点 $A(a,a)$ 的一段弧（图 8-16）.

解
$$P = e^x \cos y, \quad Q = -e^x \sin y,$$

$$\frac{\partial P}{\partial y} = -e^x \sin y = \frac{\partial Q}{\partial x},$$

因此所给曲线积分在整个 xOy 面上与路径无关.

于是

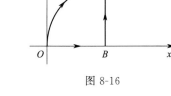

图 8-16

$$\int_L e^x(\cos y\,dx - \sin y\,dy)$$

$$= \int_{OB} e^x(\cos y\,dx - \sin y\,dy) + \int_{BA} e^x(\cos y\,dx - \sin y\,dy).$$

OB 的方程是 $y = 0$，x 从 0 变至 a，所以

$$\int_{OB} e^x(\cos y\,dx - \sin y\,dy) = \int_0^a e^x \cos 0\,dx = e^a - 1,$$

BA 的方程是 $x = a$，y 自 0 增至 a，所以

$$\int_{BA} e^x(\cos y\,dx - \sin y\,dy) = \int_0^a e^a(-\sin y)\,dy = e^a(\cos a - 1),$$

从而 $\int_{BA} e^x(\cos y\,dx - \sin y\,dy) = e^a \cos a - 1$.

经归纳，我们可以得出平面上曲线积分与路径无关的条件如下（证明略）：

设函数 $P(x,y)$，$Q(x,y)$ 在单连通域 G 内有连续的一阶偏导数，则以下四个条件等价.

(1) $\int_L P\,dx + Q\,dy$ 与路径无关，即

$$\int_L P\,dx + Q\,dy = \int_{L_1} P\,dx + Q\,dy,$$

其中 L、L_1 为 G 内具有相同起点和终点任意曲线；

(2) $\oint_L P\,dx + Q\,dy = 0$，其中 L 为 G 内的任意闭曲线；

(3) $\dfrac{\partial P}{\partial y} = \dfrac{\partial Q}{\partial x}$ 在 G 内恒成立；

(4) $P\,dx + Q\,dy = du(x,y)$，即 $P\,dx + Q\,dy$ 在 G 内为某一函数 $u(x,y)$ 的全微分.

例7 设 $\mathrm{d}u=(3x^2y+8xy^2)\mathrm{d}x+(x^3+8x^2y+12y\mathrm{e}^y)\mathrm{d}y$，求 $u(x,y)$.

解 **方法一** 设 $P=3x^2y+8xy^2$，$Q=x^3+8x^2y+12y\mathrm{e}^y$

由

$$\frac{\partial P}{\partial y}=3x^2+16xy=\frac{\partial Q}{\partial x}$$

所以

$$u(x,y)=\int_{(0,0)}^{(x,y)}(3x^2y+8xy^2)\mathrm{d}x+(x^3+8x^2y+12y\mathrm{e}^y)\mathrm{d}y$$

$$=\int_0^x0\mathrm{d}x+\int_0^y(x^3+8x^2y+12y\mathrm{e}^y)\mathrm{d}y$$

$$=x^3y+4x^2y^2+12\mathrm{e}^y(y-1)+C.$$

方法二 由 $\dfrac{\partial u}{\partial x}=P=3x^2y+8xy^2$，把 y 看作不变的，对 x 积分得

$$u(x,y)=x^3y+4x^2y^2+\varphi(y).$$

而 $\dfrac{\partial u}{\partial y}=Q=x^3+8x^2y+12y\mathrm{e}^y=x^3+8x^2y+\varphi'(y)$，

故有 $\varphi'(y)=12y\mathrm{e}^y$，$\varphi(y)=\int 12y\mathrm{e}^y\mathrm{d}y=12\mathrm{e}^y(y-1)+C$，

所以 $u(x,y)=x^3y+4x^2y^2+12\mathrm{e}^y(y-1)+C$.

注 利用方法一求函数 $u(x,y)$ 时，选择的起点不同求出的 $u(x,y)$ 可能相差一个常数.

习题 8-3

1. 计算 $\oint_L xy^2\mathrm{d}x-x^2y\mathrm{d}y$，其中 L 为圆周 $x^2+y^2=a^2$，取逆时针方向.

2. 计算 $\int_L(x^2-y)\mathrm{d}x-(x+\sin^2y)\mathrm{d}y$，其中 L 是在圆周 $y=\sqrt{2x-x^2}$ 上由点 $(0,0)$ 到点 $(1,1)$ 的一段弧.

3. 计算 $\int_L(1+y\mathrm{e}^x)\mathrm{d}x+(x+\mathrm{e}^x)\mathrm{d}y$，其中 L 为椭圆 $\dfrac{x^2}{a^2}+\dfrac{y^2}{b^2}=1$ 的上半周由点 $A(a,0)$ 到 $B(-a,0)$ 的弧段.

4. 计算 $\int_L(2xy^3-y^2\cos x)\mathrm{d}x+(1-2y\sin x+3x^2y^2)\mathrm{d}y$，其中 L 为在抛物线 $2x=\pi y^2$ 上由点 $(0,0)$ 到 $\left(\dfrac{\pi}{2},1\right)$ 的一段弧.

5. 计算 $\oint_L\dfrac{y\mathrm{d}x-x\mathrm{d}y}{2(x^2+y^2)}$，其中 L 为圆周 $(x-1)^2+y^2=2$，L 的方向为逆时针方向.

6. 证明曲线积分 $\oint_L 2y\mathrm{d}x+3x\mathrm{d}y$ 的值即为封闭曲线 L 所围区域 D 的面积.

7. 证明曲线积分 $\int_{(1,0)}^{(2,1)}(2xy-y^4)\mathrm{d}x+(x^2-4xy^3)\mathrm{d}y$ 在整个 xOy 面内与路径无关，并计算积分值.

8. 验证 $2xy\mathrm{d}x + x^2\mathrm{d}y$ 在整个 xOy 平面内是某一函数 $u(x, y)$ 的全微分，并求这样的一个 $u(x, y)$.

9. 试用曲线积分求 $(2x + \sin y)\mathrm{d}x + (x\cos y)\mathrm{d}y$ 的原函数.

10. 证明下列曲线积分在整个 xOy 面内与路径无关，并计算积分的值.

(1) $\displaystyle\int_{(1,1)}^{(2,3)} (x + y)\mathrm{d}x + (x - y)\mathrm{d}y$；

(2) $\displaystyle\int_{(1,2)}^{(3,4)} (6xy^2 - y^3)\mathrm{d}x + (6x^2y - 3xy^2)\mathrm{d}y$；

(3) $\displaystyle\int_{(1,0)}^{(2,1)} (2xy - y^4 + 3)\mathrm{d}x + (x^2 - 4xy^3)\mathrm{d}y$.

第四节　对面积的曲面积分

本节中，我们将对积分的概念再做一种推广，即推广到积分范围是曲面的情形.

一、对面积的曲面积分的概念与性质

讨论沿曲线分布的质量问题时，我们引出对弧长的曲线积分. 如果研究薄面质量问题，可以抽象出什么数学理论呢？即把曲线换成曲面，线密度 $\rho(x, y)$ 变为面密度 $\rho(x, y, z)$，小段曲线的弧长 Δs_i 改为小块曲面的面积 ΔS_i，而第 i 小段曲线上的一点 (ξ_i, η_i) 改为第 i 小块曲面上的一点 (ξ_i, η_i, ζ_i)，那么，在面密度 $\rho(x, y, z)$ 为连续的前提下，类似地有沿曲面分布的质量 M 是下列和的极限：

$$M = \lim_{\lambda \to 0} \sum_{i=1}^{n} \rho(\xi_i, \eta_i, \zeta_i)\Delta S_i.$$

其中 λ 表示 n 小块曲面的直径的最大值.

这个问题就是对面积的曲面积分，下面给出数学定义。

定义 1　设曲面 Σ 是光滑的，函数 $f(x, y, z)$ 在 Σ 上有界，把 Σ 任意分成 n 小块 ΔS_i（ΔS_i 同时也代表第 i 小块曲面的面积），设 (ξ_i, η_i, ζ_i) 是 ΔS_i 上任意取定的一点，作乘积 $f(\xi_i, \eta_i, \zeta_i)\Delta S_i (i=1, 2, \cdots, n)$，并作和 $\displaystyle\sum_{i=1}^{n} f(\xi_i, \eta_i, \zeta_i)\Delta S_i$. 如果当各小块曲面的直径的最大值 $\lambda \to 0$ 时，这和的极限总存在，则称此极限为函数 $f(x, y, z)$ 在曲面 Σ 上对面积的曲面积分或第一类曲面积分，记作 $\displaystyle\iint_{\Sigma} f(x, y, z)\mathrm{d}S$，即

$$\iint_{\Sigma} f(x, y, z)\mathrm{d}S = \lim_{\lambda \to 0} \sum_{i=1}^{n} f(\xi_i, \eta_i, \zeta_i)\Delta S_i,$$

其中 $f(x, y, z)$ 叫做**被积函数**，Σ 叫做**积分曲面**.

可证，当 $f(x, y, z)$ 在光滑曲面 Σ 上连续时，对面积的积分是存在的.

根据对面积的曲面积分定义，面密度为连续函数 $\rho(x, y, z)$ 的光滑曲面 Σ 的质量 M，可表示为 $\rho(x, y, z)$ 在 Σ 上对面积的曲面积分

$$M = \iint_{\Sigma} \rho(x, y, z)\mathrm{d}S.$$

由对面积的曲面积分的定义可知，它有以下性质.

(1) $\iint\limits_{\Sigma}[f(x,y,z)\pm g(x,y,z)]\mathrm{d}S=\iint\limits_{\Sigma}[f(x,y,z)]\mathrm{d}S\pm\iint\limits_{\Sigma}[g(x,y,z)]\mathrm{d}S$；

(2) $\iint\limits_{\Sigma}kf(x,y,z)\mathrm{d}S=k\iint\limits_{\Sigma}f(x,y,z)\mathrm{d}S$（$k$ 为常数）；

(3) $\iint\limits_{\Sigma}f(x,y,z)\mathrm{d}S=\iint\limits_{\Sigma_1}f(x,y,z)\mathrm{d}S+\iint\limits_{\Sigma_2}f(x,y,z)\mathrm{d}S$ （$\Sigma=\Sigma_1+\Sigma_2$）.

二、对面积的曲面积分的计算

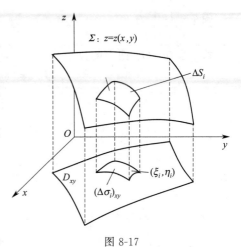

图 8-17

计算思路是将曲面积分转换成二重积分进行计算。

设积分曲面 Σ 由方程 $z=z(x,y)$ 给出，Σ 在 xOy 面上的投影区域为 D_{xy}（图 8-17），函数 $z=z(x,y)$ 在 D_{xy} 上具有连续偏导数，被积函数 $f(x,y,z)$ 在 Σ 上连续.

由对面积的曲面积分的定义知

$$\iint\limits_{\Sigma}f(x,y,z)\mathrm{d}S=\lim_{\lambda\to 0}\sum_{i=1}^{n}f(\xi_i,\eta_i,\zeta_i)\Delta S_i.$$

$$(8\text{-}18)$$

设 Σ 上第 i 小块曲面 ΔS_i（它的面积也记作 ΔS_i）在 xOy 面上的投影区域为 $(\Delta\sigma_i)_{xy}$ [它的面积也记作 $(\Delta\sigma_i)_{xy}$]，则式(8-18)中的 ΔS_i 可表示为二重积分

$$\Delta S_i=\iint\limits_{(\Delta\sigma_i)_{xy}}\sqrt{1+z_x^2(x,y)+z_y^2(x,y)}\,\mathrm{d}x\mathrm{d}y.$$

利用二重积分的中值定理，上式又可写成

$$\Delta S_i=\sqrt{1+z_x^2(\xi_i',\eta_i')+z_y^2(\xi_i',\eta_i')}\,(\Delta\sigma_i)_{xy},$$

其中 (ξ_i',η_i') 是小闭区域 $(\Delta\sigma_i)_{xy}$ 上的一点. 又因 (ξ_i,η_i,ζ_i) 是 Σ 上的一点，故 $\zeta_i=z(\xi_i,\eta_i)$，这里 (ξ_i,η_i) 也是小闭区域 $(\Delta\sigma_i)_{xy}$ 上的点，于是

$$\sum_{i=1}^{n}f(\xi_i,\eta_i,\zeta_i)\Delta S_i=\sum_{i=1}^{n}f[\xi_i,\eta_i,z(\zeta_i,\eta_i)]\sqrt{1+z_x^2(\xi_i',\eta_i')+z_y^2(\xi_i',\eta_i')}\,(\Delta\sigma_i)_{xy}.$$

由于函数 $f(x,y,z(x,y))$ 以及函数 $\sqrt{1+z_x^2(x,y)+z_y^2(x,y)}$ 都在闭区域 D_{xy} 上连续，当 $\lambda\to 0$ 时，上式右端的极限与

$$\sum_{i=1}^{n}f[\xi_i,\eta_i,z(\xi_i,\eta_i)]\sqrt{1+z_x^2(\xi_i',\eta_i')+z_y^2(\xi_i',\eta_i')}\,(\Delta\sigma_i)_{xy}$$

的极限相等，这个极限在开始所给的条件下是存在的，它等于二重积分

$$\iint\limits_{D_{xy}}f[x,y,z(x,y)]\sqrt{1+z_x^2(x,y)+z_y^2(x,y)}\,\mathrm{d}x\mathrm{d}y,$$

因此左端的极限即曲面积分 $\iint\limits_{\Sigma}f(x,y,z)\mathrm{d}S$ 也存在，且有

$$\iint\limits_{\Sigma} f(x,y,z)\,\mathrm{d}S = \iint\limits_{D_{xy}} f[x,y,z(x,y)]\sqrt{1+z_x^2(x,y)+z_y^2(x,y)}\,\mathrm{d}x\,\mathrm{d}y. \qquad (8\text{-}19)$$

这就是把对面积的曲面积分化为二重积分的公式. 显然, 在计算时, 只要把变量 z 换为 $z(x,y)$, 曲面的面积元素 $\mathrm{d}S$ 换为 $\sqrt{1+z_x^2(x,y)+z_y^2(x,y)}\,\mathrm{d}x\,\mathrm{d}y$, 再确定 Σ 在 xOy 面上的投影区域 D_{xy}, 就可以化为二重积分计算了.

如果积分曲面 Σ 由方程 $x=x(y,z)$ 或 $y=y(x,z)$ 给出, 也可类似地把对面积的曲面积分化为相应的二重积分.

例 1　求 $\iint\limits_{\Sigma}\sqrt{1+4z}\,\mathrm{d}S$, 其中 Σ 为 $z=x^2+y^2$ $(z\leqslant 1)$ 的部分.

解　Σ 在 xOy 面上的投影为

$$D_{xy}=\{(x,y)\mid x^2+y^2\leqslant 1\},$$

又 $\sqrt{1+z_x^2+z_y^2}=\sqrt{1+4(x^2+y^2)}$, 利用极坐标, 得

$$\iint\limits_{\Sigma}\sqrt{1+4z}\,\mathrm{d}S = \iint\limits_{D_{xy}}\sqrt{1+4(x^2+y^2)}\sqrt{1+4(x^2+y^2)}\,\mathrm{d}x\,\mathrm{d}y$$

$$=\int_0^{2\pi}\mathrm{d}\theta\int_0^1(1+4r^2)r\,\mathrm{d}r = 2\pi\left[\frac{r^2}{2}+r^4\right]_0^1 = 3\pi.$$

例 2　计算曲面积分 $\iint\limits_{\Sigma}\dfrac{\mathrm{d}S}{z}$, 其中 Σ 是球面 $x^2+y^2+z^2=a^2$ 被平面 $z=h$ $(0<h<a)$ 截出的顶部 (图 8-18).

解　Σ 的方程为　$z=\sqrt{a^2-x^2-y^2}$, Σ 在 xOy 面上的投影区域 D_{xy} 为圆形区域: $x^2+y^2\leqslant a^2-h^2$, 又

$$\sqrt{1+z_x^2+z_y^2}=\frac{a}{\sqrt{a^2-x^2-y^2}},$$

根据式(8-19), 有

$$\iint\limits_{\Sigma}\frac{\mathrm{d}S}{z}=\iint\limits_{D_{xy}}\frac{a\,\mathrm{d}x\,\mathrm{d}y}{a^2-x^2-y^2}.$$

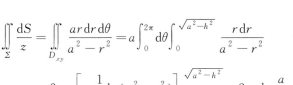

图 8-18

利用极坐标, 得

$$\iint\limits_{\Sigma}\frac{\mathrm{d}S}{z}=\iint\limits_{D_{xy}}\frac{ar\,\mathrm{d}r\,\mathrm{d}\theta}{a^2-r^2}=a\int_0^{2\pi}\mathrm{d}\theta\int_0^{\sqrt{a^2-h^2}}\frac{r\,\mathrm{d}r}{a^2-r^2}$$

$$=2\pi a\left[-\frac{1}{2}\ln(a^2-r^2)\right]_0^{\sqrt{a^2-h^2}}=2\pi a\ln\frac{a}{h}.$$

例 3　计算 $\oiint\limits_{\Sigma}xyz\,\mathrm{d}S$, 其中 Σ 是由平面 $x=0$, $y=0$, $z=0$ 及 $x+y+z=1$ 所围成的四面体的整个边界曲面 (图 8-19).

解　整个边界曲面 Σ 在平面 $x=0$, $y=0$, $z=0$ 及 $x+y+z=1$ 上的部分依次记为 Σ_1, Σ_2, Σ_3, Σ_4, 于是

$$\oiint\limits_{\Sigma}xyz\,\mathrm{d}S = \oiint\limits_{\Sigma_1}xyz\,\mathrm{d}S + \oiint\limits_{\Sigma_2}xyz\,\mathrm{d}S + \oiint\limits_{\Sigma_3}xyz\,\mathrm{d}S + \oiint\limits_{\Sigma_4}xyz\,\mathrm{d}S.$$

由于在 Σ_1, Σ_2, Σ_3 上, 被积函数 $f(x,y,z)$ $=xyz$ 均为零, 所以

$$\oiint\limits_{\Sigma_1} xyz\,\mathrm{d}S = \oiint\limits_{\Sigma_2} xyz\,\mathrm{d}S = \oiint\limits_{\Sigma_3} xyz\,\mathrm{d}S = 0.$$

在 Σ_4 上, $z=1-x-y$, 所以

$$\sqrt{1+z_x^2+z_y^2} = \sqrt{1+(-1)^2+(-1)^2} = \sqrt{3}.$$

从而

$$\oiint\limits_{\Sigma} xyz\,\mathrm{d}S = \oiint\limits_{\Sigma_4} xyz\,\mathrm{d}S = \oiint\limits_{D_{xy}} \sqrt{3}\,xy(1-x-y)\,\mathrm{d}x\mathrm{d}y.$$

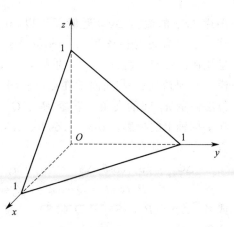

图 8-19

其中 D_{xy} 是 Σ_4 在 xOy 面上的投影区域, 即由直线 $x=0$, $y=0$ 及 $x+y+z=1$ 所围成的闭区域, 因此

$$\oiint\limits_{\Sigma} xyz\,\mathrm{d}S = \sqrt{3}\int_0^1 x\,\mathrm{d}x \int_0^{1-x} y(1-x-y)\,\mathrm{d}y = \sqrt{3}\int_0^1 x\left[(1-x)\frac{y^2}{2}-\frac{y^3}{3}\right]_0^{1-x}\mathrm{d}x$$

$$= \sqrt{3}\int_0^1 x\times\frac{(1-x)^3}{6}\,\mathrm{d}x = \frac{\sqrt{3}}{6}\int_0^1 (x-3x^2+3x^3-x^4)\,\mathrm{d}x = \frac{\sqrt{3}}{120}.$$

三、对坐标的曲面积分的概念与性质

为了给曲面确定方向, 先要了解曲面的侧的概念.

我们遇到的一般曲面都是双侧的, 如果曲面是闭合的, 它就有内侧和外侧之分; 如果曲面不是闭合的, 就有上侧与下侧, 左侧与右侧或前侧与后侧之分. 现实生活中, 单侧曲面的典型例子是莫比乌斯带.

我们可以通过曲面上法向量的指向来定出曲面的侧. 例如, 对于曲面 $z=z(x,y)$, 如果取它的法向量 n 的指向与 z 轴正向夹角是锐角, 则认为取定曲面的上侧, 并以上侧作为正向 (或叫正侧), 记作 $+\Sigma$, 下侧作为负向 (或叫负侧), 记作 $-\Sigma$. 对于闭曲面如果取它的法向量的指向朝外, 则认为取定曲面的外侧, 并以外侧作为正向 (或叫正侧), 内侧作为负向 (或叫负侧). 这种取定法向量亦即选定了侧的曲面, 就称为有向曲面.

设在有向曲面 Σ 上取一小块曲面 ΔS, 它投影到 xOy 面上的投影区域的面积记为 $(\Delta\sigma_i)_{xy}$, 假定 ΔS 上各点处的法向量与 z 轴的夹角 γ 的余弦 $\cos\gamma$ 有相同的符号 (即 $\cos\gamma$ 都是正的或都是负的). 我们规定 ΔS 在 xOy 面上的投影 $(\Delta S)_{xy}$ 为

$$(\Delta S)_{xy} = \begin{cases} (\Delta\sigma)_{xy}, & \cos\gamma>0, \\ -(\Delta\sigma)_{xy}, & \cos\gamma<0, \\ 0, & \cos\gamma\equiv0. \end{cases}$$

其中 $\cos\gamma\equiv0$ 也就是 $(\Delta\sigma_i)_{xy}=0$ 的情形. 类似地可以定义 ΔS 在 yOz 面及 zOx 面上的投影 $(\Delta S)_{yz}$ 及 $(\Delta S)_{zx}$.

为引对坐标的曲面积分的概念, 我们先观察一个计算流量的问题.

流向曲面一侧的流量 设有稳定流动 (流速与时间 t 无关) 的不可压缩的流体 (设密度 $\mu=1$) 流向有向曲面 Σ 的指定侧, 并设其流速 v 与 Σ 上一点位置有关, 要求在单位时间内流向 Σ 指定侧的流体的流量 Φ. 如图 8-20 所示, 把有向曲面分为 n 个小片 ΔS_i, 其面积也用 $\Delta S_i(i=1,2,\cdots,n)$ 来表示, 在每一小片上任取一点 (ξ_i,η_i,ζ_i), 则在单位时间内流过

小片 ΔS_i 的流量 $\Delta \Phi_i$ 近似等于以 $|\boldsymbol{v}_i|\cos\theta_i$ 为高，ΔS_i 为底的柱体积 $|\boldsymbol{v}_i|\cos\theta_i \Delta S_i$．其中 $\boldsymbol{v}_i$ 是流体流过点 (ξ_i, η_i, ζ_i) 的流速，$|\boldsymbol{v}_i|$ 是它的模，θ_i 是流速 $\boldsymbol{v}_i$ 与曲面 Σ 在点 (ξ_i, η_i, ζ_i) 的单位法向量 $\boldsymbol{n}_i$ 间的夹角．若令 P_i、Q_i、R_i 是 $\boldsymbol{v}_i$ 在坐标轴上的投影，$\cos\alpha_i$、$\cos\beta_i$、$\cos\gamma_i$ 是 $\boldsymbol{n}_i$ 的方向余弦，则有

$$\begin{aligned}\Delta\Phi_i &\approx |\boldsymbol{v}_i|\cos\theta_i \Delta S_i = (\boldsymbol{v}_i \cdot \boldsymbol{n}_i)\Delta S_i\\&=(P_i\cos\alpha_i + Q_i\cos\beta_i + R_i\cos\gamma_i)\Delta S_i\end{aligned}$$

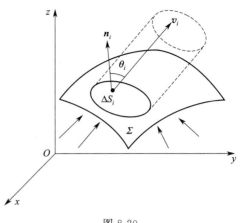

图 8-20

或者　$\Delta\Phi_i \approx P_i(\Delta S)_{yz} + Q_i(\Delta S)_{zx} + R_i(\Delta S)_{xy}$，

这里 $(\Delta\sigma_i)_{yz} \approx \cos\alpha_i \Delta S_i$，$(\Delta\sigma_i)_{zx} \approx \cos\beta_i \Delta S_i$，$(\Delta\sigma_i)_{xy} \approx \cos\gamma_i \Delta S_i$ 分别是小片 ΔS_i 在三个坐标平面上的投影（有正负号）．于是总流量等于下列极限

$$\Phi = \lim_{\lambda\to 0}\sum_{i=1}^{n}\left[P_i(\Delta\sigma_i)_{yz} + Q_i(\Delta\sigma_i)_{zx} + R_i(\Delta\sigma_i)_{xy}\right], \tag{8-20}$$

其中 $\lambda = \max\limits_{1\leqslant i\leqslant n}\{d_i\}$，$d_i$ 是 S_i 的直径。

定义 1　设 Σ 为光滑的有向曲面，函数 $P(x,y,z)$、$Q(x,y,z)$、$R(x,y,z)$ 在 Σ 上连续，而以 P_i，Q_i，R_i 表示这三个函数在点 (ξ_i, η_i, ζ_i) 的函数值，其余记号意义与式(8-20) 中的相同．我们定义的极限式(8-20) 为函数 $P(x,y,z)$、$Q(x,y,z)$、$R(x,y,z)$ 在曲面 Σ 上**对坐标的曲面积分**或**第二类曲面积分**，记作

$$\iint\limits_{\Sigma}P(x,y,z)\mathrm{d}y\mathrm{d}z + Q(x,y,z)\mathrm{d}z\mathrm{d}x + R(x,y,z)\mathrm{d}x\mathrm{d}y$$

$$=\lim_{\lambda\to 0}\sum_{i=1}^{n}\left[P_i(\Delta\sigma_i)_{yz} + Q_i(\Delta\sigma_i)_{zx} + R_i(\Delta\sigma_i)_{xy}\right].$$

这里 λ 是所有小片的直径的最大值．其中 $P(x,y,z)$、$Q(x,y,z)$、$R(x,y,z)$ 叫做**被积函数**，Σ 叫做**积分曲面**．

我们指出，当 $P(x,y,z)$、$Q(x,y,z)$、$R(x,y,z)$ 在有向光滑曲面 Σ 上连续时，对坐标的曲面积分是存在的．如果 Σ 是分片光滑的有向曲面，我们规定在 Σ 上对坐标的曲面积分等于函数在各片光滑曲面上对坐标的曲面积分之和．

由对坐标的曲面积分的定义可知，它具有以下性质．

（1）如果把 Σ 分成 Σ_1 和 Σ_2，则

$$\iint\limits_{\Sigma}P\mathrm{d}y\mathrm{d}z + Q\mathrm{d}z\mathrm{d}x + R\mathrm{d}x\mathrm{d}y = \iint\limits_{\Sigma_1}P\mathrm{d}y\mathrm{d}z + Q\mathrm{d}z\mathrm{d}x + R\mathrm{d}x\mathrm{d}y + \iint\limits_{\Sigma_2}P\mathrm{d}y\mathrm{d}z + Q\mathrm{d}z\mathrm{d}x + R\mathrm{d}x\mathrm{d}y,$$

$$\tag{8-21}$$

式(8-21) 可以推广到 Σ 分成 Σ_1，Σ_2，$\cdots$，Σ_n 几部分的情形．

（2）设 Σ 是有向曲面，$-\Sigma$ 表示与 Σ 取相反侧的有向曲面，则

$$\iint\limits_{-\Sigma}P\mathrm{d}y\mathrm{d}z + Q\mathrm{d}z\mathrm{d}x + R\mathrm{d}x\mathrm{d}y = -\iint\limits_{\Sigma}P\mathrm{d}y\mathrm{d}z + Q\mathrm{d}z\mathrm{d}x + R\mathrm{d}x\mathrm{d}y. \tag{8-22}$$

式(8-22) 表示，当积分曲面改变为相反侧时，对坐标的曲面积分要改变符号．因此关

于对坐标的曲面积分，我们必须注意积分曲面所取的侧.

四、对坐标的曲面积分的计算

为简便起见，我们先考虑 $\iint\limits_{\Sigma} R(x,y,z)\mathrm{d}x\mathrm{d}y$.

设积分曲面 Σ 是由方程 $z=z(x,y)$ 所给出的曲面上侧，z 在 xOy 面上的投影区域为 D_{xy}，函数 $z=z(x,y)$ 在 D_{xy} 上具有一阶连续偏导数，被积函数 $R(x,y,z)$ 在 Σ 上连续. 则根据对坐标的曲面积分的定义，有

$$\iint\limits_{\Sigma} R(x,y,z)\mathrm{d}x\mathrm{d}y = \lim_{\lambda \to 0}\sum_{i=1}^{n} R(\zeta_i,\eta_i,\zeta_i)(\Delta S_i)_{xy}.$$

因为 Σ 取上侧，$\cos\gamma>0$，所以

$$(\Delta S_i)_{xy} = (\Delta\sigma_i)_{xy}.$$

又因为 (ζ_i,η_i,ζ_i) 是 Σ 上的一点，故 $\zeta_i=z(\xi_i,\eta_i)$. 从而有

$$\sum_{i=1}^{n} R(\xi_i,\eta_i,\zeta_i)(\Delta S_i)_{xy} = \sum_{i=1}^{n} R(\xi_i,\eta_i,z(\xi_i,\eta_i))(\Delta\sigma_i)_{xy},$$

令 $\lambda \to 0$ 取上式两端的极限，得到

$$\iint\limits_{\Sigma} R(x,y,z)\mathrm{d}x\mathrm{d}y = \iint\limits_{D_{xy}} R(x,y,z(x,y))\mathrm{d}x\mathrm{d}y. \tag{8-23}$$

这就是把对坐标的曲面积分化为二重积分的公式. 式(8-23)表明，计算曲面积分 $\iint\limits_{\Sigma} R(x,y,z)\mathrm{d}x\mathrm{d}y$ 时，只要把其中变量 z 换为表示 Σ 的函数 $z(x,y)$，然后在 Σ 的投影区域 D_{xy} 上计算二重积分就可以了. 必须注意，式(8-23)的曲面积分是取在曲面 Σ 上侧的. 如果曲面积分取在曲面 Σ 下侧，这时 $\cos\gamma<0$，那么

$$(\Delta S_i)_{xy} = -(\Delta\sigma_i)_{xy},$$

从而有

$$\iint\limits_{\Sigma} R(x,y,z)\mathrm{d}x\mathrm{d}y = -\iint\limits_{D_{xy}} R(x,y,z(x,y))\mathrm{d}x\mathrm{d}y. \tag{8-24}$$

类似地，如果 Σ 由 $x=x(y,z)$ 给出，则有

$$\iint\limits_{\Sigma} P(x,y,z)\mathrm{d}y\mathrm{d}z = \pm\iint\limits_{D_{yz}} P(x(y,z),y,z)\mathrm{d}y\mathrm{d}z. \tag{8-25}$$

等式右端的符号这样决定：如果积分曲面 Σ 是由方程 $x=x(y,z)$ 所给出的曲面前侧，即 $\cos\alpha>0$，应取正号；反之，如果 Σ 取后侧，即 $\cos\alpha<0$，应取负号.

类似地，如果 Σ 由 $y=y(z,x)$ 给出，则

$$\iint\limits_{\Sigma} Q(x,y,z)\mathrm{d}z\mathrm{d}x = \pm\iint\limits_{D_{zx}} P(x,y(z,x),z)\mathrm{d}z\mathrm{d}x. \tag{8-26}$$

等式右端的符号这样决定：如果积分曲面 Σ 是由方程 $y=y(z,x)$ 所给出的曲面右侧，即 $\cos\beta>0$，应取正号；反之，如果 Σ 取左侧，即 $\cos\beta<0$，应取负号.

值得注意的是，上述讨论是在平行于坐标轴的直线交曲面 Σ 不多于一点，即表示曲面 Σ 的函数是单值函数. 如果平行于坐标轴的直线交曲面多于一点，可以把它分为几部分，使

得每一部分均满足条件，然后对每一部分应用上述公式，再把结果加起来，就可得在整个曲面 Σ 上的曲面积分的值.

例 4 计算曲面积分 $\iint\limits_{\Sigma} xyz\,\mathrm{d}x\,\mathrm{d}y$，曲面 Σ 是在 $x\geqslant 0$，$y\geqslant 0$ 时球面 $x^2+y^2+z^2=1$ 的四分之一的外侧.

解 如图 8-21 所示，把曲面 Σ 分为成 Σ_1 和 Σ_2 两部分，Σ_1 的方程为

$$z_1=-\sqrt{1-x^2-y^2},$$

Σ_2 的方程为

$$z_2=\sqrt{1-x^2-y^2}.$$

于是

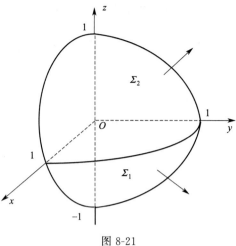

图 8-21

$$\iint\limits_{\Sigma} xyz\,\mathrm{d}x\,\mathrm{d}y=\iint\limits_{\Sigma_2} xyz\,\mathrm{d}x\,\mathrm{d}y+\iint\limits_{\Sigma_1} xyz\,\mathrm{d}x\,\mathrm{d}y.$$

上式右端的第一个积分的积分曲面 Σ_2 取上侧，第二个积分的积分曲面 Σ_1 取下侧，因此应用式（8-23）及式（8-24）化为二重积分，就有

$$\iint\limits_{\Sigma} xyz\,\mathrm{d}x\,\mathrm{d}y=\iint\limits_{D_{xy}} xy\sqrt{1-x^2-y^2}\,\mathrm{d}x\,\mathrm{d}y-\iint\limits_{D_{xy}}-xy\sqrt{1-x^2-y^2}\,\mathrm{d}x\,\mathrm{d}y=2\iint\limits_{D_{xy}} xy\sqrt{1-x^2-y^2}\,\mathrm{d}x\,\mathrm{d}y,$$

其中 D_{xy} 是 Σ_1 及 Σ_2 在 xOy 面上的投影区域，就是位于第一象限内的扇形 $x^2+y^2\leqslant 1$（$x\geqslant 0$，$y\geqslant 0$）. 利用极坐标计算这个二重积分如下.

$$2\iint\limits_{D_{xy}} xy\sqrt{1-x^2-y^2}\,\mathrm{d}x\,\mathrm{d}y=2\iint\limits_{D_{xy}} r^2\sin\theta\cos\theta\sqrt{1-r^2}\,r\,\mathrm{d}r\,\mathrm{d}\theta$$

$$=\int_0^{\frac{\pi}{2}}\sin2\theta\,\mathrm{d}\theta\int_0^1 r^3\sqrt{1-r^2}\,\mathrm{d}r=1\times\frac{2}{15}=\frac{2}{15}.$$

从而

$$\iint\limits_{\Sigma} xyz\,\mathrm{d}x\,\mathrm{d}y=\frac{2}{15}.$$

例 5 计算曲面积分

$$\iint\limits_{\Sigma} x^2\,\mathrm{d}y\,\mathrm{d}z+y^2\,\mathrm{d}z\,\mathrm{d}x+z^2\,\mathrm{d}x\,\mathrm{d}y,$$

其中 Σ 是图 8-22 中正立方体的外侧.

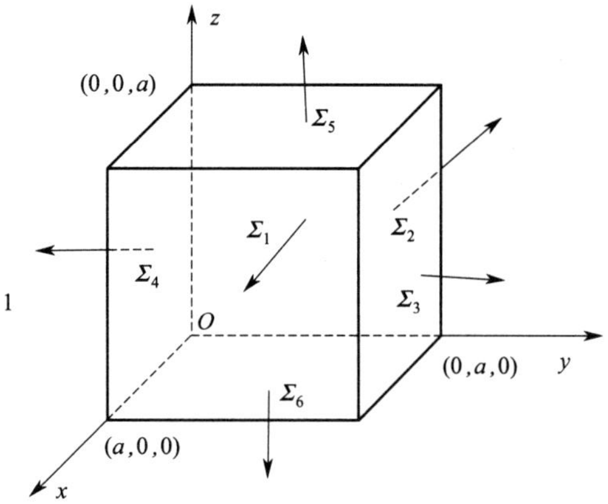

解 把有向曲面 Σ 分成 6 大部分：

Σ_1：$x=a$（$0\leqslant y\leqslant a$，$0\leqslant z\leqslant a$）的前侧；

Σ_2：$x=0$（$0\leqslant y\leqslant a$，$0\leqslant z\leqslant a$）的后侧；

Σ_3：$y=a$（$0\leqslant x\leqslant a$，$0\leqslant z\leqslant a$）的左侧；

Σ_4：$y=0$（$0\leqslant x\leqslant a$，$0\leqslant z\leqslant a$）的右侧；

Σ_5：$z=a$（$0\leqslant x\leqslant a$，$0\leqslant y\leqslant a$）的上侧；

Σ_6：$z=0$（$0\leqslant x\leqslant a$，$0\leqslant y\leqslant a$）的下侧.

其中平面 Σ_1 和 Σ_2 在 xOy 面和 zOx 面上的投影等于零，平面 Σ_3 和 Σ_4 在 xOy 面和 yOz 面

图 8-22

上的投影等于零，平面 Σ_5 和 Σ_6 在 yOz 面和 zOx 面上的投影等于零. 所以由式(8-25) 得

$$\iint\limits_{\Sigma} x^2 \,\mathrm{d}y\mathrm{d}z = \iint\limits_{\Sigma_1} x^2 \,\mathrm{d}y\mathrm{d}z + \iint\limits_{\Sigma_2} x^2 \,\mathrm{d}y\mathrm{d}z = \iint\limits_{D_{yz}} a^2 \,\mathrm{d}y\mathrm{d}z - \iint\limits_{D_{yz}} 0 \,\mathrm{d}y\mathrm{d}z = a^4;$$

由式(8-26) 得

$$\iint\limits_{\Sigma} y^2 \,\mathrm{d}z\mathrm{d}x = \iint\limits_{\Sigma_3} y^2 \,\mathrm{d}z\mathrm{d}x + \iint\limits_{\Sigma_4} y^2 \,\mathrm{d}z\mathrm{d}x = \iint\limits_{D_{zx}} y^2 \,\mathrm{d}z\mathrm{d}x - \iint\limits_{D_{zx}} y^2 \,\mathrm{d}z\mathrm{d}x = a^4.$$

由式(8-23) 及式(8-24) 得

$$\iint\limits_{\Sigma} z^2 \,\mathrm{d}x\mathrm{d}y = \iint\limits_{\Sigma_5} z^2 \,\mathrm{d}x\mathrm{d}y + \iint\limits_{\Sigma_6} z^2 \,\mathrm{d}x\mathrm{d}y = \iint\limits_{D_{xy}} z^2 \,\mathrm{d}x\mathrm{d}y - \iint\limits_{D_{xy}} z^2 \,\mathrm{d}x\mathrm{d}y = a^4.$$

于是，最后得到 $\iint\limits_{\Sigma} x^2 \,\mathrm{d}y\mathrm{d}z + y^2 \,\mathrm{d}z\mathrm{d}x + z^2 \,\mathrm{d}x\mathrm{d}y = 3a^4.$

例 6 计算曲面积分 $\iint\limits_{\Sigma} z\,\mathrm{d}x\mathrm{d}y + x\,\mathrm{d}y\mathrm{d}z + y\,\mathrm{d}z\mathrm{d}x$,Σ 为柱面 $x^2 +$

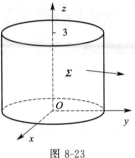

图 8-23

$y^2 = 1$ 被平面 $z = 0$ 及 $z = 3$ 所截部分的外侧.

解 如图 8-23 所示,显见,Σ 在 xOy 平面上的投影等于零,即
$\iint\limits_{\Sigma} z\,\mathrm{d}x\mathrm{d}y = 0.$

又因为 $\Sigma : x = \pm\sqrt{1-y^2}$ 在 yOz 平面上的投影为矩形区域,它可表示为 $0 \leqslant z \leqslant 3$,
$-1 \leqslant y \leqslant 1$,
所以

$$\iint\limits_{\Sigma} x\,\mathrm{d}y\mathrm{d}z = \iint\limits_{D_{yz}} \sqrt{1-y^2}\,\mathrm{d}y\mathrm{d}z - \iint\limits_{D_{yz}} -\sqrt{1-y^2}\,\mathrm{d}y\mathrm{d}z = 2\int_0^3 \mathrm{d}z\int_{-1}^1 \sqrt{1-y^2}\,\mathrm{d}y$$

$$= 12\int_0^1 \sqrt{1-y^2}\,\mathrm{d}y = 12\left[\frac{y}{2}\sqrt{1-y^2} + \frac{1}{2}\arcsin y\right]_0^1 = 3\pi.$$

由对称性可知 $\iint\limits_{\Sigma} y\,\mathrm{d}z\mathrm{d}x = 3\pi.$

那么 $\qquad\qquad \iint\limits_{\Sigma} z\,\mathrm{d}x\mathrm{d}y + x\,\mathrm{d}y\mathrm{d}z + y\,\mathrm{d}z\mathrm{d}x = 0 + 3\pi + 3\pi = 6\pi.$

五、两类曲面积分之间的联系

设有向曲面 Σ 由方程 $z = z(x,y)$ 给出,Σ 在 xOy 面上的投影区域为 D_{xy},函数 $z = z(x,y)$ 在 D_{xy} 上具有一阶连续偏导数,$R(x,y,z)$ 在 Σ 上连续,如果 Σ 取上侧,则由对坐标的曲面积分计算式(8-23) 有

$$\iint\limits_{\Sigma} R(x,y,z)\,\mathrm{d}x\mathrm{d}y = \iint\limits_{D_{xy}} R(x,y,z(x,y))\,\mathrm{d}x\mathrm{d}y.$$

另一方面,因上述有向曲面 Σ 的法向量的方向余弦为

$$\cos\alpha = \frac{-z_x}{\sqrt{1+z_x^2+z_y^2}},\ \cos\beta = \frac{-z_y}{\sqrt{1+z_x^2+z_y^2}},\ \cos\gamma = \frac{1}{\sqrt{1+z_x^2+z_y^2}}.$$

而曲面的面积元素 $\mathrm{d}S$ 为

$$dS = \sqrt{1 + z_x^2 + z_y^2}\, dx\, dy,$$

由此可见，有

$$\iint\limits_{\Sigma} R(x,y,z)\, dx\, dy = \iint\limits_{\Sigma} R(x,y,z)\cos\gamma\, dS. \tag{8-27}$$

如果取下侧，则由式(8-24)有

$$\iint\limits_{\Sigma} R(x,y,z)\, dx\, dy = -\iint\limits_{D_{xy}} R(x,y,z(x,y))\, dx\, dy,$$

但这时 $\cos\gamma = \dfrac{-1}{\sqrt{1 + z_x^2 + z_y^2}}$，因此式(8-27)仍然成立.

类似地可推得

$$\iint\limits_{\Sigma} P(x,y,z)\, dx\, dy = \iint\limits_{\Sigma} P(x,y,z)\cos\alpha\, dS, \tag{8-28}$$

$$\iint\limits_{\Sigma} Q(x,y,z)\, dx\, dy = \iint\limits_{\Sigma} Q(x,y,z)\cos\beta\, dS. \tag{8-29}$$

合并式(8-27)、式(8-28)、式(8-29)三式，得两类曲面积分之间有如下联系：

$$\iint\limits_{\Sigma} P\, dy\, dz + Q\, dz\, dx + R\, dx\, dy = \iint\limits_{\Sigma} (P\cos\alpha + Q\cos\beta + R\cos\gamma)\, dS. \tag{8-30}$$

其中 $\cos\alpha$、$\cos\beta$、$\cos\gamma$ 是有向曲面 Σ 上点 (x,y,z) 处的法向量的方向余弦.

例 7 计算曲面积分 $\iint\limits_{\Sigma}(z^2 + x)\, dy\, dz - z\, dx\, dy$，其中 Σ 是旋转抛物面 $z = \dfrac{1}{2}(x^2 + y^2)$ 介于平面 $z = 0$ 及 $z = 2$ 之间的部分的下侧.

解 如图 8-24 所示，根据两类曲面积分之间的联系式 (8-29)，可得

$$\iint\limits_{\Sigma}(z^2 + x)\, dy\, dz = \iint\limits_{\Sigma}(z^2 + x)\cos\alpha\, dS = \iint\limits_{\Sigma}(z^2 + x)\frac{\cos\alpha}{\cos\gamma}\, dx\, dy,$$

在曲面 Σ 上，有

$$\cos\alpha = \frac{x}{\sqrt{1 + x^2 + y^2}}, \quad \cos\gamma = \frac{-1}{\sqrt{1 + x^2 + y^2}},$$

故

$$\iint\limits_{\Sigma}(z^2 + x)\, dy\, dz - z\, dx\, dy = \iint\limits_{\Sigma}[(z^2 + x)(-x) - z]\, dx\, dy.$$

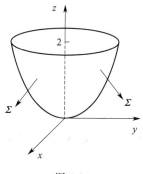

图 8-24

再按对坐标的曲面积分的计算方法，便得

$$\iint\limits_{\Sigma}(z^2 + x)\, dy\, dz - z\, dx\, dy$$

$$= -\iint\limits_{D_{xy}} \left\{ \left[\frac{1}{4}(x^2 + y^2)^2 + x\right] \times (-x) - \frac{1}{2}(x^2 + y^2) \right\} dx\, dy.$$

注意到 $\iint\limits_{D_{xy}} \dfrac{1}{4} x(x^2 + y^2)^2\, dx\, dy = 0$，故

$$\iint\limits_{\Sigma}(z^2+x)\mathrm{d}y\mathrm{d}z-z\mathrm{d}x\mathrm{d}y=\iint\limits_{D_{xy}}\left[x^2+\frac{1}{2}(x^2+y^2)\right]\mathrm{d}x\mathrm{d}y=\int_0^{2\pi}\mathrm{d}\theta\int_0^2\left(r^2\cos^2\theta+\frac{1}{2}r^2\right)r\mathrm{d}r=8\pi.$$

习题 8-4

1. 计算 $\oiint\limits_{\Sigma}(x^2+y^2)\mathrm{d}S$，其中 Σ 是锥面 $z=\sqrt{x^2+y^2}$ 及平面 $z=1$ 所围成的区域的整个边界曲面.

2. 计算 $\oiint\limits_{\Sigma}\left(x+\frac{3}{2}y+\frac{z}{2}\right)\mathrm{d}S$，其中 Σ 为平面 $\dfrac{x}{2}+\dfrac{y}{3}+\dfrac{z}{4}=1$ 在第一卦限的部分.

3. 计算 $\iint\limits_{\Sigma}z^2\mathrm{d}S$，其中 Σ 为球面 $x^2+y^2+z^2=a^2$.

4. 计算 $\iint\limits_{\Sigma}x^2y^2z\mathrm{d}x\mathrm{d}y$，其中 Σ 是球面 $x^2+y^2+z^2=R^2$ 的下半部分的下侧.

5. 计算 $\oiint\limits_{\Sigma}xz\mathrm{d}x\mathrm{d}y+xy\mathrm{d}y\mathrm{d}z+yz\mathrm{d}z\mathrm{d}x$，其中 Σ 是平面 $x=0$，$y=0$，$z=0$，$x+y+z=1$ 所围成的空间区域的整个边界曲面的外侧.

6. 计算 $\iint\limits_{\Sigma}x^2\mathrm{d}y\mathrm{d}z+y^2\mathrm{d}z\mathrm{d}x+z^2\mathrm{d}x\mathrm{d}y$，其中 Σ 为半球面 $z=\sqrt{a^2-x^2-y^2}$ 的上侧.

7. 计算 $\iint\limits_{\Sigma}x\mathrm{d}y\mathrm{d}z+y\mathrm{d}z\mathrm{d}x+z\mathrm{d}x\mathrm{d}y$，其中 Σ 是柱面 $x^2+y^2=1$ 被 $z=0$ 及 $z=3$ 所截得的在第一卦限内的部分的前侧.

8. 设 Σ 为平面 $x+z=a$ 在柱面 $x^2+y^2=a^2$ 内那一部分的上侧，下面两个积分的解法是否正确？如果不对，给出正确解法.

(1) $\iint\limits_{\Sigma}(x+z)\mathrm{d}S=a\iint\limits_{\Sigma}\mathrm{d}S=a\times(\Sigma\text{ 的面积})=\sqrt{2}\pi a^3$；

(2) $\iint\limits_{\Sigma}(x+z)\mathrm{d}x\mathrm{d}y=a\iint\limits_{\Sigma}\mathrm{d}x\mathrm{d}y=a\times(\Sigma\text{ 的面积})=\sqrt{2}\pi a^3$.

第五节　高斯公式和斯托克斯公式

格林公式建立了沿封闭曲线的曲线积分与二重积分的关系. 类似地, 沿空间封闭曲面的曲面积分和三重积分也有类似的关系, 即高斯公式.

一、高斯公式

定理 1　设空间闭区域 Ω 是由分片光滑的双侧闭曲面 Σ 所围成, 函数 $P(x,y,z)$、$Q(x,y,z)$、$R(x,y,z)$ 在 Ω 上具有一阶连续偏导数, 则有

$$\iiint\limits_{\Omega}\left(\frac{\partial P}{\partial x}+\frac{\partial Q}{\partial y}+\frac{\partial R}{\partial z}\right)\mathrm{d}v=\oiint\limits_{\Sigma}P\mathrm{d}y\mathrm{d}z+Q\mathrm{d}z\mathrm{d}x+R\mathrm{d}x\mathrm{d}y,$$

或　　　$$\iiint\limits_{\Omega}\left(\frac{\partial P}{\partial x}+\frac{\partial Q}{\partial y}+\frac{\partial R}{\partial z}\right)\mathrm{d}v=\oiint\limits_{\Sigma}(P\cos\alpha+Q\cos\beta+R\cos\gamma)\mathrm{d}S \qquad (8\text{-}31)$$

其中 Σ 取外侧，式 (8-31) 称为高斯公式.

例 1 利用高斯公式计算曲面积分 $\oiint\limits_{\Sigma}(x-y)\mathrm{d}x\mathrm{d}y+(y-z)x\mathrm{d}y\mathrm{d}z$ ，其中 Σ 为柱面 $x^2+y^2=1$ 及平面 $z=0$，$z=3$ 所围成的空间闭区域 Ω 的整个边界曲面的外侧.

解 由高斯公式得 $P=(y-z)x$，$Q=0$，$R=x-y$，

$$\frac{\partial P}{\partial x}=y-z,\frac{\partial Q}{\partial y}=0,\frac{\partial R}{\partial z}=0.$$

则有

$$\oiint\limits_{\Sigma}(x-y)\mathrm{d}x\mathrm{d}y+(y-z)\mathrm{d}y\mathrm{d}z$$

$$=\iiint\limits_{\Omega}(y-z)\mathrm{d}x\mathrm{d}y\mathrm{d}z=\iiint\limits_{\Omega}(\rho\sin\theta-z)\rho\mathrm{d}\rho\mathrm{d}\theta\mathrm{d}z$$

$$=\int_0^{2\pi}\mathrm{d}\theta\int_0^1\rho\mathrm{d}\rho\int_0^3(\rho\sin\theta-z)\mathrm{d}z=-\frac{9\pi}{2}.$$

例 2 计算曲面积分 $\iint\limits_{\Sigma}(x^2\cos\alpha+y^2\cos\beta+z^2\cos\gamma)\mathrm{d}S$ ，其中 Σ 为锥面 $x^2+y^2=z^2$ 介于平面 $z=0$ 及 $z=h$（$h>0$）之间的部分的下侧，$\cos\alpha$、$\cos\beta$、$\cos\gamma$ 是 Σ 上点（x,y,z）处的法向量的方向余弦.

解 设 Σ_1 为 $z=h(x^2+y^2\leqslant h^2)$ 的上侧，则 Σ 与 Σ_1 一起构成一个闭曲面，记它们围成的空间闭区域为 Ω，由高斯公式得

$$\iint\limits_{\Sigma}(x^2\cos\alpha+y^2\cos\beta+z^2\cos\gamma)\mathrm{d}S=2\iiint\limits_{\Omega}(x+y+z)\mathrm{d}v$$

$$=2\iint\limits_{x^2+y^2\leqslant h^2}\mathrm{d}x\mathrm{d}y\int_{\sqrt{x^2+y^2}}^h(x+y+z)\mathrm{d}z-2\iint\limits_{x^2+y^2\leqslant h^2}\mathrm{d}x\mathrm{d}y\int_{\sqrt{x^2+y^2}}^h z\mathrm{d}z$$

$$=\iint\limits_{x^2+y^2\leqslant h^2}(h^2-x^2-y^2)\mathrm{d}x\mathrm{d}y=\frac{1}{2}\pi h^4.$$

提示：$\iint\limits_{x^2+y^2\leqslant h^2}\mathrm{d}x\mathrm{d}y\int_{\sqrt{x^2+y^2}}^h(x+y)\mathrm{d}z=0.$

而 $\iint\limits_{\Sigma_1}(x^2\cos\alpha+y^2\cos\beta+z^2\cos\gamma)\mathrm{d}S=\iint\limits_{\Sigma_1}z^2\mathrm{d}S=\iint\limits_{x^2+y^2\leqslant h^2}h^2\mathrm{d}x\mathrm{d}y=\pi h^4,$

因此 $\iint\limits_{\Sigma}(x^2\cos\alpha+y^2\cos\beta+z^2\cos\gamma)\mathrm{d}S=\frac{1}{2}\pi h^4-\pi h^4=\frac{1}{2}\pi h^4.$

例 3 计算 $I=\iint\limits_{\Sigma}x^3\mathrm{d}y\mathrm{d}z+y^3\mathrm{d}x\mathrm{d}z+z^3\mathrm{d}y\mathrm{d}x$ ，其中 Σ 为球面 $x^2+y^2+z^2=R^2$ 的内侧.

解 由对坐标的曲面积分的性质有：$I=-\iint\limits_{-\Sigma}x^3\mathrm{d}y\mathrm{d}z+y^3\mathrm{d}x\mathrm{d}z+z^3\mathrm{d}y\mathrm{d}x$ ，$-\Sigma$ 是球面外侧.

$P = -x^3$，$Q = -y^3$，$R = -z^3$，从而 $\dfrac{\partial P}{\partial x} + \dfrac{\partial Q}{\partial y} + \dfrac{\partial R}{\partial z} = -3(x^2 + y^2 + z^2)$，有

$$I = -\iiint\limits_{\Omega} 3(x^2 + y^2 + z^2) \mathrm{d}v = -3 \int_0^{2\pi} \mathrm{d}\theta \int_0^{\pi} \mathrm{d}\varphi \int_0^R \rho^4 \sin\varphi \mathrm{d}\rho = -\frac{12}{5}\pi R^5.$$

二、斯托克斯公式

定理 2 设 Γ 为分段光滑的空间有向闭曲线，Σ 是以 Γ 为边界的分片光滑的有向曲面，Γ 的正向与 Σ 的侧符合右手规则，函数 $P(x, y, z)$、$Q(x, y, z)$、$R(x, y, z)$ 在曲面 Σ（连同边界）上具有一阶连续偏导数，则有

$$\iint\limits_{\Sigma} \left(\frac{\partial R}{\partial y} - \frac{\partial Q}{\partial z} \right) \mathrm{d}y\mathrm{d}z + \left(\frac{\partial P}{\partial z} - \frac{\partial R}{\partial x} \right) \mathrm{d}z\mathrm{d}x + \left(\frac{\partial Q}{\partial x} - \frac{\partial P}{\partial y} \right) \mathrm{d}x\mathrm{d}y = \oint\limits_{\Gamma} P\mathrm{d}x + Q\mathrm{d}y + R\mathrm{d}z.$$

$$(8\text{-}32)$$

式(8-32) 称为斯托克斯公式.

证明 略.

简单记忆法：

$$\iint\limits_{\Sigma} \begin{vmatrix} \mathrm{d}y\mathrm{d}z & \mathrm{d}z\mathrm{d}x & \mathrm{d}x\mathrm{d}y \\ \dfrac{\partial}{\partial x} & \dfrac{\partial}{\partial y} & \dfrac{\partial}{\partial z} \\ P & Q & R \end{vmatrix} = \oint\limits_{\Gamma} P\mathrm{d}x + Q\mathrm{d}y + R\mathrm{d}z.$$

例 4 利用斯托克斯公式计算曲线积分 $\oint\limits_{\Gamma} z\mathrm{d}x + x\mathrm{d}y + y\mathrm{d}z$，其中 Γ 为平面 $x + y + z = 1$ 被三个坐标面所截成的三角形的整个边界，它的正向与这个三角形上侧的法向量之间符合右手规则.

解 设 Σ 为闭曲线 Γ 所围成的三角形平面，Σ 在 yOz 面、zOx 面和 xOy 面上的投影区域分别为 D_{yz}、D_{zx} 和 D_{xy}，按斯托克斯公式，有

$$\oint\limits_{\Gamma} z\mathrm{d}x + x\mathrm{d}y + y\mathrm{d}z = \iint\limits_{\Sigma} \begin{vmatrix} \mathrm{d}y\mathrm{d}z & \mathrm{d}z\mathrm{d}x & \mathrm{d}x\mathrm{d}y \\ \dfrac{\partial}{\partial x} & \dfrac{\partial}{\partial y} & \dfrac{\partial}{\partial z} \\ z & x & y \end{vmatrix} = \iint\limits_{\Sigma} \mathrm{d}y\mathrm{d}z + \mathrm{d}z\mathrm{d}x + \mathrm{d}x\mathrm{d}y$$

$$= \iint\limits_{D_{yz}} \mathrm{d}y\mathrm{d}z + \iint\limits_{D_{zx}} \mathrm{d}z\mathrm{d}x + \iint\limits_{D_{xy}} \mathrm{d}x\mathrm{d}y = 3 \iint\limits_{D_{xy}} \mathrm{d}x\mathrm{d}y = \frac{3}{2}.$$

例 5 利用斯托克斯公式计算曲线积分 $I = \oint\limits_{\Gamma} (y^2 - z^2)\mathrm{d}x + (z^2 - x^2)\mathrm{d}y + (x^2 - y^2)\mathrm{d}z$，其中 Γ 是用平面 $x + y + z = \dfrac{3}{2}$ 截立方体 $0 \leqslant x \leqslant 1$，$0 \leqslant y \leqslant 1$，$0 \leqslant z \leqslant 1$ 的表面所得的截痕，若从 x 轴的正向看去取逆时针方向.

解 取 Σ 为平面 $x + y + z = \dfrac{3}{2}$ 的上侧被 Γ 所围成的部分，Σ 的单位法向量 $\boldsymbol{n} = \dfrac{1}{\sqrt{3}}(1, 1, 1)$，即 $\cos\alpha = \cos\beta = \cos\gamma = \dfrac{1}{\sqrt{3}}$. 按斯托克斯公式，有

$$I = \iint\limits_{\Sigma} \begin{vmatrix} \dfrac{1}{\sqrt{3}} & \dfrac{1}{\sqrt{3}} & \dfrac{1}{\sqrt{3}} \\ \dfrac{\partial}{\partial x} & \dfrac{\partial}{\partial y} & \dfrac{\partial}{\partial z} \\ y^2-x^2 & z^2-x^2 & x^2-y^2 \end{vmatrix} dS = -\frac{4}{\sqrt{3}} \iint\limits_{\Sigma} (x+y+z) dS.$$

$$= -\frac{4}{\sqrt{3}} \times \frac{3}{2} \iint\limits_{\Sigma} dS = -2\sqrt{3} \iint\limits_{D_{xy}} \sqrt{3}\, dx\, dy,$$

其中 D_{xy} 为 Σ 在 xOy 平面上的投影区域，于是

$$I = -6 \iint\limits_{D_{xy}} dx\, dy = -6 \times \frac{3}{4} = -\frac{9}{2}.$$

提示：$I = \iint\limits_{\Sigma} \begin{vmatrix} dydz & dzdx & dxdy \\ \dfrac{\partial}{\partial x} & \dfrac{\partial}{\partial y} & \dfrac{\partial}{\partial z} \\ y^2-z^2 & z^2-x^2 & x^2-y^2 \end{vmatrix} = -2\iint\limits_{\Sigma} (y+z)dydz + (x+z)dzdx + (x+y)dxdy,$

$$\begin{vmatrix} \cos\alpha & \cos\beta & \cos\gamma \\ \dfrac{\partial}{\partial x} & \dfrac{\partial}{\partial y} & \dfrac{\partial}{\partial z} \\ y^2-x^2 & z^2-x^2 & x^2-y^2 \end{vmatrix} = -\frac{4}{\sqrt{3}}(x+y+z), dS = \sqrt{1^2+1^2+1^2}\, dx\, dy.$$

$$I = -\frac{4}{\sqrt{3}} \iint\limits_{\Sigma} (x+y+z) dS = -\frac{4}{\sqrt{3}} \times \frac{3}{2} \iint\limits_{\Sigma} dS = -2\sqrt{3} \iint\limits_{D_{xy}} \sqrt{3}\, dx\, dy = -6 \iint\limits_{D_{xy}} dx\, dy = -\frac{9}{2}.$$

习题 8-5

1. 计算 $\iint\limits_{\Sigma} x\, dy\, dz + y\, dz\, dx + z\, dx\, dy$，其中 Σ 是曲面 $z=x^2+y^2$ 在第一卦限中 $0\leqslant z\leqslant 1$ 部分的下侧.

2. 计算 $\oiint\limits_{\Sigma} y(x-z)\, dy\, dz + x^2\, dz\, dx + (y^2+xz)\, dx\, dy$，$\Sigma$ 为正方体 Ω 的表面并取外侧，其中 $\Omega = \{(x,y,z)\,|\,0\leqslant x\leqslant a,\ 0\leqslant y\leqslant a,\ 0\leqslant z\leqslant a\}$.

3. 计算 $\oiint\limits_{\Sigma} (x^2\cos\alpha + y^2\cos\beta + z^2\cos\gamma)\, dS$，其中 Σ 是由 $x^2+y^2=z^2$ 及 $z=h\ (h>0)$ 所围成的闭曲面的外侧，$\cos\alpha$、$\cos\beta$、$\cos\gamma$ 是此曲面的外法线的方向余弦.

4. 计算 $\oint_L (2y+z)\, dx + (x-z)\, dy + (y-z)\, dz$，其中 L 为平面 $x+y+z=1$ 与各坐标面的交线，取逆时针方向为正向.

5. 计算 $\oint_L (z-y)\, dx + (x-z)\, dy + (y-x)\, dz$，其中 L 是从 $(a,0,0)$ 经 $(0,a,0)$ 和 $(0,0,a)$ 回到 $(a,0,0)$ 的三角形.

*第六节　场论初步

在许多科学技术问题中，常常要考虑某种物理量（如温度、密度、电势、力、速度）在

空间的分布和变化规律，这需要引入场的概念．如果在全部空间或部分空间里的每一点，都对应着某个物理量的一个确定的值，就说在这空间里确定了该物理量的一个场．

场是用空间位置函数 $u(x,y,z)$ 来表征的．在物理学中，经常要研究某种物理量在空间的分布和变化规律．如果物理量是标量，并且空间每一点 $M(x,y,z)$ 都对应着该物理量的一个确定数值 $u(x,y,z)$，则称此空间为标量场，如电势场、温度场等．如果物理量是矢量，且空间每一点都存在着它的大小和方向，则称此空间为矢量场，如电场、速度场等．若场中各点物理量不随时间变化，称为稳定场，否则称为不稳定场。

下面介绍几个常见的场．

一、梯度场

设数量场 $u(x,y,z)$ 在空间 V 上有定义，点 $P(x,y,z) \in V$，且函数 $u(x,y,z)$ 在 V 上存在一阶偏导数，则称向量 $\left(\dfrac{\partial u}{\partial x}, \dfrac{\partial u}{\partial y}, \dfrac{\partial u}{\partial z}\right) = \dfrac{\partial u}{\partial x}\boldsymbol{i} + \dfrac{\partial u}{\partial y}\boldsymbol{j} + \dfrac{\partial u}{\partial z}\boldsymbol{k}$ 为数量场 $u(x,y,z)$ 在点 P 的**梯度**，记为 $\mathbf{grad}u$，即 $\mathbf{grad}u = \dfrac{\partial u}{\partial x}\boldsymbol{i} + \dfrac{\partial u}{\partial y}\boldsymbol{j} + \dfrac{\partial u}{\partial z}\boldsymbol{k} = \left(\dfrac{\partial u}{\partial x}, \dfrac{\partial u}{\partial y}, \dfrac{\partial u}{\partial z}\right)$．若引入哈密顿算子 $\boldsymbol{\nabla} = \left(\dfrac{\partial}{\partial x}, \dfrac{\partial}{\partial y}, \dfrac{\partial}{\partial z}\right)$，梯度也可写成 $\mathbf{grad}u = \boldsymbol{\nabla}u$．由梯度给出的向量场称为**梯度场**．

例 1 设质量为 m 的质点位于原点，质量为 1 的质点位于 $M(x,y,z)$，记 $OM = r = \sqrt{x^2 + y^2 + z^2}$，求 $\dfrac{m}{r}$ 的梯度．

解
$$\boldsymbol{\nabla}\frac{m}{r} = -\frac{m}{r^2}\left(\frac{x}{r}, \frac{y}{r}, \frac{z}{r}\right),$$

若以 $\boldsymbol{r}_0$ 表示 $\overrightarrow{OM}$ 上的单位向量，则有 $\boldsymbol{\nabla}\dfrac{m}{r} = -\dfrac{m}{r^2}\boldsymbol{r}_0$．

它表示两质点间的引力，方向朝着原点，大小与质量的乘积成比例，与两点间的距离的平方成反比．

二、散度场

在分析和描绘矢量场的性质时，矢量场穿过一个曲面的通量是一个重要的基本概念，矢量场穿过闭合曲面的通量是一个积分量，不能反映场域内每一点的通量特性，而散度则表示在某点处的单位体积内散发出来的通量．

1. 定义

设某量场 $\boldsymbol{F}$ 由
$$\boldsymbol{F}(x,y,z) = P(x,y,z)\boldsymbol{i} + Q(x,y,z)\boldsymbol{j} + R(x,y,z)\boldsymbol{k}$$
给出，其中 P、Q、R 具有一阶连续偏导数，Σ 是场内的一片有向曲面，$\boldsymbol{n}$ 是 Σ 在点 (x,y,z) 处的单位法向量，则 $\iint\limits_{\Sigma} \boldsymbol{F} \cdot \boldsymbol{n}\, \mathrm{d}S$ 叫做向量场通过曲面 Σ 向着指定侧的通量（或流量），而 $\dfrac{\partial P}{\partial x} + \dfrac{\partial Q}{\partial y} + \dfrac{\partial R}{\partial z}$ 叫做**向量场 $\boldsymbol{F}$ 的散度**，记作 $\mathrm{div}\boldsymbol{F}$ 或 $\boldsymbol{\nabla} \cdot \boldsymbol{F}$，即 $\mathrm{div}\boldsymbol{F} = \boldsymbol{\nabla} \cdot \boldsymbol{F} = \dfrac{\partial P}{\partial x} + \dfrac{\partial Q}{\partial y} + \dfrac{\partial R}{\partial z}$．

2. 散度的计算

散度在直角坐标系中的表达式为

$$\text{div}\boldsymbol{F} = \lim_{\Delta V \to 0} \frac{\int_S \boldsymbol{F} \, \mathrm{d}S}{\Delta V} = \frac{\partial \boldsymbol{F}_x}{\partial x} + \frac{\partial \boldsymbol{F}_y}{\partial y} + \frac{\partial \boldsymbol{F}_z}{\partial z}.$$

引入哈密顿算子 $\boldsymbol{\nabla}$，可将 $\text{div}\boldsymbol{F}$ 表示为

$$\text{div}\boldsymbol{F} = \left(e_x \frac{\partial}{\partial x} + e_y \frac{\partial}{\partial y} + e_z \frac{\partial}{\partial z} \right) \cdot (e_x \boldsymbol{F}_x + e_y \boldsymbol{F}_y + e_z \boldsymbol{F}_z) = \boldsymbol{\nabla} \cdot \boldsymbol{F}.$$

例 2 求例 1 中 $\boldsymbol{F} = -\dfrac{m}{r^2}\left(\dfrac{x}{r}, \dfrac{y}{r}, \dfrac{z}{r} \right)$ 所产生的散度场。

解 因为 $r^2 = x^2 + y^2 + z^2$，所以 $\boldsymbol{F} = -\dfrac{m}{(x^2 + y^2 + z^2)^{3/2}}(x, y, z)$.

$$\boldsymbol{\nabla} \cdot \boldsymbol{F} = -m \left[\frac{\partial}{\partial x}\left(\frac{x}{(x^2 + y^2 + z^2)^{3/2}} \right) + \frac{\partial}{\partial y}\left(\frac{y}{(x^2 + y^2 + z^2)^{3/2}} \right) + \frac{\partial}{\partial z}\left(\frac{z}{(x^2 + y^2 + z^2)^{3/2}} \right) \right] = 0.$$

三、旋度场

由于矢量场在某点的环流面密度与面元的法线方向有关，因此，在矢量场中，一个给定的点沿不同方向，其环流面密度的值一般是不同的．在某一个确定的方向上，环流面密度可能取得最大值，为了描述这个问题，我们引入了旋度的概念．

1. 旋度的定义

设有向量场

$$\boldsymbol{A}(x, y, z) = P(x, y, z)\boldsymbol{i} + Q(x, y, z)\boldsymbol{j} + R(x, y, z)\boldsymbol{k}.$$

在坐标上的投影分别为

$$\frac{\partial R}{\partial y} - \frac{\partial Q}{\partial z}, \frac{\partial P}{\partial z} - \frac{\partial R}{\partial x}, \frac{\partial Q}{\partial x} - \frac{\partial P}{\partial y}$$

的向量叫做向量场 $\boldsymbol{A}$ 的**旋度**，记作 **rotA** 或 **curlA**，即

$$\textbf{rotA} = \boldsymbol{\nabla} \times \boldsymbol{A} = \left(\frac{\partial R}{\partial y} - \frac{\partial Q}{\partial z} \right)\boldsymbol{i} + \left(\frac{\partial P}{\partial z} - \frac{\partial R}{\partial x} \right)\boldsymbol{j} + \left(\frac{\partial Q}{\partial x} - \frac{\partial P}{\partial y} \right)\boldsymbol{k},$$

旋度 **rotA** 的表达式可以用行列式记号形式表示：

$$\textbf{rotA} = \boldsymbol{\nabla} \times \boldsymbol{A} = \begin{vmatrix} \boldsymbol{i} & \boldsymbol{j} & \boldsymbol{k} \\ \dfrac{\partial}{\partial x} & \dfrac{\partial}{\partial y} & \dfrac{\partial}{\partial z} \\ P & Q & R \end{vmatrix}.$$

2. 旋度的计算

旋度的定义与坐标系无关，但旋度的具体表达式与坐标系有关．在直角坐标系中旋度的表达式为

$$\boldsymbol{\nabla} \times \boldsymbol{F} = \left(e_x \frac{\partial}{\partial x} + e_y \frac{\partial}{\partial y} + e_z \frac{\partial}{\partial z} \right) \times (e_x \boldsymbol{F}_x + e_y \boldsymbol{F}_y + e_z \boldsymbol{F}_z),$$

或写成

$$\nabla \times \boldsymbol{F} = \begin{vmatrix} \boldsymbol{e}_x & \boldsymbol{e}_y & \boldsymbol{e}_z \\ \dfrac{\partial}{\partial x} & \dfrac{\partial}{\partial y} & \dfrac{\partial}{\partial z} \\ \boldsymbol{F}_x & \boldsymbol{F}_y & \boldsymbol{F}_z \end{vmatrix}.$$

习题 8-6

1. 若 $r = \sqrt{x^2 + y^2 + z^2}$，计算 ∇r，∇r^2，$\nabla \dfrac{1}{r}$，$\nabla f(r)$.

2. 计算下列向量场 $\boldsymbol{A}$ 的散度和旋度.

(1) $\boldsymbol{A} = (y^2 + z^2, x^2 + z^2, x^2 + y^2)$；

(2) $\boldsymbol{A} = (x^2 yz, xy^2 z, xyz^2)$；

(3) $\boldsymbol{A} = \left(\dfrac{x}{yz}, \dfrac{y}{xz}, \dfrac{z}{xy} \right)$.

3. 求下列向量的散度.

(1) $\boldsymbol{A} = (x^2 + yz)\boldsymbol{i} + (y^2 + xz)\boldsymbol{j} + (z^2 + xy)\boldsymbol{k}$；

(2) $\boldsymbol{A} = e^{xy}\boldsymbol{i} + \cos(xy)\boldsymbol{j} + \cos(xz^2)\boldsymbol{k}$.

4. 求下列向量场 $\boldsymbol{A}$ 的旋度.

(1) $\boldsymbol{A} = (2z - 3y)\boldsymbol{i} + (3x - z)\boldsymbol{j} + (y - 2x)\boldsymbol{k}$；

(2) $\boldsymbol{A} = (z + \sin y)\boldsymbol{i} - (z - x\cos y)\boldsymbol{j}$.

第七节 曲线积分和曲面积分的应用举例

曲线积分和曲面积分在几何和物理中有很多应用，下面简单介绍一下曲线积分和曲面积分的应用，并举几个例子.

一、第一类曲线积分的应用

(1) 曲线 Γ 的长 $s = \displaystyle\int_\Gamma \mathrm{d}s$；

(2) 若空间曲线形物体的线密度为 $f(x,y,z)$，$(x,y,z) \in \Gamma$，则其质量 $M = \displaystyle\int_\Gamma f(x,y,z)\mathrm{d}s$；质心坐标为 $(\bar{x}, \bar{y}, \bar{z})$，其中 $\bar{x} = \dfrac{\displaystyle\int_\Gamma xf(x,y,z)\mathrm{d}s}{M}$，$\bar{y} = \dfrac{\displaystyle\int_\Gamma yf(x,y,z)\mathrm{d}s}{M}$，$\bar{z} = \dfrac{\displaystyle\int_\Gamma zf(x,y,z)\mathrm{d}s}{M}$；对 x 轴的转动惯量 $I_x = \displaystyle\int_\Gamma (y^2 + z^2) f(x,y,z)\mathrm{d}s$.

例 1 利用线积分计算星形线 $x = a\cos^3 t$，$y = a\sin^3 t$ 所围成图形的面积.

解 $A = \dfrac{1}{2}\displaystyle\int_L x\mathrm{d}y - y\mathrm{d}x$

$= \dfrac{1}{2}\displaystyle\int_0^{2\pi} [a\cos^3 t \times 3a\sin^2 t \cos t - a\sin^3 t \times 3a\cos^2 t(-\sin t)]\mathrm{d}t$

$$= \frac{3a^2}{2} \int_0^{2\pi} \cos^2 t \times \sin^2 t \, dt = \frac{3a^2}{16} \int_0^{2\pi} (1 - \cos 4t) \, dt = \frac{3}{8} \pi a^2.$$

例 2 设在 xOy 面内有一分布着质量的曲线 L,在点 (x,y) 处它的线密度为 $\mu(x,y)$,试用对弧长的曲线积分分别表达:

(1) 这条曲线弧对 x 轴,y 轴的转动惯量 I_x,I_y;

(2) 这条曲线弧的质心坐标 $\bar{x}$,$\bar{y}$.

解 (1) $I_x = \int_L \mu y^2 \, dS$,$I_y = \int_L \mu x^2 \, dS$;

(2) $\bar{x} = \dfrac{\displaystyle\int_L x\mu(x,y) \, dS}{\displaystyle\int_L \mu(x,y) \, dS}$,$\bar{y} = \dfrac{\displaystyle\int_L y\mu(x,y) \, dS}{\displaystyle\int_L \mu(x,y) \, dS}$.

例 3 求均匀曲面 Σ:$z = \sqrt{a^2 - x^2 - y^2}$ 的重心坐标.

解 已知 Σ 是中心在原点,半径为 a 的上半球面. 由于 Σ 关于坐标面 yOz,zOx 均对称,故有 $\bar{x} = 0$,$\bar{y} = 0$.

设 Σ 的面密度为 ρ,Σ 的质量为 $M = 2\pi\rho a^2$,$\bar{z} = \dfrac{1}{M} \iint\limits_\Sigma \rho z \, dS$.

曲面 Σ 在坐标面 xOy 上的投影 D_{xy}:$x^2 + y^2 \leqslant a^2$,则

$$\bar{z} = \frac{1}{M} \iint\limits_\Sigma \rho z \, dS = \frac{1}{2\pi\rho a^2} \iint\limits_{D_{xy}} \rho \sqrt{a^2 - x^2 - y^2} \sqrt{1 + z_x^2 + z_y^2} \, dx \, dy$$

$$= \frac{1}{2\pi\rho a^2} \iint\limits_{D_{xy}} \rho \sqrt{a^2 - x^2 - y^2} \sqrt{1 + \frac{x^2 + y^2}{a^2 - x^2 - y^2}} \, dx \, dy$$

$$= \frac{1}{2\pi\rho a^2} \iint\limits_{D_{xy}} \rho \sqrt{a^2 - x^2 - y^2} \sqrt{\frac{a^2}{a^2 - x^2 - y^2}} \, dx \, dy$$

$$= \frac{1}{2\pi a^2} \iint\limits_{D_{xy}} a \, dx \, dy = \frac{1}{2} a.$$

所以曲面 Σ 的重心坐标为 $\left(0, 0, \dfrac{1}{2}a\right)$.

例 4 求抛物面壳 $z = \dfrac{1}{2}(x^2 + y^2)(0 \leqslant z \leqslant 1)$ 的质量,此壳的面密度为 $\mu = z$.

解 $M = \iint\limits_\Sigma z \, dS = \iint\limits_{D_{xy}} \dfrac{1}{2}(x^2 + y^2) \sqrt{1 + x^2 + y^2} \, dx \, dy = \dfrac{1}{2} \int_0^{2\pi} d\theta \int_0^{\sqrt{2}} \rho^2 \sqrt{1 + \rho^2} \rho \, d\rho$

$$= \frac{2\pi(3\sqrt{3} + 1)}{15}.$$

二、功的应用

若一质点从点 A 沿光滑曲线(或分断光滑曲线)Γ 移动到点 B,在移动过程中,这质点受到力 $\boldsymbol{F} = P(x,y,z)\boldsymbol{i} + Q(x,y,z)\boldsymbol{j} + R(x,y,z)\boldsymbol{k}$,则该力所做的功

$$W = \int_\Gamma \boldsymbol{F} \cdot d\boldsymbol{r} = \int_\Gamma P(x,y,z) \, dx + Q(x,y,z) \, dy + R(x,y,z) \, dz.$$

例 5 已知力场 $\boldsymbol{F} = yz\boldsymbol{i} + zx\boldsymbol{j} + xy\boldsymbol{k}$，问质点从原点沿直线移动到曲面 $\dfrac{x^2}{a^2} + \dfrac{y^2}{b^2} + \dfrac{z^2}{c^2} = 1$ 在第一卦限部分上的哪一点做的功最大？并求出最大功.

解 设所求点 (x_0, y_0, z_0) 在椭球面上，原点到该点的直线的参数方程 Γ：$x = x_0 t$，$y = y_0 t$，$z = z_0 t$，t 从 0 到 1.

$$
\begin{aligned}
W &= \int_{\Gamma} yz\,\mathrm{d}x + zx\,\mathrm{d}y + xy\,\mathrm{d}z \\
&= \int_0^1 (y_0 z_0 t^2 x_0 + z_0 x_0 t^2 y_0 + x_0 y_0 t^2 z_0)\,\mathrm{d}t \\
&= 3x_0 y_0 z_0 \int_0^1 t^2\,\mathrm{d}t = x_0 y_0 z_0.
\end{aligned}
$$

求最大功的问题，实际上就是求 $W = xyz$ 在条件 $\dfrac{x^2}{a^2} + \dfrac{y^2}{b^2} + \dfrac{z^2}{c^2} = 1$ 下的极值问题. 设 $F(x, y, z, \lambda) = xyz + \lambda\left(\dfrac{x^2}{a^2} + \dfrac{y^2}{b^2} + \dfrac{z^2}{c^2} - 1\right)$，分别对 x，y，z，λ 求偏导，并令偏导数等于 0，得

$$
F_x = yz + 2\lambda\frac{x}{a^2} = 0 \quad ①, \quad F_y = xz + 2\lambda\frac{y}{b^2} = 0 \quad ②,
$$

$$
F_z = xy + 2\lambda\frac{z}{c^2} = 0 \quad ③, \quad \frac{x^2}{a^2} + \frac{y^2}{b^2} + \frac{z^2}{c^2} = 1 \quad ④,
$$

①$\times x$ − ②$\times y$，得 $\quad 2\lambda\left(\dfrac{x^2}{a^2} - \dfrac{y^2}{b^2}\right) = 0.$

当 $\lambda = 0$ 时，解得 (x, y, z) 为 $(0, 0, \pm c)$ 或 $(0, \pm b, 0)$ 或 $(\pm a, 0, 0)$；

当 $\lambda \neq 0$ 时，解得 $\dfrac{x^2}{a^2} = \dfrac{y^2}{b^2}$.

②$\times y$ − ③$\times z$，得 $\quad 2\lambda\left(\dfrac{y^2}{b^2} - \dfrac{z^2}{c^2}\right) = 0$，

解得 $$\frac{y^2}{b^2} = \frac{z^2}{c^2},$$

于是有 $$\frac{x^2}{a^2} = \frac{y^2}{b^2} = \frac{z^2}{c^2}. \qquad ⑤$$

⑤代入④，得 $$x = \frac{a}{\sqrt{3}}, y = \frac{b}{\sqrt{3}}, z = \frac{c}{\sqrt{3}}.$$

由问题的实际意义知 $W_{\max} = \dfrac{\sqrt{3}}{9}abc$，即质点从原点沿直线 Γ 移动到曲面 $\dfrac{x^2}{a^2} + \dfrac{y^2}{b^2} + \dfrac{z^2}{c^2} = 1$ 在第一卦限部分上的点 $\left(\dfrac{a}{\sqrt{3}}, \dfrac{b}{\sqrt{3}}, \dfrac{c}{\sqrt{3}}\right)$ 做的功最大，且最大功为 $W_{\max} = \dfrac{\sqrt{3}}{9}abc$.

例 6 若球面上每点的面密度等于该点到球的某一定直径的距离的平方，求球面的质量.

解 选球心为坐标原点，定直线为 Oz 轴，则面密度为 $\rho = \left(\sqrt{x^2 + y^2}\right)^2 = x^2 + y^2$，于

是球的质量为 $M = 2\iint\limits_{S}(x^2 + y^2)\mathrm{d}S$，其中 S 的方程是：$Z = \sqrt{a^2 - x^2 - y^2}$．它在 xOy 面投影区域 D_{xy}：$x^2 + y^2 \leqslant a^2$，故

$$M = 2\iint\limits_{S}(x^2 + y^2)\mathrm{d}S = 2\iint\limits_{D_{xy}}(x^2 + y^2)\frac{a}{\sqrt{a^2 - x^2 - y^2}}\mathrm{d}x\mathrm{d}y = \frac{8}{3}\pi a^4．$$

例 7　求一半径为 R 的半球面 $Z = \sqrt{R^2 - x^2 - y^2}$ 被柱面 $x^2 + y^2 = Rx$ 所截部分的曲面面积．

解　曲面 S 的方程是 $Z = \sqrt{R^2 - x^2 - y^2}$，它在 xOy 面投影区域 D_{xy}：

$$\left(x - \frac{R}{2}\right)^2 + y^2 \leqslant \frac{R^2}{4}，$$

所以 $S = \iint\limits_{S}\mathrm{d}S = \iint\limits_{D_{xy}}\dfrac{R}{\sqrt{R^2 - x^2 - y^2}}\mathrm{d}x\mathrm{d}y$

$$= \int_{-\frac{\pi}{2}}^{\frac{\pi}{2}}\mathrm{d}\theta\int_{0}^{R\cos\theta}\frac{Rr\mathrm{d}r}{\sqrt{R^2 - r^2}} = (\pi - 2)R^2．$$

习题 8-7

1. 利用曲线积分计算闭曲线 $x = \cos t$，$y = \sin^3 t$ 所围成的图形的面积．

2. 一力场由沿横轴正方向的常力 $\boldsymbol{F}$ 所构成，试求当一质量为 m 的质点沿圆周 $x^2 + y^2 = R^2$ 按逆时针方向移过位于第一象限的那一段弧时场力所做的功．

3. 有一段铁丝成半圆 $x = a\cos t$，$y = a\sin t$，$0 \leqslant t \leqslant \pi$，其上每一点的密度等于该点的纵坐标，求铁丝的质量．

4. 求密度为 μ 的均匀半球壳 $Z = \sqrt{a^2 - x^2 - y^2}$ 对于 z 轴的转动惯量．

5. 如果曲线 $x = e^t\cos t$，$y = e^t\sin t$，$z = e^t$ 弧上每点的密度与该点矢径平方成反比，且在点 $(1,0,1)$ 处为 1，求曲线从对应于 $t = 0$ 的点到任意点 $t = t_0$ 的一段弧的质量 $(t_0 > 0)$．

本章小结　　**【知识目标】**　能表述两类曲线积分的概念，说明两类曲线积分的差异及关系，会计算两类曲线积分．能简要表述两类曲面积分的概念，会计算两类曲面积分．能准确使用格林公式做相应计算，会使用平面曲线积分与路径无关的条件解决相关问题．知道高斯公式、斯托克斯公式．

【能力目标】　通过积分在曲线、曲面上的推广，提升学生对积分的理解力，通过问题的分析、计算、解答训练学生准确计算曲线积分、曲面积分的能力，应用数形结合解决积分问题的能力，利用曲线积分、曲面积分解决几何问题、物理问题等的应用能力．

【素质目标】　通过积分与路径无关问题的分析与解答，培养学生透过现象探究本质的研究精神；通过公式的应用、数形结合解决问题的训练，提升学生数学美的欣赏力；通过一题多解的训练，开拓思维，培养创新精神．

理解层次：

1. 设 S：$x^2+y^2+z^2=a^2$ $(a\geqslant 0)$，S_1 为 S 在第一卦限的部分，则有（   ）.

    A. $\iint\limits_{S} x\,\mathrm{d}S=4\iint\limits_{S_1} x\,\mathrm{d}S$

    B. $\iint\limits_{S} y\,\mathrm{d}S=4\iint\limits_{S_1} x\,\mathrm{d}S$

    C. $\iint\limits_{S} z\,\mathrm{d}S=4\iint\limits_{S_1} x\,\mathrm{d}S$

    D. $\iint\limits_{S} xyz\,\mathrm{d}S=4\iint\limits_{S_1} xyz\,\mathrm{d}S$

应用层次：

2. 计算曲线积分.

(1) $\oint_L \sqrt{x^2+y^2}\,\mathrm{d}s$，其中 L 为圆周 $x^2+y^2=ax$；

(2) $\oint_L z\,\mathrm{d}s$，其中 L 为曲线 $x=t\cos t$，$y=t\sin t$，$z=t$ $(0\leqslant t\leqslant t_0)$；

(3) $\int_L (2a-y)\mathrm{d}x+x\,\mathrm{d}y$，其中 L 为摆线 $x=a(t-\sin t)$，$y=a(1-\cos t)$ 上对应 t 从 0 到 2π 的一段弧；

(4) $\int_\Gamma (y^2-z^2)\mathrm{d}x+2yz\,\mathrm{d}y-x^2\,\mathrm{d}z$，其中 Γ 是曲线 $x=t$，$y=t^2$，$z=t^3$ 上由 $t_1=0$ 到 $t_2=1$ 的一段弧；

(5) $\int_L (\mathrm{e}^x\sin y-2y)\mathrm{d}x+(\mathrm{e}^x\cos y-2)\mathrm{d}y$，其中 L 为上半圆周 $(x-a)^2+y^2=a^2$，$y\geqslant 0$ 沿逆时针方向.

3. 计算对弧长的曲线积分 $\int_L (2x+3y+4)\mathrm{d}s$，其中 L 为圆周 $x^2+y^2=1$ 在第一象限的部分.

4. 计算 $\int_L (x+y)\mathrm{d}s$，其中 L 是以 $O(0,0)$，$A(1,0)$，$B(0,1)$ 为顶点的三角形的边界.

5. 设 $f(x,y)$ 在区域 D：$\dfrac{x^2}{4}+y^2\leqslant 1$ 上具有连续的二阶偏导数，L 为 $\dfrac{x^2}{4}+y^2=1$ 的顺时针方向，计算对坐标的曲线积分 $\int_L [-3y+f'_x(x,y)]\mathrm{d}x+f'_y(x,y)\mathrm{d}y$.

6. 计算 $\int_L (x^2+y^2)\mathrm{d}x + (x^2-y^2)\mathrm{d}y$，其中 L 为沿曲线 $y=1-|1-x|$ 从点 $O(0,0)$ 到点 $B(2,0)$ 一段.

7. 计算 $I = \int_C \dfrac{x\mathrm{d}y - y\mathrm{d}x}{x^2+y^2}$，其中 C 是沿曲线 $x^2=2(y+2)$ 从点 A $(-2\sqrt{2},2)$ 到点 $B(2\sqrt{2},2)$ 的一段.

8. 设曲线积分 $\int_L xy^2\mathrm{d}x + y\varphi(x)\mathrm{d}y$ 在全平面上与路径无关，其中 $\varphi(x)$ $(-\infty<x<\infty)$ 具有一阶连续导数，且 $\varphi(0)=0$，计算 $\int_{(0,0)}^{(1,1)} xy^2\mathrm{d}x + y\varphi(x)\mathrm{d}y$.

9. 计算曲面积分.

(1) $\iint\limits_{\Sigma} \dfrac{\mathrm{d}S}{x^2+y^2+z^2}$，其中 Σ 是介于平面 $z=0$ 及 $z=H$ 之间的圆柱面 $x^2+y^2=R^2$；

(2) $\iint\limits_{\Sigma}(y^2-z)\mathrm{d}y\mathrm{d}z + (z^2-x)\mathrm{d}z\mathrm{d}x + (x^2-y)\mathrm{d}x\mathrm{d}y$，其中 Σ 为锥面 $z=\sqrt{x^2+y^2}$ $(0\leqslant z\leqslant h)$ 的外侧；

(3) $\iint\limits_{\Sigma} x\mathrm{d}y\mathrm{d}z + y\mathrm{d}z\mathrm{d}x + z\mathrm{d}x\mathrm{d}y$，其中 Σ 为半球面 $z=\sqrt{R-x^2-y^2}$ 的上侧；

(4) $\iint\limits_{\Sigma} \dfrac{x\mathrm{d}y\mathrm{d}z + y\mathrm{d}z\mathrm{d}x + z\mathrm{d}x\mathrm{d}y}{\sqrt{(x^2+y^2+z^2)^3}}$，其中 Σ 为曲面 $1-\dfrac{z}{5}=\dfrac{(x-2)^2}{16}+\dfrac{(y-1)^2}{9}$ $(z\geqslant 0)$ 的上侧；

(5) $\iint\limits_{\Sigma} xyz\mathrm{d}x\mathrm{d}y$，其中 Σ 为球面 $x^2+y^2+z^2=1$ $(x\geqslant 0,\ y\geqslant 0)$ 外侧.

10. 设 Σ_1 为 $\begin{cases} x^2+y^2\leqslant a^2 \\ z=0 \end{cases}$ 的下侧，而 Σ_2 是上半球面 $z=\sqrt{a^2-x^2-y^2}$ 的上侧 $(a>0)$，试计算对坐标的曲面积:

(1) $I_1 = \iint\limits_{\Sigma_1} ax\mathrm{d}y\mathrm{d}z + (z+a)^2\mathrm{d}x\mathrm{d}y$；

(2) $I_2 = \oiint\limits_{\Sigma_1+\Sigma_2} ax\mathrm{d}y\mathrm{d}z + (z+a)^2\mathrm{d}x\mathrm{d}y$；

(3) $I_3 = \iint\limits_{\Sigma_2} ax\mathrm{d}y\mathrm{d}z + (z+a)^2\mathrm{d}x\mathrm{d}y$；

11. 计算 $\oint_\Gamma (2y+z)\mathrm{d}x + (x-z)\mathrm{d}y + (y-x)\mathrm{d}z$，其中 Γ 为平面 $x+y+z=1$ 与各坐标面的交线，从 z 轴正向看取逆时针方向.

12. 计算 $\iint\limits_{\Sigma}\left(z+2x+\dfrac{4}{3}y\right)\mathrm{d}S$，其中 Σ 为平面 $\dfrac{x}{2}+\dfrac{y}{3}+\dfrac{z}{4}=1$ 在第一卦限中的部分．

13. 设 $f(u)$ 具有连续导函数，计算曲面积分

$$I=\iint\limits_{\Sigma}x^3\,\mathrm{d}y\,\mathrm{d}z+\left[\dfrac{1}{z}f\left(\dfrac{y}{z}\right)+y^3\right]\mathrm{d}z\,\mathrm{d}x+\left[\dfrac{1}{y}f\left(\dfrac{y}{z}\right)+z^3\right]\mathrm{d}x\,\mathrm{d}y,$$

其中 Σ 为 $x>0$ 的锥面 $x^2=y^2+z^2$ 与球面 $x^2+y^2+z^2=1$，$x^2+y^2+z^2=4$ 所围成立体表面的外侧.

分析层次：

14. 证明 $\dfrac{x\,\mathrm{d}x+y\,\mathrm{d}y}{x^2+y^2}$ 在整个 xOy 平面除去 y 的负半轴及原点的区域 G 内是某个二元函数的全微分，并求出一个这样的二元函数．

15. 一质点在力 $\boldsymbol{f}=(x^2+y^2)^m(y\boldsymbol{i}-x\boldsymbol{j})$ 的作用下，在 $y>0$ 内运动，所做的功 W 与路径无关。试求：

（1）常数 m 的值；

（2）质点沿点 $A(0,1)$ 到点 $B(1,2)$ 的任一路径所做的功；

（3）在 $y>0$ 内，使 $\mathrm{d}u=(x^2+y^2)^m(y\,\mathrm{d}x-x\,\mathrm{d}y)$ 的二元函数 $u=u(x,y)$.

16. 求均匀曲面 $z=\sqrt{a^2-x^2-y^2}$ 的质心的坐标．

17. 已知一曲面壳 Σ 是柱面 $x^2+y^2=a^2$ 在 $0\leqslant z\leqslant h$ 之间的部分（$h>0$），Σ 上任一点 $M(x,y)$ 处的密度为 $\rho(x,y,z)=4x^2+3y^2+1$，试求 Σ 的质量 M.

数学文化拓展

与数学有关的十部影视作品

1.《美丽心灵》

英文名：*A Beautiful Mind*

上映时间：2001 年

故事的原型是数学家小约翰·福布斯·纳什（Jr. John Forbes Nash）。英俊而又十分古怪的纳什早年就作出了惊人的数学发现，开始享有国际声誉。但纳什受到了精神分裂症的困扰，使他向学术上最高层次进军受到巨大影响。面对这个曾经击毁了许多人的病症，纳什在深爱着的妻子艾丽西亚（Alicia）的帮助下，毫不畏惧，顽强抗争。经过了几十年的努力，他终于战胜了这个病症，并于 1994 年获得诺贝尔奖。

2.《心灵捕手》

英文名：*Good Will Hunting*

上映时间：1997 年

一个麻省理工学院的数学教授，在数学系上的公布栏写下一道他觉得十分困难的题目，希望他那些杰出的学生能得出答案，可是却无人能解。结果一个年轻的清洁工却在下课打扫时，发现了这道数学题并轻易地解开了它。数学教授为了再找出真正的解题之人，又出了另一道更难的题目……

3.《费马最后定理》

英文名：*Horizon：Fermat's Last Theorem*

上映时间：2005 年

影片从证明了费马最后定理的安德鲁·怀尔斯（Andrew Wiles）开始谈起，描述了费马最后定理的历史始末。

4.《笛卡尔》

英文名：*Cartesius*

上映时间：1974 年

影片记述了笛卡尔的杰出一生。勒奈·笛卡尔（René Descartes），常作笛卡尔，1596年 3 月 31 日生于法国安德尔卢瓦尔省，1650 年 2 月 11 日逝于瑞典斯德哥尔摩，法国哲学家、数学家、物理学家。他对现代数学的发展做出了重要的贡献，因将几何坐标体系公式化而被认为是解析几何之父。

5.《N 是一个数字：保罗·埃尔多斯的写真》

英文名：*N Is a Number：A Portrait of Paul Erds*

上映时间：1993 年

讲述了数学家保罗·埃尔多斯的生活，被评价为 20 世纪最具有天赋的数学家。他曾说："要休息的话，坟墓里有的是休息时间。"对他而言研究数学和呼吸一样自然。

6.《博士热爱的算式》

英文名：*Hakase No Aıshıta Sushiki*

上映时间：2006 年

天才数学博士在经历一次交通意外后只剩下 80 分钟的记忆，时间一到，所有回忆自动归零，重新开始。遇上语塞的时候，他总会以数字代替语言，以独特的风格和别人交流。他身上到处都是用夹子夹着的纸条，用来填补那只有 80 分钟的记忆。这次，新来的管家杏子带着 10 岁的儿子照顾博士的起居，博士让母子俩认识到了数学算式内美丽且光辉的世界，因为只有短短的 80 分钟，三人相处的每一刻都显得非常珍贵。

7.《阿基米德的秘密》

英文名：*Infinite Secrets：The Genius of Archimedes*

上映时间：2003 年

阿基米德（Archimedes，约公元前 287 年～公元前 212 年）是古希腊物理学家、数学家，静力学和流体静力学的奠基人。除了伟大的牛顿和爱因斯坦，再没有一个人像阿基米德那样为人类的进步做出过这样大的贡献。即使牛顿和爱因斯坦也都曾从他身上汲取过智慧和灵感。他是"理论天才与实验天才合于一人的理想化身"，文艺复兴时期的达·芬奇和伽利略等人都拿他来做为自己的楷模。

8.《牛顿探索》

英文名：*Newton's Dark Secrets*

上映时间：2005 年

1643 年 1 月 4 日，在英格兰林肯郡小镇沃尔索浦的一个农民家庭里，牛顿出生了。牛顿是一个早产儿，出生时只有三磅重，接生婆和他的亲人都担心他能否活下来。谁也没有料到这个看起来微不足道的小东西会成为了一位震古烁今的科学巨人，并且活到了 85 岁。

9.《维度：数学漫步》

英文名：*Dimensions：a walk through mathematics*

发行时间：2008 年

本片是科普电影，时长两小时，讲述了许多深奥的数学知识，如四维空间中的正多胞体、复数、分形、纤维化理论等。

10.《华罗庚》

首播时间：2011 年

电视人物传记片，分为《发愤为雄》《情牵国运》《胸怀蓝图》《志在创新》《甘为人梯》《大哉为用》《普及双法》《山高水长》八集，全面展现了华罗庚从穷苦店员，刻苦自学，最终成为大科学家的历程。

第九章
无穷级数

无穷级数的本质在于对无穷项求和，即对一个无穷数列所有项求和．它是表示函数、研究函数的性质以及进行数值计算的一种工具．无穷级数分为常数项级数和函数项级数，常数项级数是函数项级数的特殊情况，是函数项级数的基础．

第一节　常数项级数

一、常数项级数的概念

设给定一个无穷数列 u_1，u_2，u_3，$\cdots$，u_n，$\cdots$，则表达式

$$u_1 + u_2 + u_3 + \cdots + u_n + \cdots \tag{9-1}$$

称为（常数项）无穷级数，简称（常数项）级数，记为 $\sum\limits_{n=1}^{\infty} u_n$，即

$$\sum_{n=1}^{\infty} u_n = u_1 + u_2 + u_3 + \cdots + u_n + \cdots,$$

其中第 n 项 u_n 称为级数的**一般项或通项**．

例如，$\sum\limits_{n=1}^{\infty}(2n-1) = 1 + 3 + 5 + \cdots + (2n-1) + \cdots$，

$$\sum_{n=1}^{\infty}(-1)^n = -1 + 1 - 1 + \cdots + (-1)^n + \cdots,$$

$$\sum_{n=1}^{\infty}\frac{1}{n^p} = 1 + \frac{1}{2^p} + \frac{1}{3^p} + \cdots + \frac{1}{n^p} + \cdots$$

都是常数项级数．

等差数列各项的和 $\sum\limits_{n=1}^{\infty}[a_1 + (n-1)d]$ 称为算术级数．等比数列各项的和 $\sum\limits_{n=1}^{\infty} a_1 q^{n-1}$ 称为等比级数，也称为几何级数．级数 $\sum\limits_{n=1}^{\infty}\frac{1}{n^p}$ 称为 p-级数，当 $p=1$ 时，称为调和级数．

设级数式(9-1)的前 n 项和为

$$s_n = \sum_{k=1}^{n} u_k = u_1 + u_2 + \cdots + u_n,$$

称 s_n 为级数式(9-1)的**部分和**．

当 n 依次取 1，2，3，$\cdots$时，得到一个新的数列

$$s_1 = u_1, s_2 = u_1 + u_2, \cdots, s_n = u_1 + u_2 + \cdots + u_n, \cdots$$

数列 $\{s_n\}$ 称为级数 $\sum\limits_{n=1}^{\infty} u_n$ 的部分和数列.

定义 1 如果级数 $\sum\limits_{n=1}^{\infty} u_n$ 的部分和数列 $\{s_n\}$ 有极限 s，即

$$\lim_{n \to \infty} s_n = s (常数),$$

则称级数 $\sum\limits_{n=1}^{\infty} u_n$ 收敛，这时极限 s 叫做这级数的和，并写成

$$s = u_1 + u_2 + u_3 + \cdots + u_n + \cdots;$$

如果数列 $\{s_n\}$ 没有极限，则称级数 $\sum\limits_{n=1}^{\infty} u_n$ 发散.

显然，当级数收敛时，其部分和 s_n 是级数的和 s 的近似值，它们之间的差值

$$r_n = s - s_n = u_{n+1} + u_{n+2} + \cdots$$

叫做级数的**余项**. 用近似值 s_n 代替和 s 所产生的误差是这个余项的绝对值，即误差是 $|r_n|$.

例 1 判别无穷级数 $\sum\limits_{n=1}^{\infty} \dfrac{1}{n(n+1)}$ 的收敛性.

解 因为 $s_n = \dfrac{1}{1 \times 2} + \dfrac{1}{2 \times 3} + \cdots + \dfrac{1}{n(n+1)} = \left(1 - \dfrac{1}{2}\right) + \left(\dfrac{1}{2} - \dfrac{1}{3}\right) + \cdots + \left(\dfrac{1}{n} - \dfrac{1}{n+1}\right) = 1 - \dfrac{1}{n+1}$,

$$\lim_{n \to \infty} s_n = \lim_{n \to \infty} \left(1 - \dfrac{1}{n+1}\right) = 1.$$

所以此级数收敛，它的和为 1.

例 2 证明级数 $\sum\limits_{n=1}^{\infty} 2n$ 是发散的.

证 这级数的部分和为

$$s_n = 2 + 4 + 6 + \cdots + 2n = n(n+1).$$

显然，$\lim\limits_{n \to \infty} s_n = \infty$，因此所给级数是发散的.

例 3 讨论几何级数 $\sum\limits_{n=1}^{\infty} aq^{n-1}$ 的收敛性，其中 $a \neq 0$，q 是公比.

解 如果 $|q| \neq 1$，则部分和

$$s_n = a + aq + \cdots + aq^{n-1} = \dfrac{a - aq^n}{1-q} = \dfrac{a}{1-q} - \dfrac{aq^n}{1-q}.$$

当 $|q| < 1$ 时，由于 $\lim\limits_{n \to \infty} q^n = 0$，从而 $\lim\limits_{n \to \infty} s_n = \dfrac{a}{1-q}$，因此级数收敛，其和为 $\dfrac{a}{1-q}$. 当 $|q| > 1$ 时，由于 $\lim\limits_{n \to \infty} q^n = \infty$，从而 $\lim\limits_{n \to \infty} s_n = \infty$，这时级数发散.

如果 $|q| = 1$，则当 $q = 1$ 时，$s_n = na \to \infty$，因此级数发散；当 $q = -1$ 时，$s_n = \begin{cases} 0 & (n 为偶数) \\ a & (n 为奇数) \end{cases}$，从而 s_n 的极限不存在，这时级数也发散.

总之，几何级数 $\sum\limits_{n=1}^{\infty} aq^{n-1}$，当 $|q|<1$ 时收敛，$|q|\geqslant1$ 时发散.

二、级数的性质

由上述级数收敛、发散以及和的定义可知，级数的收敛问题实际上就是其部分和数列的收敛问题，因此应用数列极限的有关性质，很容易推出常数项级数的下述性质.

性质 1 如果级数 $\sum\limits_{n=1}^{\infty} u_n$ 收敛于和 s，则级数 $\sum\limits_{n=1}^{\infty} ku_n$（常数 $k\neq0$）也收敛，且其和为 ks.

性质 2 如果级数 $\sum\limits_{n=1}^{\infty} u_n$、$\sum\limits_{n=1}^{\infty} v_n$ 分别收敛于和 s、σ，则级数 $\sum\limits_{n=1}^{\infty} (u_n \pm v_n)$ 也收敛，且其和为 $s\pm\sigma$.

性质 3 在级数中去掉、加上或改变有限项，不会改变级数的收敛性.

性质 4 如果级数 $\sum\limits_{n=1}^{\infty} u_n$ 收敛，则对这级数的项任意加括号后所成的级数

$$(u_1+\cdots+u_{n_1})+(u_{n_1+1}+\cdots+u_{n_2})+\cdots+(u_{n_{k-1}+1}+\cdots+u_{n_k})+\cdots \tag{9-2}$$

仍收敛，且其和不变.

注 一个级数添加括号后收敛，原级数不一定收敛. 例如，级数

$$(1-1)+(1-1)+\cdots$$

收敛于零，但级数

$$1-1+1-1+\cdots$$

却是发散的.

如果加括号后所成的级数发散，则原级数也发散. 事实上，倘若原来级数收敛，则根据性质 4 知道，加括号后的级数就应该收敛，这是矛盾的.

性质 5（级数收敛的必要条件） 如果级数 $\sum\limits_{n=1}^{\infty} u_n$ 收敛，则 $\lim\limits_{n\to\infty} u_n=0$.

证 设级数 $\sum\limits_{n=1}^{\infty} u_n$ 的部分和为 s_n，且 $s_n\to s(n\to\infty)$，则

$$\lim_{n\to\infty} u_n=\lim_{n\to\infty}(s_n-s_{n-1})=\lim_{n\to\infty}s_n-\lim_{n\to\infty}s_{n-1}=s-s=0.$$

性质 5 告诉我们，当考察一个级数是否收敛时，首先应当考察当 $n\to\infty$ 时，这个级数的一般项 u_n 是否趋于零，如果 u_n 不趋于零，那么立即可以断言，这个级数是发散的. 但要注意，$u_n\to0(n\to\infty)$ 的级数不一定收敛，即级数的一般项趋于零，并不是级数收敛的充分条件.

例 4 判定级数 $\sum\limits_{n=1}^{\infty} (-1)^n \dfrac{n}{n+1}$ 的收敛性.

解 由于 $u_n=(-1)^n \dfrac{n}{n+1}$ 当 $n\to\infty$ 时不趋于零，因此级数 $\sum\limits_{n=1}^{\infty} (-1)^n \dfrac{n}{n+1}$ 是发散的.

例 5 证明调和级数 $\sum\limits_{n=1}^{\infty} \dfrac{1}{n}$ 是发散的.

证 假设级数 $\sum\limits_{n=1}^{\infty}\dfrac{1}{n}$ 收敛，设它的部分和为 s_n，且 $s_n \to s(n \to \infty)$. 显然，对级数 $\sum\limits_{n=1}^{\infty}\dfrac{1}{n}$ 的部分和 s_{2n}，也有 $s_{2n} \to s(n \to \infty)$，于是

$$s_{2n} - s_n \to s - s = 0 \quad (n \to \infty).$$

但另一方面

$$s_{2n} - s_n = \frac{1}{n+1} + \frac{1}{n+2} + \cdots + \frac{1}{2n} > \underbrace{\frac{1}{2n} + \frac{1}{2n} + \cdots + \frac{1}{2n}}_{n \text{ 项}} = \frac{1}{2}.$$

故 $s_{2n} - s_n$ 当 $n \to \infty$ 时不趋于零，与假设级数 $\sum\limits_{n=1}^{\infty}\dfrac{1}{n}$ 收敛矛盾. 所以调和级数是发散的.

这说明调和级数 $\sum\limits_{n=1}^{\infty}\dfrac{1}{n}$，虽然有 $\lim\limits_{n \to \infty} u_n = 0$，但它是发散的.

习题 9-1

1. 写出下列级数的一般项.

(1) $1 + \dfrac{1}{3} + \dfrac{1}{5} + \dfrac{1}{7} + \cdots$；

(2) $-\dfrac{3}{1} + \dfrac{4}{4} - \dfrac{5}{9} + \dfrac{6}{16} - \dfrac{7}{27} + \cdots$；

(3) $\dfrac{1}{1 \times 4} + \dfrac{a}{4 \times 7} + \dfrac{a^2}{7 \times 10} + \dfrac{a^3}{10 \times 13} + \cdots$；

(4) $\dfrac{\sqrt{x}}{2} - \dfrac{x}{4} + \dfrac{x\sqrt{x}}{6} - \dfrac{x^2}{8} + \cdots$.

2. 根据级数收敛与发散的定义判别下列级数的收敛性.

(1) $\sum\limits_{n=1}^{\infty} \ln\dfrac{n+1}{n}$；

(2) $\sum\limits_{n=1}^{\infty} \dfrac{1}{(2n-1)(2n+1)}$；

(3) $-\dfrac{3}{4} + \dfrac{3^2}{4^2} - \dfrac{3^3}{4^3} + \dfrac{3^4}{4^4} - \cdots$；

(4) $\dfrac{1}{2} + \dfrac{3}{4} + \dfrac{7}{8} + \cdots + \dfrac{2^n-1}{2^n} + \cdots$.

3. 判别下列级数的收敛性.

(1) $\sum\limits_{n=1}^{\infty} \dfrac{1}{3n}$；

(2) $\sum\limits_{n=1}^{\infty} \left(\dfrac{3}{2^n} + \dfrac{2}{3^n}\right)$；

(3) $\sum\limits_{n=1}^{\infty} \dfrac{n}{10n+1}$；

(4) $\sum\limits_{n=1}^{\infty} (-1)^n \dfrac{1}{100}$.

4. 若级数 $\sum\limits_{n=1}^{\infty} u_n$ 与 $\sum\limits_{n=1}^{\infty} v_n$ 都发散时，级数 $\sum\limits_{n=1}^{\infty} (u_n \pm v_n)$ 的收敛性如何？若其中一个收敛，一个发散，那么，级数 $\sum\limits_{n=1}^{\infty} (u_n \pm v_n)$ 收敛性又如何？

第二节　正项级数及其审敛法

设 $u_n \geqslant 0 (n = 1, 2, 3, \cdots)$，则级数 $\sum\limits_{n=1}^{\infty} u_n$ 称为**正项级数**.

正项级数比较简单但很重要，在研究其他类型的级数时，常常要用到正项级数的有关结果.

对正项级数，由于 $u_n \geqslant 0$，因而
$$s_{n+1} = s_n + u_{n+1} \geqslant s_n,$$

所以正项级数 $\sum\limits_{n=1}^{\infty} u_n$ 的部分和数列 $\{s_n\}$ 必为单调递增数列，若部分和数列 $\{s_n\}$ 有界，则由单调有界数列必有极限，故数列 $\{s_n\}$ 必有极限存在，反之，若正项级数收敛于 s，即 $\lim\limits_{n \to \infty} s_n = s$，则数列 $\{s_n\}$ 必有界．由此得下面的定理．

定理 1　正项级数 $\sum\limits_{n=1}^{\infty} u_n$ 收敛的充分必要条件是它的部分和数列有界．

根据定理 1，可得关于正项级数的一个基本的审敛法．

定理 2（比较审敛法）　设 $\sum\limits_{n=1}^{\infty} u_n$ 和 $\sum\limits_{n=1}^{\infty} v_n$ 都是正项级数，且 $u_n \leqslant v_n$：

（1）如果级数 $\sum\limits_{n=1}^{\infty} v_n$ 收敛，则级数 $\sum\limits_{n=1}^{\infty} u_n$ 也收敛；

（2）如果级数 $\sum\limits_{n=1}^{\infty} u_n$ 发散，则级数 $\sum\limits_{n=1}^{\infty} v_n$ 也发散．

由于级数的每一项同乘以不为零的常数 k，以及去掉级数的有限项不影响级数的收敛性，因此可得如下推论．

推论　设 $\sum\limits_{n=1}^{\infty} u_n$ 和 $\sum\limits_{n=1}^{\infty} v_n$ 都是正项级数，且存在自然数 N，使当 $n \geqslant N$ 时有 $u_n \leqslant k v_n$ $(k > 0)$：

（1）如果 $\sum\limits_{n=1}^{\infty} v_n$ 收敛，则 $\sum\limits_{n=1}^{\infty} u_n$ 也收敛；

（2）如果 $\sum\limits_{n=1}^{\infty} u_n$ 发散，则 $\sum\limits_{n=1}^{\infty} v_n$ 也发散．

例 1　证明级数 $\dfrac{1}{2+k} + \dfrac{1}{2^2+k} + \dfrac{1}{2^3+k} + \cdots + \dfrac{1}{2^n+k} + \cdots (k > 0)$ 是收敛的．

证　因为 $0 < \dfrac{1}{2^n+k} < \dfrac{1}{2^n}$，而级数 $\sum\limits_{n=1}^{\infty} \dfrac{1}{2^n}$ 是收敛的．根据比较审敛法可知所给级数也是收敛的．

例 2　讨论 p-级数 $\sum\limits_{n=1}^{\infty} \dfrac{1}{n^p} = 1 + \dfrac{1}{2^p} + \dfrac{1}{3^p} + \cdots + \dfrac{1}{n^p} + \cdots (p > 0)$ 的收敛性．

解　当 $p \leqslant 1$ 时，$\dfrac{1}{n^p} \geqslant \dfrac{1}{n}$，因为 $\sum\limits_{n=1}^{\infty} \dfrac{1}{n}$ 发散，所以根据比较审敛法知，当 $p \leqslant 1$ 时，级数 $\sum\limits_{n=1}^{\infty} \dfrac{1}{n^p}$ 发散．

当 $p > 1$ 时，顺次把 p-级数的第 1 项，第 2 项和第 3 项，第 4 项至第 7 项，第 8 项到第 15 项，等等，括在一起，得
$$1 + \left(\dfrac{1}{2^p} + \dfrac{1}{3^p} \right) + \left(\dfrac{1}{4^p} + \dfrac{1}{5^p} + \dfrac{1}{6^p} + \dfrac{1}{7^p} \right) + \left(\dfrac{1}{8^p} + \cdots + \dfrac{1}{15^p} \right) + \cdots.$$

它的各项显然小于级数

$$1+\left(\frac{1}{2^p}+\frac{1}{2^p}\right)+\left(\frac{1}{4^p}+\cdots+\frac{1}{4^p}\right)+\left(\frac{1}{8^p}+\cdots+\frac{1}{8^p}\right)+\cdots=1+\frac{1}{2^{p-1}}+\left(\frac{1}{2^{p-1}}\right)^2+\left(\frac{1}{2^{p-1}}\right)^3+\cdots$$

对应的各项，而所得级数是公比 $q=\dfrac{1}{2^{p-1}}<1$ 的等比级数，故收敛，于是当 $p>1$ 时级数 $\displaystyle\sum_{n=1}^{\infty}\frac{1}{n^p}$ 收敛.

总之，p-级数 $\displaystyle\sum_{n=1}^{\infty}\frac{1}{n^p}$，当 $p>1$ 时收敛，$p\leqslant1$ 时发散.

例 3 判别级数 $\displaystyle\sum_{n=1}^{\infty}\frac{1}{(n+1)(n+4)}$ 的收敛性.

解 因为 $0<\dfrac{1}{(n+1)(n+4)}<\dfrac{1}{n^2}$，而级数 $\displaystyle\sum_{n=1}^{\infty}\frac{1}{n^2}$ 是 $p=2$ 的 p-级数，它是收敛的. 所以级数 $\displaystyle\sum_{n=1}^{\infty}\frac{1}{(n+1)(n+4)}$ 也是收敛的.

定理 3（比较审敛法的极限形式） 设 $\displaystyle\sum_{n=1}^{\infty}u_n$ 和 $\displaystyle\sum_{n=1}^{\infty}v_n$ 都是正项级数，如果

$$\lim_{n\to\infty}\frac{u_n}{v_n}=l\quad(0<l<+\infty),$$

则级数 $\displaystyle\sum_{n=1}^{\infty}u_n$ 和 $\displaystyle\sum_{n=1}^{\infty}v_n$ 同时收敛或同时发散.

例 4 判别级数 $\displaystyle\sum_{n=1}^{\infty}\sin\frac{1}{n}$ 的收敛性.

解 因为

$$\lim_{n\to\infty}\frac{\sin\dfrac{1}{n}}{\dfrac{1}{n}}=1,$$

而级数 $\displaystyle\sum_{n=1}^{\infty}\frac{1}{n}$ 是发散的，根据比较审敛法的极限形式知级数 $\displaystyle\sum_{n=1}^{\infty}\sin\frac{1}{n}$ 发散.

上面介绍比较审敛法，它的基本思想是把某个已知收敛性的级数作为比较对象，通过比较对应项的大小，来判断给定级数的收敛性. 但有时不易找到比较的已知级数，这样就提出一个问题，能否从级数本身就能判别级数的收敛性呢？达朗贝尔找到了比值审敛法，柯西找到根值审敛法.

定理 4（比值审敛法，达朗贝尔判别法） 设 $\displaystyle\sum_{n=1}^{\infty}u_n$ 是正项级数，并且 $\displaystyle\lim_{n\to\infty}\frac{u_{n+1}}{u_n}=\rho$，则

（1）当 $\rho<1$ 时，级数收敛；

（2）当 $\rho>1$ $\left(\text{或}\displaystyle\lim_{n\to\infty}\frac{u_{n+1}}{u_n}=\infty\right)$ 时，级数发散；

（3）当 $\rho=1$ 时，级数可能收敛，也可能发散.

如果正项级数的一般项中含有幂或阶乘因式时，可试用比值审敛法.

例 5 判别下列级数的收敛性.

(1) $\displaystyle\sum_{n=1}^{\infty} \frac{1}{(n-1)!}$; (2) $\displaystyle\sum_{n=1}^{\infty} \frac{3^n}{n^2 2^n}$.

解 (1) 因为 $\displaystyle\lim_{n\to\infty} \frac{u_{n+1}}{u_n} = \lim_{n\to\infty} \frac{(n-1)!}{n!} = \lim_{n\to\infty} \frac{1}{n} = 0 < 1$，所以根据比值审敛法级数

$\displaystyle\sum_{n=1}^{\infty} \frac{1}{(n-1)!}$ 收敛.

(2) 因为 $\displaystyle\lim_{n\to\infty} \frac{u_{n+1}}{u_n} = \lim_{n\to\infty} \frac{3^{n+1}}{(n+1)^2 2^{n+1}} \times \frac{n^2 2^n}{3^n} = \lim_{n\to\infty} \frac{3n^2}{2(n+1)^2} = \frac{3}{2} \lim_{n\to\infty} \left(\frac{1}{1+\frac{1}{n}} \right)^2 = \frac{3}{2} > 1$，

所以根据比值审敛法级数 $\displaystyle\sum_{n=1}^{\infty} \frac{3^n}{n^2 2^n}$ 发散.

例 6 判别级数 $\displaystyle\sum_{n=1}^{\infty} \frac{1}{2n(2n+1)}$ 的收敛性.

解 $\displaystyle\lim_{n\to\infty} \frac{u_{n+1}}{u_n} = \lim_{n\to\infty} \frac{2n(2n+1)}{2(n+1)(2n+3)} = 1$，这时 $\rho = 1$，比值审敛法失效，必须用其他

方法来判别该级数的收敛性.

因为 $2n+1 > 2n > n$，所以 $\dfrac{1}{2n(2n+1)} < \dfrac{1}{n^2}$. 而级数 $\displaystyle\sum_{n=1}^{\infty} \frac{1}{n^2}$ 收敛,因此由比较审敛法可知

级数 $\displaystyle\sum_{n=1}^{\infty} \frac{1}{2n(2n+1)}$ 收敛.

定理 5（根值审敛法，柯西判别法） 设 $\displaystyle\sum_{n=1}^{\infty} u_n$ 是正项级数，并且 $\displaystyle\lim_{n\to\infty} \sqrt[n]{u_n} = \rho$，则

(1) 当 $\rho < 1$ 时，级数收敛；

(2) 当 $\rho > 1$（或 $\displaystyle\lim_{n\to\infty} \sqrt[n]{u_n} = +\infty$）时，级数发散；

(3) 当 $\rho = 1$ 时，级数可能收敛，也可能发散.

例 7 判别级数 $\displaystyle\sum_{n=1}^{\infty} \left(\frac{n}{2n+1} \right)^n$ 的收敛性.

解 因为 $\displaystyle\lim_{n\to\infty} \sqrt[n]{u_n} = \lim_{n\to\infty} \frac{n}{2n+1} = \frac{1}{2} < 1$，由根值审敛法知，级数 $\displaystyle\sum_{n=1}^{\infty} \left(\frac{n}{2n+1} \right)^n$ 收敛.

习题 9-2

1. 用比较审敛法判别下列级数的收敛性.

(1) $\displaystyle\sum_{n=1}^{\infty} \frac{1}{2n-1}$; (2) $\displaystyle\sum_{n=1}^{\infty} \frac{(\sin n)^2}{5^2}$;

(3) $\displaystyle\sum_{n=1}^{\infty} \sin \frac{\pi}{2^n}$; (4) $\displaystyle\sum_{n=1}^{\infty} \frac{1}{1+a^n} (a > 0)$.

2. 用比值审敛法判别下列级数的收敛性.

(1) $\displaystyle\sum_{n=1}^{\infty} \frac{n+2}{2^n}$; (2) $\displaystyle\sum_{n=1}^{\infty} \frac{n^n}{n!}$;

(3) $\displaystyle\sum_{n=1}^{\infty} \frac{\ln n}{n^{\frac{1}{2}} \times 2^{n}}$; (4) $\displaystyle\sum_{n=1}^{\infty} n \tan \frac{\pi}{2^{n+1}}$.

3. 用根值审敛法判别下列级数的收敛性.

(1) $\displaystyle\sum_{n=1}^{\infty} \left(\frac{n}{3n+1} \right)^{n}$; (2) $\displaystyle\sum_{n=1}^{\infty} \frac{n^{\ln n}}{(\ln n)^{n}}$;

(3) $\displaystyle\sum_{n=1}^{\infty} \left(\frac{n}{3n-1} \right)^{2n-1}$; (4) $\displaystyle\sum_{n=1}^{\infty} \left(\frac{x}{a_n} \right)^{n} (x>0, \lim_{n \to \infty} a_n = a, a_n > 0)$.

4. 判别下列级数的收敛性.

(1) $\displaystyle\sum_{n=1}^{\infty} \frac{3+(-1)^{n}}{5^{n}}$; (2) $\displaystyle\sum_{n=1}^{\infty} (n+1)^{n} \sin \frac{\pi}{2^{n}}$;

(3) $\displaystyle\sum_{n=1}^{\infty} \sqrt{\frac{n}{n+2}}$; (4) $\displaystyle\sum_{n=1}^{\infty} \ln \left(1 + \frac{2}{n^{2}} \right)$.

第三节 任意项级数及其审敛法

一、交错级数及其审敛法

设级数的各项是正、负交错的，即
$$u_1 - u_2 + u_3 - u_4 + \cdots \text{或} -u_1 + u_2 - u_3 + u_4 - \cdots,$$
其中 $u_n \geqslant 0 (n=1,2,3,\cdots)$，这样的级数称为**交错级数**. 关于交错级数有如下的审敛法.

定理 1（莱布尼茨定理） 如果交错级数 $\displaystyle\sum_{n=1}^{\infty} (-1)^{n-1} u_n (u_n > 0, n=1,2,3,\cdots)$ 满足条件：

(1) $u_n \geqslant u_{n+1} (n=1,2,3,\cdots)$；
(2) $\displaystyle\lim_{n \to \infty} u_n = 0$.

则级数 $\displaystyle\sum_{n=1}^{\infty} (-1)^{n-1} u_n$ 收敛，且其和 $s \leqslant u_1$，用它的部分和 s_n 作为级数和 s 的近似值，误差 $|s_n - s| \leqslant u_{n+1}$.

证 记交错级数前 $2n$ 项的和为 s_{2n}，并写成
$$s_{2n} = (u_1 - u_2) + (u_3 - u_4) + \cdots + (u_{2n-1} - u_{2n}).$$
由条件（1），所有括号中的差都是非负的，因此 $\{s_{2n}\}$ 是单调递增数列，另外 s_{2n} 又可以写成
$$s_{2n} = u_1 - (u_2 - u_3) - (u_4 - u_5) - \cdots - (u_{2n-2} - u_{2n-1}) - u_{2n}.$$
其中每个括号中的差也是非负的，因此 $s_{2n} \leqslant u_1$. 所以数列 $\{s_{2n}\}$ 为单调有界数列，因而当 $n \to \infty$ 时，s_{2n} 趋于极限 s，且 $s \leqslant u_1$，即 $\displaystyle\lim_{n \to \infty} s_{2n} = s \leqslant u_1$.

我们再考察 s_{2n+1} 的极限，由于 $s_{2n+1} = s_{2n} + u_{2n+1}$，根据条件（2）得
$$\lim_{n \to \infty} s_{2n+1} = \lim_{n \to \infty} (s_{2n} + u_{2n+1}) = s + 0 = s.$$
这样，交错级数的前偶数项和前奇数项的和都趋于同一个极限 s，即
$$\lim_{n \to \infty} s_n = s, \text{且} s \leqslant u_1.$$
故交错级 $\displaystyle\sum_{n=1}^{\infty} (-1)^{n-1} u_n$ 收敛.

又因为 $|r_n|=|s_n-s|=u_{n+1}-u_{n+2}+u_{n+3}-\cdots$ 也是一个交错级数，且满足条件（1）、（2），故该级数必收敛，且 $|s_n-s|\leqslant u_{n+1}$.

例 1 判别交错级数 $\displaystyle\sum_{n=1}^{\infty}(-1)^{n-1}\frac{1}{n}$ 的收敛性.

解 交错级数 $\displaystyle\sum_{n=1}^{\infty}(-1)^{n-1}\frac{1}{n}$ 满足条件：

(1) $u_n=\dfrac{1}{n}>\dfrac{1}{n+1}=u_{n+1}\ (n=1,2,3,\cdots)$;

(2) $\displaystyle\lim_{n\to\infty}u_n=\lim_{n\to\infty}\frac{1}{n}=0$,

所以级数 $\displaystyle\sum_{n=1}^{\infty}(-1)^{n-1}\frac{1}{n}$ 是收敛的.

级数 $\displaystyle\sum_{n=1}^{\infty}(-1)^{n-1}\frac{1}{n}$ 的和 $s<1$，如果取前 n 项的和 $s_n=1-\dfrac{1}{2}+\dfrac{1}{3}-\dfrac{1}{4}+\cdots+(-1)^{n-1}\dfrac{1}{n}$，作为 s 的近似值，所产生的误差 $|r_n|\leqslant\dfrac{1}{n+1}$.

二、绝对收敛与条件收敛

设级数 $\displaystyle\sum_{n=1}^{\infty}u_n$，其中 $u_n(n=1,2,3,\cdots)$ 为任意实数，称这样的级数为**任意项级数**.

为了判定任意项级数 $\displaystyle\sum_{n=1}^{\infty}u_n$ 的收敛性，通常先考察其各项加绝对值组成的正项级数 $\displaystyle\sum_{n=1}^{\infty}|u_n|$ 的收敛性.

如果级数 $\displaystyle\sum_{n=1}^{\infty}|u_n|$ 收敛，则称级数 $\displaystyle\sum_{n=1}^{\infty}u_n$ **绝对收敛**；如果级数 $\displaystyle\sum_{n=1}^{\infty}u_n$ 收敛，而级数 $\displaystyle\sum_{n=1}^{\infty}|u_n|$ 发散，则称级数 $\displaystyle\sum_{n=1}^{\infty}u_n$ **条件收敛**. 例如级数 $\displaystyle\sum_{n=1}^{\infty}(-1)^{n-1}\frac{1}{n^2}$ 是绝对收敛的，而级数 $\displaystyle\sum_{n=1}^{\infty}(-1)^{n-1}\frac{1}{n}$ 是条件收敛的.

级数绝对收敛与级数收敛有以下重要关系.

定理 2 如果级数 $\displaystyle\sum_{n=1}^{\infty}u_n$ 绝对收敛，则级数 $\displaystyle\sum_{n=1}^{\infty}u_n$ 必定收敛.

证 设级数 $\displaystyle\sum_{n=1}^{\infty}|u_n|$ 收敛. 令

$$v_n=\frac{1}{2}(u_n+|u_n|)\quad(n=1,2,3,\cdots)$$

显然 $v_n\geqslant 0$ 且 $v_n\leqslant|u_n|\ (n=1,2,3,\cdots)$. 由比较审敛法知道，级数 $\displaystyle\sum_{n=1}^{\infty}v_n$ 收敛，从而级数 $\displaystyle\sum_{n=1}^{\infty}2v_n$ 也收敛. 而 $u_n=2v_n-|u_n|$，由收敛级数的基本性质可知

$\displaystyle\sum_{n=1}^{\infty} u_n = \sum_{n=1}^{\infty} 2v_n - \sum_{n=1}^{\infty} |u_n|$，所以级数 $\displaystyle\sum_{n=1}^{\infty} u_n$ 收敛．

注 上述定理的逆定理并不成立．不能由级数 $\displaystyle\sum_{n=1}^{\infty} u_n$ 收敛，而得出级数 $\displaystyle\sum_{n=1}^{\infty} |u_n|$ 一定收敛．例 1 中的级数就是条件收敛的．

例 2 判别级数 $\displaystyle\sum_{n=1}^{\infty} \frac{\sin n\alpha}{n^2}$ 的收敛性．

解 因为 $\left|\dfrac{\sin n\alpha}{n^2}\right| \leqslant \dfrac{1}{n^2}$，而级数 $\displaystyle\sum_{n=1}^{\infty} \frac{1}{n^2}$ 收敛，所以级数 $\displaystyle\sum_{n=1}^{\infty} \left|\frac{\sin n\alpha}{n^2}\right|$ 收敛．由定理 2 知，级数 $\displaystyle\sum_{n=1}^{\infty} \frac{\sin n\alpha}{n^2}$ 绝对收敛．

例 3 判别级数 $\dfrac{1}{\ln 2} - \dfrac{1}{\ln 3} + \dfrac{1}{\ln 4} - \dfrac{1}{\ln 5} + \cdots$ 的收敛性．如果收敛，是绝对收敛还是条件收敛？

解 级数的一般项 $u_n = (-1)^{n+1} \dfrac{1}{\ln(1+n)}$，我们利用导数可以证明 $\ln(1+x) < x \, (x>0)$，因此 $|u_n| = \dfrac{1}{\ln(1+n)} > \dfrac{1}{n}$．而级数 $\displaystyle\sum_{n=1}^{\infty} \frac{1}{n}$ 是发散的，所以级数 $\displaystyle\sum_{n=1}^{\infty} |u_n|$ 发散，故所给级数不是绝对收敛的．

但所给级数是交错级数，且满足莱布尼茨定理的两个条件 $\dfrac{1}{\ln(1+n)} > \dfrac{1}{\ln[1+(1+n)]}$，$\displaystyle\lim_{n\to\infty} \frac{1}{\ln(1+n)} = 0$，因此所给级数是条件收敛．

习题 9-3

1. 判别下列级数的收敛性．

(1) $\displaystyle\sum_{n=1}^{\infty} (-1)^{n-1} \frac{1}{\sqrt{n^2+n}}$；

(2) $\displaystyle\sum_{n=1}^{\infty} (-1)^{n-1} \frac{2n}{\sqrt{n^2+n}}$．

2. 判别下列级数的收敛性．若收敛，是绝对收敛还是条件收敛．

(1) $\displaystyle\sum_{n=1}^{\infty} (-1)^{n-1} \frac{1}{\sqrt{n}}$；

(2) $\displaystyle\sum_{n=1}^{\infty} (-1)^{n-1} \frac{1}{n \times 5^n}$；

(3) $\displaystyle\sum_{n=1}^{\infty} (-1)^{n-1} \ln\frac{n+1}{n}$；

(4) $\displaystyle\sum_{n=1}^{\infty} (-1)^{n-1} \sin\frac{1}{n^2}$．

第四节 幂级数

一、函数项级数的概念

如果级数

$$u_1(x) + u_2(x) + \cdots + u_n(x) + \cdots \tag{9-3}$$

的各项都是定义在区间 I 上的函数，则称级数式(9-3)为定义在区间 I 上的**（函数项）无穷级数**，简称**（函数项）级数**. $u_n(x)$ 称为**一般项或通项**.

当 x 在区间 I 中取某个确定值 x_0 时，级数式(9-3)就是一个常数项级数

$$u_1(x_0) + u_2(x_0) + \cdots + u_n(x_0) + \cdots, \tag{9-4}$$

这个级数可能收敛也可能发散. 如果级数式(9-4)收敛，则称点 x_0 是函数项级数式(9-3)的**收敛点**；如果级数式(9-4)发散，则称点 x_0 是函数项级数(9-3)的**发散点**. 函数项级数式(9-3)的所有收敛点的全体称为它的**收敛域**.

对于收敛域内的任意一个数 x，函数项级数成为一个收敛的常数项级数，因而有一个确定的和 s. 这样，在收敛域上函数项级数的和是 x 的函数 $s(x)$，通常称 $s(x)$ 为函数项级数的和函数，该函数的定义域就是级数的收敛域，并写成

$$s(x) = u_1(x) + u_2(x) + \cdots + u_n(x) + \cdots.$$

把函数项级数式(9-3)的前 n 项部分和记为 $s_n(x)$，则在收敛域上有

$$\lim_{n \to \infty} s_n(x) = s(x),$$

我们仍把 $r_n(x) = s(x) - s_n(x)$ 叫做函数项级数的**余项** [当然只有 x 在收敛域上 $r_n(x)$ 才有意义]，于是有 $\lim\limits_{n \to \infty} r_n(x) = 0$.

函数项级数中简单而又常见的一类级数就是各项都是幂函数的函数项级数，即所谓幂级数.

二、幂级数及其收敛区间

形如

$$a_0 + a_1(x - x_0) + a_2(x - x_0)^2 + \cdots + a_n(x - x_0)^n + \cdots \tag{9-5}$$

的函数项级数，称为 $x - x_0$ 的**幂级数**，其中 a_0, a_1, a_2, $\cdots$, a_n, $\cdots$ 称为**幂级数的系数**.

当 $x_0 = 0$ 时，式(9-5)变为

$$a_0 + a_1 x + a_2 x^2 + \cdots + a_n x^n + \cdots, \tag{9-6}$$

称为 x 的**幂级数**. 如果做变换 $y = x - x_0$，则级数式(9-5)就变为级数式(9-6). 因此，下面只讨论形如式(9-6)的幂级数.

对于一个给定的幂级数，x 取何值时幂级数收敛，取何值时幂级数发散？这就是幂级数的收敛性问题.

由于级数式(9-6)的各项可能符号不同，将级数式(9-6)的各项取绝对值，则得到正项级数

$$\sum_{n=0}^{\infty} |a_n x^n| = |a_0| + |a_1 x| + |a_2 x^2| + \cdots + |a_n x^n| + \cdots.$$

设当 n 充分大时，$a_n \neq 0$，且

$$\lim_{n \to \infty} \left| \frac{a_{n+1}}{a_n} \right| = \rho,$$

则 $\lim\limits_{n \to \infty} \left| \dfrac{u_{n+1}}{u_n} \right| = \lim\limits_{n \to \infty} \left| \dfrac{a_{n+1} x^{n+1}}{a_n x^n} \right| = \lim\limits_{n \to \infty} \left| \dfrac{a_{n+1}}{a_n} \right| |x| = |x| \rho.$ 于是，由比值判别法可知：

当 $\rho \neq 0$ 时，若 $|x| \rho < 1$，即 $|x| < \dfrac{1}{\rho} = R$，则级数式(9-6)收敛；若 $|x| \rho > 1$，即 $|x| > \dfrac{1}{\rho} = R$，

则级数式(9-6)发散.

这个结论表明,只要 $0 < \rho < +\infty$,就会有一个对称开区间 $(-R, R)$,在这个区间内幂级数绝对收敛,在这个区间外幂级数发散;当 $x = \pm R$ 时,级数可能收敛也可能发散.

称 $R = \dfrac{1}{\rho}$ 为幂级数式(9-6)的 **收敛半径**.

当 $\rho = 0$ 时,$|x|\rho = 0 < 1$,级数式(9-6)对一切实数 x 都绝对收敛,这时规定收敛半径 $R = +\infty$.

如果幂级数仅在 $x = 0$ 一点处收敛,则规定收敛半径 $R = 0$. 由此可得:

定理 1 如果

$$\lim_{n \to \infty} \left| \frac{a_{n+1}}{a_n} \right| = \rho,$$

其中 a_n、a_{n+1} 是幂级数 $\displaystyle\sum_{n=1}^{\infty} a_n x^n$ 的相邻两项的系数,则

(1) 当 $0 < \rho < +\infty$ 时,$R = \dfrac{1}{\rho}$;

(2) 当 $\rho = 0$ 时,$R = +\infty$;

(3) 当 $\rho = +\infty$ 时,$R = 0$.

例 1 求幂级数 $\displaystyle\sum_{n=1}^{\infty} (-1)^{n-1} \frac{x^n}{n}$ 的收敛半径.

解 因为 $\rho = \lim\limits_{n \to \infty} \left| \dfrac{a_{n+1}}{a_n} \right| = \lim\limits_{n \to \infty} \dfrac{\frac{1}{n+1}}{\frac{1}{n}} = 1$,所以收敛半径 $R = 1$.

例 2 求幂级数 $\displaystyle\sum_{n=1}^{\infty} n^n x^n$ 的收敛半径.

解 因为 $\rho = \lim\limits_{n \to \infty} \left| \dfrac{a_{n+1}}{a_n} \right| = \lim\limits_{n \to \infty} \dfrac{(n+1)^{n+1}}{n^n} = \lim\limits_{n \to \infty} \left(1 + \dfrac{1}{n}\right)^n (n+1) = +\infty$,所以收敛半径 $R = 0$.

例 3 求幂级数 $\displaystyle\sum_{n=0}^{\infty} \frac{x^n}{n!}$ 的收敛半径.

解 因为 $\rho = \lim\limits_{n \to \infty} \left| \dfrac{a_{n+1}}{a_n} \right| = \lim\limits_{n \to \infty} \dfrac{n!}{(n+1)!} = \lim\limits_{n \to \infty} \dfrac{1}{n+1} = 0$,所以收敛半径 $R = \infty$.

若幂级数 $\displaystyle\sum_{n=1}^{\infty} a_n x^n$ 的收敛半径为 R,则 $(-R, R)$ 称为幂级数 $\displaystyle\sum_{n=1}^{\infty} a_n x^n$ 的收敛区间,幂级数在收敛区间内绝对收敛. 我们把收敛区间的端点 $x = \pm R$ 代入幂级数中,判别常数项级数的收敛性后,就可以得到幂级数的收敛域.

例 4 求下列幂级数的收敛域.

(1) $\displaystyle\sum_{n=1}^{\infty} (-1)^{n-1} \frac{x^n}{n}$; 　　　　 (2) $\displaystyle\sum_{n=1}^{\infty} n^n x^n$; 　　　　 (3) $\displaystyle\sum_{n=0}^{\infty} \frac{x^n}{n!}$.

解 (1) 由例 1 知,收敛半径 $R = 1$,所以该级数的收敛区间为 $(-1, 1)$.

当 $x=1$ 时，级数成为交错级数 $\sum\limits_{n=1}^{\infty}(-1)^{n-1}\dfrac{1}{n}$，收敛.

当 $x=-1$ 时，级数成为级数 $\sum\limits_{n=1}^{\infty}-\dfrac{1}{n}$，发散.

所以该级数的收敛域为 $(-1,1]$.

（2）由例 2 知，收敛半径 $R=0$，所以级数没有收敛区间，收敛域为 $\{x \mid x=0\}$，即级数仅在 $x=0$ 处收敛.

（3）由例 3 知，收敛半径 $R=+\infty$，所以该级数的收敛区间为 $(-\infty,+\infty)$.

例 5 求幂级数 $\sum\limits_{n=1}^{\infty}\dfrac{(x-1)^n}{n\times 2^n}$ 的收敛域.

解 令 $t=x-1$，上述级数变为 t 的幂级数 $\sum\limits_{n=1}^{\infty}\dfrac{t^n}{n\times 2^n}$，因为

$$\rho=\lim_{n\to\infty}\left|\dfrac{a_{n+1}}{a_n}\right|=\lim_{n\to\infty}\dfrac{\dfrac{1}{(n+1)2^{n+1}}}{\dfrac{1}{n\times 2^n}}=\lim_{n\to\infty}\dfrac{n}{2(n+1)}=\dfrac{1}{2},$$

所以关于 t 幂级数的收敛半径 $R=2$. 当 $t=2$ 时，级数成为调和级数 $\sum\limits_{n=1}^{\infty}\dfrac{1}{n}$，其是发散的；当 $t=-2$ 时，级数成为交错级数 $\sum\limits_{n=1}^{\infty}(-1)^n\dfrac{1}{n}$，其是收敛的，所以 t 级数的收敛区域为 $-2\leqslant t<2$，即 $-2\leqslant x-1<2$，$-1\leqslant x<3$，所以原级数的收敛区域为 $[-1,3)$.

例 6 求幂级数 $\sum\limits_{n=0}^{\infty}2^n x^{2n-1}$ 的收敛半径.

解 幂级数缺少偶数次幂的项，不属于级数式（9-6）的标准形式，因此不能直接应用定理 1，这时可以根据比值审敛法求其收敛半径：

$$\lim_{n\to\infty}\left|\dfrac{u_{n+1}}{u_n}\right|=\lim_{n\to\infty}\left|\dfrac{2^{n+1}x^{2n+1}}{2^n x^{2n-1}}\right|=\lim_{n\to\infty}2|x|^2=2|x|^2.$$

当 $2|x|^2<1$，即 $|x|<\dfrac{\sqrt{2}}{2}$ 时，所给级数绝对收敛；当 $2|x|^2>1$，即 $|x|>\dfrac{\sqrt{2}}{2}$ 时，所给级数发散. 因此幂级数的收敛半径 $R=\dfrac{\sqrt{2}}{2}$.

三、幂级数的运算

设两幂级数

$$\sum_{n=0}^{\infty}a_n x^n=a_0+a_1 x+a_2 x^2+\cdots+a_n x^n+\cdots,$$

$$\sum_{n=0}^{\infty}b_n x^n=b_0+b_1 x+b_2 x^2+\cdots+b_n x^n+\cdots$$

和函数分别为 $s_1(x)$、$s_2(x)$，收敛半径分别为 R_1、R_2，记 $R=\min\{R_1,R_2\}$，则在 $(-R,R)$ 内有如下运算法则.

1. 加减法

$$\sum_{n=0}^{\infty} a_n x^n \pm \sum_{n=0}^{\infty} b_n x^n = \sum_{n=0}^{\infty} (a_n \pm b_n) x^n = s_1(x) \pm s_2(x).$$

也就是说，两收敛的幂级数，至少在 $(-R, R)$ 中可以求和（或差），其和（或差）也是幂级数，其系数为原幂级数的系数的和（或差），其和函数为原两幂级数的和函数的和（或差）．

2. 乘法

$$\left(\sum_{n=0}^{\infty} a_n x^n\right)\left(\sum_{n=0}^{\infty} b_n x^n\right) = (a_0 + a_1 x + a_2 x^2 + \cdots + a_n x^n + \cdots)(b_0 + b_1 x + b_2 x^2 + \cdots + b_n x^n + \cdots)$$

$$= a_0 b_0 + (a_0 b_1 + a_1 b_0) x + (a_0 b_2 + a_1 b_1 + a_2 b_0) x^2 + \cdots + \sum_{i=0}^{n} a_i b_{n-i} x^n + \cdots.$$

因而，在区间 $(-R, R)$ 中，两收敛的幂级数的乘积也是一个幂级数，其 x^n 的系数由 $n+1$ 项形如 $a_i b_j (i + j = n)$ 之和构成．

设 $\sum_{n=0}^{\infty} a_n x^n = s(x)$，收敛半径 R，则在 $(-R, R)$ 内有如下运算法则.

3. 微分

$$\left(\sum_{n=0}^{\infty} a_n x^n\right)' = \sum_{n=0}^{\infty} (a_n x^n)' = \sum_{n=0}^{\infty} n a_n x^{n-1} = s'(x).$$

这就是说，收敛幂级数可以逐项求导，得到的仍是幂级数，且其收敛半径不变，其和函数为原级数和函数的导数．

4. 积分

$$\int_0^x \left(\sum_{n=0}^{\infty} a_n x^n\right) \mathrm{d}x = \sum_{n=0}^{\infty} \int_0^x (a_n x^n) \mathrm{d}x = \sum_{n=0}^{\infty} \frac{a_n}{n+1} x^{n+1} = \int_0^x s(x) \mathrm{d}x.$$

这就是说，收敛幂级数可以逐项积分，得到的仍是幂级数，且其收敛半径不变，其和函数为原级数和函数的相应区间上的积分．

例 7　求下列级数的和函数.

(1) $\sum_{n=0}^{\infty} \dfrac{x^{n+1}}{n+1}$；　　　　　　(2) $\sum_{n=0}^{\infty} (-1)^n \dfrac{x^{2n+1}}{2n+1}$.

解　(1) 设和函数为 $s(x)$，则 $s(x) = \sum_{n=0}^{\infty} \dfrac{x^{n+1}}{n+1}$.

两端求导，并由　$\dfrac{1}{1-x} = 1 + x + x^2 + \cdots + x^n + \cdots, x \in (-1, 1)$

得　　　　　　　　$s'(x) = \sum_{n=0}^{\infty} \left(\dfrac{x^{n+1}}{n+1}\right)' = \sum_{n=0}^{\infty} x^n = \dfrac{1}{1-x}$.

对上式从 0 到 x 积分，得 $s(x) = \int_0^x \dfrac{1}{1-x} \mathrm{d}x = -\ln(1-x)$, $x \in (-1, 1)$.

当 $x = -1$ 时，$\sum_{n=0}^{\infty} \dfrac{(-1)^{n+1}}{n+1}$ 收敛，所以

$$\sum_{n=0}^{\infty} \frac{x^{n+1}}{n+1} = -\ln(1-x), x \in [-1,1).$$

（2）设和函数为 $s(x)$，则 $s(x) = \sum_{n=0}^{\infty} (-1)^n \frac{x^{2n+1}}{2n+1}$.

两端求导得 $s'(x) = \sum_{n=0}^{\infty} (-1)^n x^{2n} = \sum_{n=0}^{\infty} (-x^2)^n = \frac{1}{1+x^2}, x \in (-1,1)$.

对上式从 0 到 x 积分，得 $s(x) = \int_0^x \frac{1}{1+x^2} \mathrm{d}x = \arctan x, x \in (-1,1)$.

当 $x = -1$ 时，$\sum_{n=0}^{\infty} (-1)^n \frac{-1}{2n+1}$ 收敛；当 $x = 1$ 时，$\sum_{n=0}^{\infty} (-1)^n \frac{1}{2n+1}$ 收敛，所以

$$\sum_{n=0}^{\infty} (-1)^n \frac{x^{2n+1}}{2n+1} = \arctan x, \quad x \in [-1,1].$$

习题 9-4

1. 求下列幂级数的收敛半径和收敛区域.

（1）$\sum_{n=1}^{\infty} n x^n$；

（2）$\sum_{n=1}^{\infty} (-1)^n \frac{x^n}{n^2}$；

（3）$\sum_{n=1}^{\infty} \frac{1}{n} \left(\frac{x}{5} \right)^n$；

（4）$\sum_{n=1}^{\infty} \frac{2^n}{n^2+1} x^n$；

（5）$\sum_{n=1}^{\infty} \frac{x^n}{2^n \times n!}$；

（6）$\sum_{n=1}^{\infty} (-1)^{n+1} \frac{x^{2n-1}}{(2n-1)!}$；

（7）$\sum_{n=1}^{\infty} \frac{2n-1}{2^n} x^{2n-2}$；

（8）$\sum_{n=1}^{\infty} (-1)^{n-1} \frac{(x-1)^n}{n}$.

2. 求下列级数的和函数.

（1）$\sum_{n=1}^{\infty} n x^{n-1}$；

（2）$\sum_{n=1}^{\infty} \frac{x^{4n+1}}{4n+1}$；

（3）$\sum_{n=1}^{\infty} \frac{x^{2n-1}}{2n-1}$；

（4）$\sum_{n=1}^{\infty} \frac{x^{n+2}}{(n+1)(n+2)}$.

第五节　函数展开成幂级数

前面讨论中，我们知道幂级数在收敛域内确定了一个和函数. 反之，若给定一个函数，是否可以找到以及怎样找到一个幂级数，使它收敛于这个函数？泰勒级数给出函数幂级数展开的一般方法.

一、泰勒级数

在第二章第七节中我们已经看到，若函数 $f(x)$ 在 x_0 的某一邻域内具有直到 $(n+1)$ 阶的导数，则在该邻域内 $f(x)$ 的 n 阶泰勒公式

$$f(x)=f(x_0)+f'(x_0)(x-x_0)+\frac{f''(x_0)}{2!}(x-x_0)^2+\cdots+\frac{f^{(n)}(x_0)}{n!}(x-x_0)^n+R_n(x)$$

$$(9-7)$$

成立，其中 $R_n(x)$ 为拉格朗日型余项：

$$R_n(x)=\frac{f^{(n+1)}(\xi)}{(n+1)!}(x-x_0)^{n+1}.$$

ξ 是 x 与 x_0 之间的某个值，这时在该邻域内 $f(x)$ 可以用 n 次多项式

$$p_n(x)=f(x_0)+f'(x_0)(x-x_0)+\frac{f''(x_0)}{2!}(x-x_0)^2+\cdots+\frac{f^{(n)}(x_0)}{n!}(x-x_0)^n \qquad (9-8)$$

来近似表达，并且误差等于余项的绝对值 $|R_n(x)|$。显然，如果 $|R_n(x)|$ 随着 n 的增大而减小，那么就可以用增加多项式(9-8)的项数的办法来提高精确度。

如果 $f(x)$ 在点 x_0 的某邻域内具有各阶导数 $f'(x)$，$f''(x)$，$\cdots$，$f^{(n)}(x)$，$\cdots$，这时我们可以设想多项式(9-8)的项数趋于无穷而成为幂级数

$$f(x_0)+f'(x_0)(x-x_0)+\frac{f''(x_0)}{2!}(x-x_0)^2+\cdots+\frac{f^{(n)}(x_0)}{n!}(x-x_0)^n+\cdots, \qquad (9-9)$$

幂级数式(9-9)称为函数 $f(x)$ 的**泰勒级数**。显然，当 $x=x_0$ 时，$f(x)$ 的泰勒级数收敛于 $f(x_0)$，但除了 $x=x_0$ 外，它是否一定收敛？如果它收敛，它是否一定收敛于 $f(x)$？这些问题，有下列定理。

定理1 设函数 $f(x)$ 在点 x_0 的某邻域 $U(x_0)$ 内具有各阶导数，则 $f(x)$ 在该邻域内能展开成泰勒级数的充分必要条件是 $f(x)$ 的泰勒公式中的余项 $R_n(x)$ 当 $n\to\infty$ 时的极限为零，即 $\lim\limits_{n\to\infty}R_n(x)=0[x\in U(x_0)]$.

证 必要性：设 $f(x)$ 在 $U(x_0)$ 内能展开为泰勒级数，即

$$f(x)=f(x_0)+f'(x_0)(x-x_0)+\frac{f''(x_0)}{2!}(x-x_0)^2+\cdots+\frac{f^{(n)}(x_0)}{n!}(x-x_0)^n+\cdots$$

$$(9-10)$$

对一切 $x\in U(x_0)$ 成立。我们把式(9-7)写成

$$f(x)=s_{n+1}(x)+R_n(x), \qquad (9-11)$$

其中 $s_{n+1}(x)$ 是 $f(x)$ 的泰勒级数式(9-9)的前 $(n+1)$ 项之和，因为由式(9-10)有

$$\lim_{n\to\infty}s_{n+1}(x)=f(x).$$

所以 $\lim\limits_{n\to\infty}R_n(x)=\lim\limits_{n\to\infty}[f(x)-s_{n+1}(x)]=f(x)-f(x)=0$，

因此条件是必要的。

充分性：设 $\lim\limits_{n\to\infty}R_n(x)=0\ [x\in U(x_0)]$。由式(9-11)有

$$s_{n+1}(x)=f(x)-R_n(x),$$

$$\lim_{n\to\infty}s_{n+1}(x)=\lim_{n\to\infty}[f(x)-R_n(x)]=f(x).$$

即 $f(x)$ 的泰勒级数式(9-9)在 $U(x_0)$ 内收敛，并且收敛于 $f(x)$。因此条件是充分的。

在式(9-9)中取 $x_0=0$，得

$$f(0)+f'(0)x+\frac{f''(0)}{2!}x^2+\cdots+\frac{f^{(n)}(0)}{n!}x^n+\cdots, \qquad (9-12)$$

称级数式(9-12)为函数 $f(x)$ 的**麦克劳林级数**。

函数 $f(x)$ 的麦克劳林级数是 x 的幂级数，如果 $f(x)$ 能展开成 x 的幂级数，那么这种展开式是唯一的，它一定与 $f(x)$ 的麦克劳林级数式(9-12)一致.

事实上，如果 $f(x)$ 在 $x_0=0$ 的某邻域 $(-R,R)$ 内能展开成 x 的幂级数，即

$$f(x)=a_0+a_1x+a_2x^2+\cdots+a_nx^n+\cdots \tag{9-13}$$

对一切 $x\in(-R,R)$ 成立，那么根据幂级数在收敛区间内可以逐项求导，有

$$f'(x)=a_1+2a_2x+3a_3x^2+\cdots+na_nx^{n-1}+\cdots$$

$$f''(x)=2!\,a_2+3\times2a_3x+\cdots+n(n-1)a_nx^{n-2}+\cdots$$

$$f'''(x)=3!\,a_3+\cdots+n(n-1)(n-2)a_nx^{n-3}+\cdots$$

$$\cdots\cdots$$

$$f^{(n)}=n!\,a_n+(n+1)n(n-1)\cdots2a_{n+1}x+\cdots$$

$$\cdots\cdots$$

把 $x=0$ 代入以上各式，得

$$a_0=f(0),a_1=f'(0),a_2=\frac{f''(0)}{2!},\cdots,a_n=\frac{f^{(n)}(0)}{n!},\cdots$$

也就是说式(9-13)中幂级数的系数恰是麦克劳林级数的系数，这就证明了 $f(x)$ 关于 x 的幂级数展开式的唯一性.

下面将具体讨论把函数 $f(x)$ 展开为 x 的幂级数的方法.

二、函数展开成幂级数

1. 直接展开法

欲把 $f(x)$ 展开为 x 的幂级数，步骤如下（展开为 $x-x_0$ 的幂级数的步骤类似）.

第一步，求 $f'(x)$，$f''(x)$，$\cdots$，$f^{(n)}(x)$ 及 $f(0)$，$f'(0)$，$f''(0)$，$\cdots$，$f^{(n)}(0)$，如果在 $x=0$ 处某阶导数不存在，就停止进行，例如在 $x=0$ 处，$f(x)=x^{\frac{7}{3}}$ 的三阶导数不存在，它就不能展开为 x 的幂级数.

第二步，写出幂级数

$$f(0)+f'(0)x+\frac{f''(0)}{2!}x^2+\cdots+\frac{f^{(n)}(0)}{n!}x^n+\cdots$$

并求出收敛半径 R.

第三步，考察当 x 在区间 $(-R,R)$ 内时余项 $R_n(x)$ 的极限，如果

$$\lim_{n\to\infty}R_n(x)=\lim_{n\to\infty}\frac{f^{(n+1)}(\xi)}{(n+1)!}x^{n+1}=0 \quad (\xi\text{ 在 }0\text{ 与 }x\text{ 之间}),$$

则函数 $f(x)$ 在 $(-R,R)$ 内幂级数展开式为

$$f(x)=f(0)+f'(0)x+\frac{f''(0)}{2!}x^2+\cdots+\frac{f^{(n)}(0)}{n!}x^n+\cdots(-R<x<R).$$

如果极限不为 0，则上面求得的幂级数不是它的幂级数展开式.

例 1 将函数 $f(x)=\mathrm{e}^x$ 展开成 x 的幂级数.

解 因为 $f^{(n)}(x)=\mathrm{e}^x(n=1,2,3\cdots)$，所以 $f^{(n)}(0)=1(n=1,2,3\cdots)$，而 $f(0)=1$. 于是得级数

$$1+x+\frac{x^2}{2!}+\cdots+\frac{x^n}{n!}+\cdots$$

的收敛半径 $R = +\infty$.

对于任何有限的数 x、ξ（ξ 在 0 与 x 之间），余项的绝对值为

$$|R_n(x)| = \left| \frac{e^{\xi}}{(n+1)!} x^{n+1} \right| < e^{|x|} \times \frac{|x|^{n+1}}{(n+1)!},$$

因 $e^{|x|}$ 有限，而 $\frac{|x|^{n+1}}{(n+1)!}$ 是收敛级数 $\sum\limits_{n=0}^{\infty} \frac{|x|^{n+1}}{(n+1)!}$ 的一般项，所以当 $n \to \infty$ 时，有

$|R_n(x)| \to 0$. 于是得展开式 $e^x = 1 + x + \dfrac{x^2}{2!} + \cdots + \dfrac{x^n}{n!} + \cdots \ (-\infty < x < +\infty)$.

例 2 将函数 $f(x) = \sin x$ 展开成 x 的幂级数.

解 因为 $f^{(n)}(x) = \sin\left(x + n \times \dfrac{\pi}{2}\right) (n = 1, 2, 3 \cdots)$，所以 $f^{(n)}(0)$ 顺序循环地取 1, 0, -1, 0$\cdots$ $(n = 1, 2, 3\cdots)$ 而 $f(0) = 0$. 于是得级数

$$x - \frac{x^3}{3!} + \frac{x^5}{5!} - \cdots + (-1)^{n-1} \frac{x^{2n-1}}{(2n-1)!} + \cdots$$

的收敛半径 $R = +\infty$.

对于任何有限的数 x、ξ（ξ 在 0 与 x 之间），余项的绝对值当 $n \to \infty$ 时的极限为零，即

$$|R_n(x)| = \left| \frac{\sin\left[\xi + \dfrac{(n+1)\pi}{2}\right]}{(n+1)!} x^{n+1} \right| \leqslant \frac{|x|^{n+1}}{(n+1)!} \to 0 (n \to \infty).$$

因此得展开式

$$\sin x = x - \frac{x^3}{3!} + \frac{x^5}{5!} - \cdots + (-1)^{n-1} \frac{x^{2n-1}}{(2n-1)!} + \cdots (-\infty < x < +\infty).$$

用同样的方法可以推出牛顿二项展开式

$$(1+x)^m = 1 + mx + \frac{m(m-1)}{2!} x^2 + \cdots + \frac{m(m-1)\cdots(m-n+1)}{n!} x^n + \cdots (-1 < x < 1),$$

这里 m 为任意实数. 当 m 为正整数时，就是中学所学的二项式定理.

2. 间接展开法

用直接方法将函数展开成幂级数，往往比较麻烦，因为首先要求出函数的高阶导数，除了一些简单函数外，一个函数的 n 阶导数的表达式很难归纳出来. 其次要考察余项 $R_n(x)$ 是否趋向于零，这也不是件容易的事. 由于函数的幂级数展开式是唯一的，我们可以利用已知函数展开式及幂级数的运算，将所给函数展开成幂级数，这种间接展开的方法往往比较简单.

例 3 将函数 $f(x) = \cos x$ 展开成 x 的幂级数.

解 $\sin x$ 的展开式为

$$\sin x = x - \frac{x^3}{3!} + \frac{x^5}{5!} - \cdots + (-1)^{n-1} \frac{x^{2n-1}}{(2n-1)!} + \cdots (-\infty < x < +\infty).$$

上式逐项求导，得

$$\cos x = 1 - \frac{x^2}{2!} + \frac{x^4}{4!} - \cdots + (-1)^n \frac{x^{2n}}{(2n)!} + \cdots (-\infty < x < +\infty).$$

例 4 将函数 $f(x) = \ln(1+x)$ 展开成 x 的幂级数.

解 因为 $f'(x)=\dfrac{1}{1+x}$，而 $\dfrac{1}{1+x}$ 是收敛的等比级数 $\sum\limits_{n=0}^{\infty}(-1)^{n}x^{n}\,(-1<x<1)$ 的和函数：

$$\frac{1}{1+x}=1-x+x^{2}-x^{3}+\cdots+(-1)^{n}x^{n}+\cdots(-1<x<1).$$

所以将上式从 0 到 x 逐项积分，得

$$\ln(1+x)=x-\frac{x^{2}}{2}+\frac{x^{3}}{3}-\frac{x^{4}}{4}+\cdots+(-1)^{n}\frac{x^{n+1}}{n+1}+\cdots(-1<x\leqslant 1).$$

上式展开式对 $x=1$ 也成立，这是因为上式右端的幂级数当 $x=1$ 时收敛，而 $\ln(1+x)$ 在 $x=1$ 处有定义且连续．

$\dfrac{1}{1-x}$、e^{x}、$\sin x$、$\cos x$、$\ln(1+x)$ 和 $(1+x)^{m}$ 的幂级数展开式以后可以直接引用．

例 5 将函数 $f(x)=\mathrm{e}^{-x^{2}}$ 展开成 x 的幂级数．

解 因为 $\mathrm{e}^{x}=\sum\limits_{n=0}^{\infty}\dfrac{x^{n}}{n!}(-\infty<x<+\infty)$，

则 $\mathrm{e}^{-x^{2}}=\sum\limits_{n=0}^{\infty}\dfrac{(-x^{2})^{n}}{n!}=\sum\limits_{n=0}^{\infty}\dfrac{(-1)^{n}x^{2n}}{n!}(-\infty<x<+\infty).$

例 6 将函数 $f(x)=\dfrac{1}{3-x}$ 展开成 $(x-1)$ 的幂级数．

解 因 $\dfrac{1}{3-x}=\dfrac{1}{2-(x-1)}=\dfrac{1}{2}\times\dfrac{1}{1-\dfrac{x-1}{2}}$，由 $\dfrac{1}{1-x}=\sum\limits_{n=0}^{\infty}x^{n}\,(-1<x<1)$，得

$$\frac{1}{3-x}=\frac{1}{2}\sum_{n=0}^{\infty}\left(\frac{x-1}{2}\right)^{n}=\sum_{n=0}^{\infty}\frac{1}{2^{n+1}}(x-1)^{n},\;而-1<\frac{x-1}{2}<1,\;则-1<x<3.$$

例 7 将函数 $f(x)=\sin x$ 展开成 $\left(x-\dfrac{\pi}{4}\right)$ 的幂级数．

解 因为 $\sin x=\sin\left[\dfrac{\pi}{4}+\left(x-\dfrac{\pi}{4}\right)\right]=\sin\dfrac{\pi}{4}\cos\left(x-\dfrac{\pi}{4}\right)+\cos\dfrac{\pi}{4}\sin\left(x-\dfrac{\pi}{4}\right)$

$$=\frac{1}{\sqrt{2}}\left[\cos\left(x-\frac{\pi}{4}\right)+\sin\left(x-\frac{\pi}{4}\right)\right],$$

由 $\cos\left(x-\dfrac{\pi}{4}\right)=1-\dfrac{\left(x-\dfrac{\pi}{4}\right)^{2}}{2!}+\dfrac{\left(x-\dfrac{\pi}{4}\right)^{4}}{4!}-\cdots(-\infty<x<+\infty)$，

$$\sin\left(x-\frac{\pi}{4}\right)=\left(x-\frac{\pi}{4}\right)-\frac{\left(x-\frac{\pi}{4}\right)^{3}}{3!}+\frac{\left(x-\frac{\pi}{4}\right)^{5}}{5!}-\cdots(-\infty<x<+\infty),$$

所以 $\sin x=\dfrac{\sqrt{2}}{2}\left[1+\left(x-\dfrac{\pi}{4}\right)-\dfrac{1}{2!}\left(x-\dfrac{\pi}{4}\right)^{2}-\dfrac{1}{3!}\left(x-\dfrac{\pi}{4}\right)^{3}+\dfrac{1}{4!}\left(x-\dfrac{\pi}{4}\right)^{4}+\dfrac{1}{5!}\left(x-\dfrac{\pi}{4}\right)^{5}-\cdots\right]$
$(-\infty<x<+\infty).$

三、幂级数的应用

函数展开成幂级数，从形式上看，似乎复杂化了，其实不然，因为幂级数的部分和是个

多项式，它在进行数值计算时比较简便，所以经常用这样的多项式来近似表达复杂的函数．这样产生的误差可以用余项来估计．

例 8 计算 e 的近似值，精确到 10^{-10}．

解 e 的值就是 e^x 的展开式在 $x=1$ 的函数值，即

$$e = \sum_{n=0}^{\infty} \frac{1}{n!} = 1 + 1 + \frac{1}{2!} + \cdots + \frac{1}{n!} + \cdots$$

$$\approx 1 + 1 + \frac{1}{2!} + \cdots + \frac{1}{n!}.$$

则误差

$$|R_n| = \frac{1}{(n+1)!} + \frac{1}{(n+2)!} + \cdots + \frac{1}{(n+k)!} + \cdots$$

$$< \frac{1}{(n+1)!} + \frac{1}{(n+1)!\,(n+1)} + \cdots + \frac{1}{(n+1)!\,(n+1)^{k-1}} + \cdots$$

$$= \frac{1}{(n+1)!} \left[1 + \frac{1}{n+1} + \frac{1}{(n+1)^2} \cdots + \frac{1}{(n+1)^{k-1}} + \cdots \right]$$

$$= \frac{1}{(n+1)!} \times \frac{1}{1 - \dfrac{1}{n+1}} = \frac{1}{n!\,\times n}.$$

要精确度到 10^{-10}，只需 $\dfrac{1}{n!\times n} < 10^{-10}$，即 $n!\times n > 10^{10}$，由于 $13!\times 13 > 10^{10}$，所以取 $n=3$，即

$$e = 1 + 1 + \frac{1}{2!} + \cdots + \frac{1}{13!}.$$

在计算机上求得 $e \approx 2.7182818285$．

例 9 计算 ln2 的近似值，要求误差不超过 0.0001．

解 在展开式

$$\ln(1+x) = x - \frac{x^2}{2} + \frac{x^3}{3} - \frac{x^4}{4} + \cdots + (-1)^n \frac{x^{n+1}}{n+1} + \cdots (-1 < x \leqslant 1)$$

中，设 $x=1$，得

$$\ln 2 = 1 - \frac{1}{2} + \frac{1}{3} - \frac{1}{4} + \cdots + (-1)^n \frac{1}{n+1} + \cdots.$$

为了保证误差不超过 10^{-4}，须取 $n=10000$ 项进行计算．这样做计算量太大了，我们必须用收敛较快的级数代替它．

把展开式

$$\ln(1+x) = x - \frac{x^2}{2} + \frac{x^3}{3} - \frac{x^4}{4} + \cdots + (-1)^n \frac{x^{n+1}}{n+1} + \cdots (-1 < x \leqslant 1)$$

中 x 换成 $-x$，得

$$\ln(1-x) = -x - \frac{x^2}{2} - \frac{x^3}{3} - \frac{x^4}{4} - \cdots - \frac{x^{n+1}}{n+1} - \cdots (-1 < x \leqslant 1).$$

两式相减，得到不含偶次幂展开式

$$\ln \frac{1+x}{1-x} = \ln(1+x) - \ln(1-x) = 2\left(x + \frac{x^3}{3} + \frac{x^5}{5} + \cdots \right)(-1 < x < 1).$$

令 $\dfrac{1+x}{1-x}=2$，解出 $x=\dfrac{1}{3}$，以 $x=\dfrac{1}{3}$ 代入上式，得

$$\ln 2 = 2\left(\frac{1}{3}+\frac{1}{3}\times\frac{1}{3^3}+\frac{1}{5}\times\frac{1}{3^5}+\frac{1}{7}\times\frac{1}{3^7}+\cdots\right).$$

如果取前四项的和作为 $\ln 2$ 的近似值，则误差

$$|R_4|=2\left(\frac{1}{9}\times\frac{1}{3^9}+\frac{1}{11}\times\frac{1}{3^{11}}+\frac{1}{13}\times\frac{1}{3^{13}}+\cdots\right)$$

$$<\frac{2}{3^{11}}\left[1+\frac{1}{9}+\left(\frac{1}{9}\right)^2+\cdots\right]$$

$$=\frac{2}{3^{11}}\times\frac{1}{1-\dfrac{1}{9}}=\frac{1}{4\times 3^9}=\frac{1}{78732}<\frac{1}{2}\times 10^{-4}<10^{-4},$$

于是有

$$\ln 2\approx 2\left(\frac{1}{3}+\frac{1}{3}\times\frac{1}{3^3}+\frac{1}{5}\times\frac{1}{3^5}+\frac{1}{7}\times\frac{1}{3^7}\right).$$

取五位小数进行计算，得 $\ln 2\approx 2(0.33333+0.01235+0.00082+0.00007)\approx 0.6931$.

例 10 计算定积分

$$\frac{2}{\sqrt{\pi}}\int_0^{\frac{1}{2}}\mathrm{e}^{-x^2}\,\mathrm{d}x$$

的近似值，要求误差不超过 $0.0001\left(\text{取}\dfrac{1}{\sqrt{\pi}}\approx 0.56419\right)$.

解 由例 5 得

$$\mathrm{e}^{-x^2}=\sum_{n=0}^{\infty}\frac{(-x^2)^n}{n!}=\sum_{n=0}^{\infty}\frac{(-1)^n x^{2n}}{n!}\ (-\infty<x<+\infty).$$

于是，根据幂级数在收敛区间内逐项可积，得

$$\frac{2}{\sqrt{\pi}}\int_0^{\frac{1}{2}}\mathrm{e}^{-x^2}\,\mathrm{d}x=\frac{2}{\sqrt{\pi}}\int_0^{\frac{1}{2}}\left[\sum_{n=0}^{\infty}\frac{(-1)^n x^{2n}}{n!}\right]\mathrm{d}x$$

$$=\frac{2}{\sqrt{\pi}}\sum_{n=0}^{\infty}\frac{(-1)^n}{n!}\int_0^{\frac{1}{2}}x^{2n}\,\mathrm{d}x=\frac{1}{\sqrt{\pi}}\left(1-\frac{1}{2^2\times 3}+\frac{1}{2^4\times 5\times 2!}-\frac{1}{2^6\times 7\times 3!}+\cdots\right).$$

取前四项的和作近似值，其误差为

$$|R_4|\leqslant\frac{1}{\sqrt{\pi}}\frac{1}{2^8\times 9\times 4!}<\frac{1}{90000},$$

所以

$$\frac{2}{\sqrt{\pi}}\int_0^{\frac{1}{2}}\mathrm{e}^{-x^2}\,\mathrm{d}x\approx\frac{1}{\sqrt{\pi}}\left(1-\frac{1}{2^2\times 3}+\frac{1}{2^4\times 5\times 2!}-\frac{1}{2^6\times 7\times 3!}\right)\approx 0.5205.$$

习题 9-5

1. 写出函数 $x\ln(1+x)$ 的麦克劳林级数.

2. 将下列函数展开成 x 的幂级数，并求展开式成立的区间.

(1) 5^x；

(2) $\dfrac{1}{x^2+3x+2}$；

(3) $\dfrac{1}{(2-x)^2}$;　　　　　　　　　　(4) $\ln(1+x-2x^2)$;

(5) $\sin^2 x$;　　　　　　　　　　　　(6) $\arcsin x$;

(7) $(x-\tan x)\cos x$;　　　　　　　(8) $\dfrac{x}{\sqrt{1+x^2}}$.

3. 将函数 $f(x)=\lg x$ 展开成 $(x-1)$ 的幂级数，并求展开式成立的区间.

4. 将函数 $f(x)=\dfrac{1}{x^2+5x+6}$ 展开成 $(x-2)$ 的幂级数.

5. 将函数 $f(x)=\cos x$ 展开成 $\left(x+\dfrac{\pi}{3}\right)$ 的幂级数.

6. 将函数 $f(x)=\dfrac{1}{x^2}$ 展开成 $(x+4)$ 的幂级数.

7. 利用函数幂级数展开式求下列各数的近似值.

(1) $\sqrt[5]{240}$（误差不超过 0.0001）;　　　(2) $\cos 2°$（误差不超过 0.0001）.

8. 利用被积函数的幂级数展开式求下列定积分的近似值.

(1) $\displaystyle\int_0^1 \dfrac{\sin x}{x}\mathrm{d}x$（误差不超过 0.0001）;　　(2) $\displaystyle\int_0^{0.5} \dfrac{1}{1+x^4}\mathrm{d}x$（误差不超过 0.0001）.

*第六节　傅里叶级数

　　法国数学家傅里叶（Fourier）发现，任何周期函数都可以用正弦函数和余弦函数构成的无穷级数来表示（选择正弦函数与余弦函数作为基函数是因为它们是正交的），后世称之为傅里叶级数．它在数学、物理以及工程中都具有重要的应用.

一、三角级数及三角函数系的正交性

　　函数列
$$1,\cos x,\sin x,\cos 2x,\sin 2x,\cdots,\cos nx,\sin nx,\cdots \qquad (9\text{-}14)$$
称为**三角函数系**. 2π 是三角函数系式(9-14)中每个函数的周期．因此，讨论三角函数系式(9-14)只需在长是 2π 的一个区间上即可．通常选取区间 $[-\pi,\pi]$.

　　三角函数系具有下列性质：m 与 n 是任意非负整数，有
$$\int_{-\pi}^{\pi}\sin mx\sin nx\,\mathrm{d}x=\begin{cases}0,m\neq n,\\ \pi,m=n\neq 0,\end{cases}$$
$$\int_{-\pi}^{\pi}\sin mx\cos nx\,\mathrm{d}x=0,$$
$$\int_{-\pi}^{\pi}\cos mx\cos nx\,\mathrm{d}x=\begin{cases}0,m\neq n,\\ \pi,m=n.\end{cases}$$

即三角函数系式(9-14)中任意两个不同函数之积在 $[-\pi,\pi]$ 的定积分是 0，而每个函数的平方在 $[-\pi,\pi]$ 的定积分不是 0．因为函数之积的积分可以视为有限维空间中内积概念的推广，所以三角函数系式(9-14)的这个性质称为**正交性**．三角函数系的正交性是三角函数系优越性的源泉．以三角函数系式(9-14)为基础作成的函数项级数

$$\frac{a_0}{2} + a_1 \cos x + b_1 \sin x + a_2 \cos 2x + b_2 \sin 2x + \cdots + a_n \cos nx + b_n \sin nx + \cdots,$$

简写为

$$\frac{a_0}{2} + \sum_{n=1}^{\infty} (a_n \cos nx + b_n \sin nx), \tag{9-15}$$

称为**三角级数**，其中 $a_0, a_n, b_n (n=1,2,\cdots)$ 都是常数．

二、函数展开成傅里叶级数

如果函数 $f(x)$ 在区间 $[-\pi, \pi]$ 能展成三角级数式(9-15)，或三角级数式(9-15) 在区间 $[-\pi, \pi]$ 收敛于函数 $f(x)$，即

$$f(x) = \frac{a_0}{2} + \sum_{n=1}^{\infty} (a_n \cos nx + b_n \sin nx). \tag{9-16}$$

那么级数式(9-16) 的系数 $a_0, a_n, b_n (n=1,2,\cdots)$ 与其和函数 $f(x)$ 有什么关系呢？为了讨论这个问题，不妨假设级数式(9-16) 在区间 $[-\pi, \pi]$ 可逐项积分，并且乘以 $\sin mx$ 或 $\cos mx$ 之后仍可逐项积分．

先求 a_0．对式(9-16) 从 $-\pi$ 到 π 逐项积分．由三角函数系式(9-14) 的正交性，有

$$\int_{-\pi}^{\pi} f(x) \mathrm{d}x = \frac{a_0}{2} \int_{-\pi}^{\pi} \mathrm{d}x + \sum_{n=1}^{\infty} \left(a_n \int_{-\pi}^{\pi} \cos nx \, \mathrm{d}x + b_n \int_{-\pi}^{\pi} \sin nx \, \mathrm{d}x \right)$$
$$= a_0 \pi,$$

于是得
$$a_0 = \frac{1}{\pi} \int_{-\pi}^{\pi} f(x) \mathrm{d}x.$$

其次求 a_k．用 $\cos kx$ 乘式(9-16) 两端，再从 $-\pi$ 到 π 逐项积分．由三角函数系式(9-14) 的正交性，有

$$\int_{-\pi}^{\pi} f(x) \cos kx \, \mathrm{d}x = \frac{a_0}{2} \int_{-\pi}^{\pi} \cos kx \, \mathrm{d}x + \sum_{n=1}^{\infty} \left[a_n \int_{-\pi}^{\pi} \cos kx \cos nx \, \mathrm{d}x + b_n \int_{-\pi}^{\pi} \cos kx \sin nx \, \mathrm{d}x \right],$$

于是得 $\quad a_k = \frac{1}{\pi} \int_{-\pi}^{\pi} f(x) \cos kx \, \mathrm{d}x (k=1, 2, \cdots).$

类似地，用 $\sin kx$ 乘式(9-16) 两边，再逐项积分可得

$$b_k = \frac{1}{\pi} \int_{-\pi}^{\pi} f(x) \sin kx \, \mathrm{d}x (k=1,2,\cdots).$$

由此可见，如果函数 $f(x)$ 在区间 $[-\pi, \pi]$ 能展成三角级数式(9-16)，其系 a_0, a_n, b_n $(n=1,2,\cdots)$ 将由函数 $f(x)$ 确定．

定义 若函数 $f(x)$ 在区间 $[-\pi, \pi]$ 可积，则称

$$a_n = \frac{1}{\pi} \int_{-\pi}^{\pi} f(x) \cos nx \, \mathrm{d}x \quad (n=0,1,\cdots), \tag{9-17}$$

$$b_n = \frac{1}{\pi} \int_{-\pi}^{\pi} f(x) \sin nx \, \mathrm{d}x \quad (n=1,2,\cdots) \tag{9-18}$$

是函数 $f(x)$ 的**傅里叶系数**．

以函数 $f(x)$ 的傅里叶系数为系数的三角级数

$$\frac{a_0}{2} + \sum_{n=1}^{\infty} (a_n \cos nx + b_n \sin nx) \tag{9-19}$$

称为函数 $f(x)$ 的**傅里叶级数**.

一个定义在 $(-\infty,+\infty)$ 上周期为 2π 的函数 $f(x)$，如果它在一个周期上可积，则一定可以作出 $f(x)$ 的傅里叶系数. 然而，函数 $f(x)$ 的傅里叶级数是否一定收敛？如果它收敛，它是否一定收敛于函数 $f(x)$？一般说，这两个问题答案都不是肯定的. 那么，函数 $f(x)$ 在什么样的条件下，它的傅里叶级数不仅收敛，而且收敛于 $f(x)$？也就是说，$f(x)$ 满足什么条件可以展开成傅里叶级数？下面叙述一个收敛定理（不加证明），它给出了关于上述问题的一个重要结论.

定理 1 （收敛定理，狄利克雷充分条件）设 $f(x)$ 是周期为 2π 的周期函数，如果它满足：

（1）在一个周期内连续或只有有限个第一类间断点；

（2）在一个周期内只有有限个极值点.

则 $f(x)$ 的傅里叶级数收敛，且有

$$\frac{a_0}{2}+\sum_{n=1}^{\infty}(a_n\cos nx+b_n\sin nx)=\begin{cases} f(x), & x \text{ 为 } f(x) \text{ 连续点,} \\ \dfrac{f(x^+)+f(x^-)}{2}, & x \text{ 为 } f(x) \text{ 间断点,} \end{cases} \tag{9-20}$$

其中 a_n，b_n 为 $f(x)$ 的傅里叶系数.

收敛定理告诉我们：只要函数 $f(x)$ 在区间 $[-\pi,\pi]$ 上至多只有有限个第一类间断点，并且不作无限次振动，函数 $f(x)$ 的傅里叶级数就会在函数的连续点处收敛于该点的函数值，在函数的间断点处收敛于该点处的函数的左极限与右极限的算术平均值. 由此可见，函数展开成傅里叶级数的条件要比函数展开成幂级数的条件低得多.

记 $C=\left\{x \mid f(x)=\dfrac{1}{2}\left[f(x^-)+f(x^+)\right]\right\}$，在 C 上就有 $f(x)$ 的傅里叶级数展开式

$$f(x)=\frac{a_0}{2}+\sum_{n=1}^{\infty}(a_n\cos nx+b_n\sin nx)(x\in C).$$

例 1 设 $f(x)$ 是周期为 2π 的周期函数，它在 $[-\pi,\pi)$ 上的表达式为

$$f(x)=\begin{cases} -1, & -\pi\leqslant x<0, \\ 1, & 0\leqslant x<\pi. \end{cases}$$

将 $f(x)$ 展成傅里叶级数.

解 所给函数满足收敛定理的条件，它在点 $x=k\pi (k=0,\pm 1,\pm 2,\cdots)$ 处不连续，在其他点处连续，从而由收敛定理知道 $f(x)$ 的傅里叶级数收敛，并且当 $x=k\pi$ 时级数收敛于 $\dfrac{-1+1}{2}=0$；当 $x\neq k\pi$ 时级数收敛于 $f(x)$. 和函数的图形如图 9-1 所示.

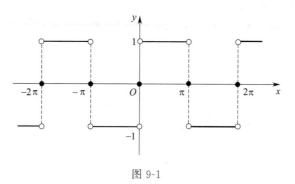

图 9-1

计算傅里叶系数如下.

$$a_n = \frac{1}{\pi} \int_{-\pi}^{\pi} f(x) \cos nx \, \mathrm{d}x$$

$$= \frac{1}{\pi} \int_{-\pi}^{0} (-1) \cos nx \, \mathrm{d}x + \frac{1}{\pi} \int_{0}^{\pi} 1 \times \cos nx \, \mathrm{d}x$$

$$= 0 \quad (n = 0, 1, 2, \cdots),$$

$$b_n = \frac{1}{\pi} \int_{-\pi}^{\pi} f(x) \sin nx \, \mathrm{d}x$$

$$= \frac{1}{\pi} \int_{-\pi}^{0} (-1) \sin nx \, \mathrm{d}x + \frac{1}{\pi} \int_{0}^{\pi} 1 \times \sin nx \, \mathrm{d}x$$

$$= \frac{1}{\pi} \left[\frac{\cos nx}{n} \right]_{-\pi}^{0} + \frac{1}{\pi} \left[-\frac{\cos nx}{n} \right]_{0}^{\pi} = \frac{2}{n\pi} [1 - \cos n\pi]$$

$$= \frac{2}{n\pi} [1 - (-1)^n] = \begin{cases} \dfrac{4}{n\pi}, & \text{当 } n = 1, 3, 5, \cdots \\ 0, & \text{当 } n = 2, 4, 6, \cdots \end{cases}.$$

所以 $f(x)$ 的傅里叶级数展开式为

$$f(x) = \frac{4}{\pi} \left[\sin x + \frac{1}{3} \sin 3x + \cdots + \frac{1}{2k-1} \sin(2k-1)x + \cdots \right] \quad (-\infty < x < +\infty \text{ 且 } x \neq 0, \pm\pi, \pm 2\pi, \cdots).$$

如果把例 1 中的函数理解为矩形波的波形函数,则 $f(x)$ 的展开式表明:矩形波是由一系列不同频次的正弦波叠加而成.

根据收敛定理,为求函数 $f(x)$ 的傅里叶级数展开式的和函数,并不需要求出函数 $f(x)$ 的傅里叶级数.

例 2 设 $f(x)$ 是周期为 2π 的周期函数,它在 $(-\pi, \pi]$ 上的表达式为

$$f(x) = \begin{cases} -1, & -\pi < x \leqslant 0 \\ 1 + x^2, & 0 < x \leqslant \pi \end{cases},$$

试写出 $f(x)$ 的傅里叶级数展开式在区间 $(-\pi, \pi]$ 上的和函数 $s(x)$ 的表达式.

解 此题只求 $f(x)$ 的傅里叶级数展开式的和函数,因此不需要求出 $f(x)$ 的傅里叶级数.

因为函数 $f(x)$ 满足收敛定理的条件,在 $(-\pi, \pi]$ 上的第一类间断点为 $x = 0$ 及 π,在其余点处均连续. 故由收敛定理知,在间断点 $x = 0$ 处,和函数

$$s(x) = \frac{f(0^-) + f(0^+)}{2} = \frac{-1 + 1}{2} = 0,$$

在间断点 $x = \pi$ 处,和函数

$$s(x) = \frac{f(\pi^-) + f(-\pi^+)}{2} = \frac{(1 + \pi^2) + (-1)}{2} = \frac{\pi^2}{2}.$$

因此,所求和函数

$$s(x) = \begin{cases} -1, & -\pi < x < 0 \\ 0, & x = 0 \\ 1 + x^2, & 0 < x < \pi \\ \dfrac{\pi^2}{2}, & x = \pi \end{cases}.$$

应该注意，如果函数 $f(x)$ 只在函数 $[-\pi,\pi]$ 上有定义，并且满足收敛定理的条件，那么 $f(x)$ 也可以展开成傅里叶级数．事实上，我们可在 $[-\pi,\pi)$ 或 $(-\pi,\pi]$ 外补充函数 $f(x)$ 的定义，使它拓广成周期为 2π 的周期函数 $F(x)$．按这种方式拓广函数的定义域的过程称为**周期延拓**．再将 $F(x)$ 展开成傅里叶级数．最后限制 x 在区间 $(-\pi,\pi)$ 内，此时 $F(x)\equiv f(x)$，这样便得到 $f(x)$ 的傅里叶级数展开式．根据收敛定理，这级数在区间端点 $x=\pm\pi$ 处收敛于 $\dfrac{f(\pi^-)+f(-\pi^+)}{2}$．

例 3 将函数 $f(x)=\begin{cases} -x, & -\pi\leqslant x<0 \\ x, & 0\leqslant x\leqslant\pi \end{cases}$ 展成傅里叶级数．

解 所给函数在区间 $[-\pi,\pi]$ 上满足收敛定理的条件，并且将 $f(x)$ 拓广为以 2π 为周期的函数 $F(x)$，它在每一点 x 处都连续（图 9-2），因此拓广的周期函数的傅里叶级数在 $[-\pi,\pi]$ 上收敛于 $f(x)$．

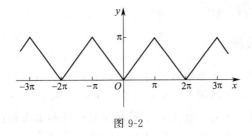

图 9-2

计算傅里叶系数如下．

$$a_0=\frac{1}{\pi}\int_{-\pi}^{\pi}F(x)\mathrm{d}x=\frac{1}{\pi}\int_{-\pi}^{\pi}f(x)\mathrm{d}x=\frac{2}{\pi}\int_0^{\pi}x\mathrm{d}x=\frac{2}{\pi}\left[\frac{x^2}{2}\right]_0^{\pi}=\pi,$$

$$a_n=\frac{1}{\pi}\int_{-\pi}^{\pi}F(x)\cos nx\,\mathrm{d}x=\frac{1}{\pi}\int_{-\pi}^{\pi}f(x)\cos nx\,\mathrm{d}x$$

$$=\frac{2}{\pi}\int_0^{\pi}x\cos nx\,\mathrm{d}x=\frac{2}{\pi}\left[\frac{x\sin nx}{n}+\frac{\cos nx}{n^2}\right]_0^{\pi}$$

$$=\frac{2}{n^2\pi}(\cos n\pi-1)=\begin{cases} -\dfrac{4}{n^2\pi}, & n=1,3,5,\cdots \\ 0, & n=2,4,6,\cdots \end{cases};$$

$$b_n=\frac{1}{\pi}\int_{-\pi}^{\pi}F(x)\sin nx\,\mathrm{d}x$$

$$=\frac{1}{\pi}\int_{-\pi}^{\pi}f(x)\sin nx\,\mathrm{d}x$$

$$=\frac{1}{\pi}\int_{-\pi}^{0}(-x)\sin nx\,\mathrm{d}x+\frac{1}{\pi}\int_0^{\pi}x\sin nx\,\mathrm{d}x$$

$$=-\frac{1}{\pi}\left[-\frac{x\cos nx}{n}+\frac{\sin nx}{n^2}\right]_{-\pi}^{0}+\frac{1}{\pi}\left[-\frac{x\cos nx}{n}+\frac{\sin nx}{n^2}\right]_0^{\pi}$$

$$=0\quad(n=1,2,3,\cdots).$$

将求得的系数代入式（9-16），得到 $f(x)$ 的傅里叶级数展开式为

$$f(x)=\frac{\pi}{2}-\frac{4}{\pi}\left(\cos x+\frac{1}{3^2}\cos 3x+\frac{1}{5^2}\cos 5x+\cdots\right)\quad(-\pi\leqslant x\leqslant\pi).$$

利用此展开式可求出几个特殊级数的和.

当 $x=0$ 时，$f(0)=0$，得

$$\frac{\pi^2}{8}=1+\frac{1}{3^2}+\frac{1}{5^2}+\cdots+\frac{1}{(2n-1)^2}+\cdots.$$

设 $\sigma=1+\frac{1}{2^2}+\frac{1}{3^2}+\frac{1}{4^2}+\cdots$，$\sigma_1=1+\frac{1}{3^2}+\frac{1}{5^2}+\frac{1}{7^2}+\cdots$，

$$\sigma_2=\frac{1}{2^2}+\frac{1}{4^2}+\frac{1}{6^2}+\cdots,\quad \sigma_3=1-\frac{1}{2^2}+\frac{1}{3^2}-\frac{1}{4^2}+\cdots.$$

已知 $\sigma_1=\frac{\pi^2}{8}$，因为 $\sigma_2=\frac{\sigma}{4}=\frac{\sigma_1+\sigma_2}{4}$，所以 $\sigma_2=\frac{\sigma_1}{3}=\frac{\pi^2}{24}$.

又 $\sigma=\sigma_1+\sigma_2=\frac{\pi^2}{8}+\frac{\pi^2}{24}=\frac{\pi^2}{6}$，

$$\sigma_3=\sigma_1-\sigma_2=\frac{\pi^2}{8}-\frac{\pi^2}{24}=\frac{\pi^2}{12}.$$

三、正弦级数和余弦级数

一般地，一个函数的傅里叶级数既含有正弦函数，又含有余弦函数，但是也有一些函数的傅里叶级数只含有正弦项（如例 1）或者只含有常数项和余弦项（如例 3），导致这种现象的原因与所给函数的奇偶性有关，事实上，根据在对称区间上奇偶函数的积分性质（奇函数在对称区间上的积分为零，偶函数在对称区间上的积分等于半区间上积分的两倍），可得到下列结论.

设 $f(x)$ 是周期为 2π 的周期函数，则

（1）当 $f(x)$ 为奇函数，其傅里叶系数为

$$a_n=0\quad (n=0,1,2,\cdots),$$

$$b_n=\frac{2}{\pi}\int_0^\pi f(x)\sin nx\,\mathrm{d}x\quad (n=1,2,3,\cdots), \tag{9-21}$$

即奇函数的傅里叶级数是只含有正弦项的**正弦级数**

$$\sum_{n=1}^{\infty}b_n\sin nx. \tag{9-22}$$

（2）当 $f(x)$ 为偶函数，其傅里叶系数为

$$a_n=\frac{2}{\pi}\int_0^\pi f(x)\cos nx\,\mathrm{d}x\quad (n=0,1,2,\cdots),$$

$$b_n=0\quad (n=1,2,3,\cdots), \tag{9-23}$$

即偶函数的傅里叶级数是只含有余弦项的**余弦级数**

$$\frac{a_0}{2}+\sum_{n=1}^{\infty}a_n\cos nx. \tag{9-24}$$

例 4 设 $f(x)$ 是周期为 2π 的周期函数，它在 $[-\pi,\pi)$ 上的表达式为 $f(x)=x$，将 $f(x)$ 展开成傅里叶级数.

解 所给函数满足收敛定理的条件，它在点

$$x=(2k+1)\pi(k=0,\pm 1,\pm 2,\cdots)$$

处不连续，因此 $f(x)$ 的傅里叶级数在点 $x=(2k+1)\pi$ 处收敛于

$$\frac{f(\pi^-)+f(-\pi^+)}{2}=\frac{\pi+(-\pi)}{2}=0,$$

在连续点 $x[x\neq(2k+1)\pi]$ 处收敛于 $f(x)$. 和函数的图形如图 9-3.

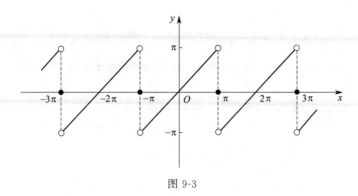

图 9-3

若不计 $x=(2k+1)\pi(k=0,\pm 1,\pm 2,\cdots)$，则 $f(x)$ 是周期为 2π 的奇函数，显然，式 (9-21) 仍成立，从而有

$$a_n=0(n=0,1,2\cdots),$$

$$b_n=\frac{2}{\pi}\int_0^\pi f(x)\sin nx\,\mathrm{d}x$$

$$=\frac{2}{\pi}\int_0^\pi x\sin nx\,\mathrm{d}x=\frac{2}{\pi}\left[-\frac{x\cos nx}{n}+\frac{\sin nx}{n^2}\right]_0^\pi$$

$$=-\frac{2}{n}\cos n\pi=\frac{2}{n}(-1)^{n+1}(n=1,2,3,\cdots).$$

将求得的 b_n 代入正弦级数式(9-22)，得 $f(x)$ 的傅里叶级数展开式为

$$f(x)=2\sum_{n=1}^{\infty}\frac{(-1)^{n+1}}{n}\sin nx=2\left(\sin x-\frac{1}{2}\sin 2x+\frac{1}{3}\sin 3x-\cdots\right)$$

$$[-\infty<x<+\infty,x\neq(2k+1)\pi\text{ 且 }k=0,\pm 1,\cdots].$$

例 5 将周期函数 $f(x)=|\sin x|$ 展开成傅里叶级数.

解 所给函数满足收敛定理的条件，它在整个数轴上连续（图 9-4），因此 $f(x)$ 的傅里叶级数处处收敛于 $f(x)$.

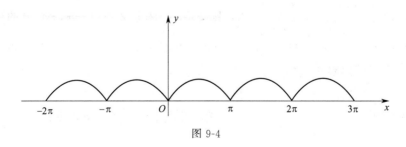

图 9-4

因为 $f(x)=|\sin x|$ 是周期为 2π 的偶函数，由式(9-23) 有

$$b_n = 0 (n=1,2,\cdots),$$

$$a_0 = \frac{2}{\pi} \int_0^\pi f(x)\,\mathrm{d}x = \frac{2}{\pi} \int_0^\pi \sin x\,\mathrm{d}x = \frac{4}{\pi},$$

$$a_n = \frac{2}{\pi} \int_0^\pi f(x)\cos nx\,\mathrm{d}x = \frac{2}{\pi} \int_0^\pi \sin x \cos nx\,\mathrm{d}x$$

$$= \frac{1}{\pi} \int_0^\pi (\sin(n+1)x - \sin(n-1)x)\,\mathrm{d}x$$

$$= \begin{cases} -\dfrac{4}{(4k^2-1)\pi}, & n=2k \\ 0, & n=2k+1 \end{cases} (k=1,2,3\cdots),$$

$$a_1 = \frac{1}{\pi} \int_0^\pi \sin 2x\,\mathrm{d}x = 0.$$

将求得的 a_n 代入余弦级数式(9-24)，得 $f(x)$ 的傅里叶级数展开式为

$$f(x) = \frac{2}{\pi} - \frac{4}{\pi} \sum_{k=1}^\infty \frac{1}{4k^2-1} \cos 2kx$$

$$= \frac{4}{\pi} \left(\frac{1}{2} - \frac{1}{3}\cos 2x - \frac{1}{15}\cos 4x - \frac{1}{35}\cos 6x - \cdots \right) (-\infty < x < +\infty).$$

当 $x=0$ 时，由上式得

$$\frac{1}{2} = \frac{1}{1\times 3} + \frac{1}{3\times 5} + \cdots + \frac{1}{(2m-1)(2m+1)} + \cdots.$$

在实际应用中，有时还需要把 $[0,\pi]$ 的函数 $f(x)$ 展开为正弦级数或余弦级数。这个问题可按如下方法解决.

设函数 $f(x)$ 定义在区间 $[0,\pi]$ 上且满足收敛定理的条件. 我们先把函数 $f(x)$ 的定义延拓到区间距 $(-\pi,0]$ 上，得到定义在 $(-\pi,\pi]$ 上的函数 $F(x)$，根据实际的需要，常采用以下两种延拓方式：

(1) 奇延拓.

令 $F(x) = \begin{cases} f(x), & 0 < x \leqslant \pi \\ 0, & x=0 \\ -f(-x), & -\pi < x < 0 \end{cases}$ ，则 $F(x)$ 是定义在 $(-\pi,\pi]$ 上的奇函数，将

$F(x)$ 在 $(-\pi,\pi]$ 上展开成傅里叶级数，所得级数必是正弦级数. 再限制 x 在 $(0,\pi]$ 上，就得到 $f(x)$ 的正弦级数展开式.

(2) 偶延拓.

令 $F(x) = \begin{cases} f(x), & 0 \leqslant x \leqslant \pi \\ f(-x), & -\pi < x < 0 \end{cases}$ ，则 $F(x)$ 是定义在 $(-\pi,\pi]$ 上的偶函数，将

$F(x)$ 在 $(-\pi,\pi]$ 上展开成傅里叶级数，所得级数必是余弦级数. 再限制 x 在 $(0,\pi]$ 上，就得到 $f(x)$ 的余弦级数展开式.

例6 将函数 $f(x) = \begin{cases} 1, & 0 < x \leqslant \dfrac{\pi}{2} \\ 0, & \dfrac{\pi}{2} < x \leqslant \pi \end{cases}$ 分别展开成正弦级数与余弦级数.

解 先求正弦级数. 为此对函数 $f(x)$ 进行奇延拓（图9-5），按式(9-21)有

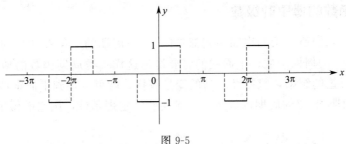

图 9-5

$$a_n = 0 (n = 0, 1, 2 \cdots),$$

$$b_n = \frac{2}{\pi} \int_0^\pi f(x) \sin nx \, dx$$

$$= \frac{2}{\pi} \int_0^{\frac{\pi}{2}} 1 \times \sin nx \, dx + \int_{\frac{\pi}{2}}^\pi 0 \times \sin nx \, dx = \frac{2}{n\pi} \left(1 - \cos \frac{n\pi}{2}\right) (n = 1, 2, \cdots).$$

将求得的 b_n 代入正弦级数式(9-22),得

$$f(x) = \frac{2}{\pi} \left[\sin x + \sin 2x + \frac{1}{3} \sin 3x + \frac{1}{5} \sin 5x + \cdots \right] \left(0 < x \leqslant \pi \text{ 且 } x \neq \frac{\pi}{2} \right).$$

在 $x = \frac{\pi}{2}$ 处,级数的和为 $\frac{1}{2}$,它不代表原来函数 $f(x)$ 的值.

再求余弦级数. 为此对 $f(x)$ 进行偶延拓(图 9-6). 按式(9-23)有

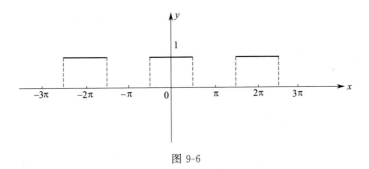

图 9-6

$$a_0 = \frac{2}{\pi} \int_0^\pi f(x) \, dx = \frac{2}{\pi} \int_0^{\frac{\pi}{2}} dx = 1,$$

$$a_n = \frac{2}{\pi} \int_0^\pi f(x) \cos nx \, dx = \frac{2}{\pi} \int_0^{\frac{\pi}{2}} 1 \times \cos nx \, dx + \int_{\frac{\pi}{2}}^\pi 0 \times \cos nx \, dx = \frac{2}{n\pi} \sin \frac{n\pi}{2} \quad (n = 1, 2, \cdots).$$

将求得的 a_n 代入余弦级数式(9-24)得

$$f(x) = \frac{1}{2} + \sum_{n=1}^\infty \frac{2}{n\pi} \sin \frac{n\pi}{2} \cos nx$$

$$= \frac{1}{2} \times \frac{2}{\pi} \left[\cos x - \frac{1}{3} \cos 3x + \frac{1}{5} \cos 5x + \cdots \right] \left(0 < x \leqslant \pi \text{ 且 } x \neq \frac{\pi}{2} \right).$$

在 $x = \frac{\pi}{2}$ 处,级数的和为 $\frac{1}{2}$,与给定函数 $f(x)$ 的值不同.

四、一般周期函数的傅里叶级数

到现在为止，我们所讨论的周期函数都是以 2π 为周期的．但在实际问题中，我们常常会遇到周期不是 2π 的周期函数，下面我们将要讨论这样一类周期函数的傅里叶级数的展开问题．根据前面讨论的结果，只需经适当的变量替换，就可以得到下面定理．

定理 2　设周期为 $2l$ 的周期函数 $f(x)$ 满足收敛定理条件，则它的傅里叶展开式为

$$f(x) = \frac{a_0}{2} + \sum_{n=1}^{\infty} \left(a_n \cos \frac{n\pi x}{l} + b_n \sin \frac{n\pi x}{l} \right) (x \in C), \tag{9-25}$$

其中

$$\begin{cases} a_n = \dfrac{1}{l} \displaystyle\int_{-l}^{l} f(x) \cos \dfrac{n\pi x}{l} \mathrm{d}x & (n = 0, 1, 2, \cdots) \\[3mm] b_n = \dfrac{1}{l} \displaystyle\int_{-l}^{l} f(x) \sin \dfrac{n\pi x}{l} \mathrm{d}x & (n = 1, 2, 3, \cdots) \end{cases}, \tag{9-26}$$

$$C = \left\{ x \,\middle|\, f(x) = \frac{1}{2} \left[f(x^-) + f(x^+) \right] \right\}.$$

当 $f(x)$ 为奇函数时，

$$f(x) = \sum_{n=1}^{\infty} b_n \sin \frac{n\pi x}{l} \quad (x \in C), \tag{9-27}$$

其中

$$b_n = \frac{2}{l} \int_0^l f(x) \sin \frac{n\pi x}{l} \mathrm{d}x \quad (n = 1, 2, 3, \cdots). \tag{9-28}$$

当 $f(x)$ 为偶函数时，

$$f(x) = \frac{a_0}{2} + \sum_{n=1}^{\infty} a_n \cos \frac{n\pi x}{l} \quad (x \in C), \tag{9-29}$$

其中

$$a_n = \frac{2}{l} \int_0^l f(x) \cos \frac{n\pi x}{l} \mathrm{d}x \quad (n = 0, 1, 2, \cdots). \tag{9-30}$$

证　令 $z = \dfrac{\pi x}{l}$，则 $x \in [-l, l]$ 变成 $z \in [-\pi, \pi]$，$F(z) = f(x) = f\left(\dfrac{lz}{\pi}\right)$，则

$$F(z + 2\pi) = f\left(\frac{l(z + 2\pi)}{\pi}\right) = f\left(\frac{lz}{\pi} + 2l\right) = f\left(\frac{lz}{\pi}\right) = F(z).$$

所以 $F(z)$ 是以 2π 为周期的周期函数，且它满足收敛定理条件，将它展成傅里叶级数：

$$F(z) = \frac{a_0}{2} + \sum_{n=1}^{\infty} (a_n \cos nz + b_n \sin nz).$$

其中

$$a_n = \frac{1}{\pi} \int_{-\pi}^{\pi} F(z) \cos nz \, \mathrm{d}z \quad (n = 0, 1, 2, \cdots),$$

$$b_n = \frac{1}{\pi} \int_{-\pi}^{\pi} F(z) \sin nz \, \mathrm{d}z \quad (n = 1, 2, 3, \cdots).$$

令 $z = \dfrac{\pi x}{l}$，并且 $F(z) = f(x)$，于是有

$$f(x) = \frac{a_0}{2} + \sum_{n=1}^{\infty} \left(a_n \cos \frac{n\pi x}{l} + b_n \sin \frac{n\pi x}{l} \right) \quad (x \in C).$$

而且
$$a_n = \frac{1}{l} \int_{-l}^{l} f(x) \cos \frac{n\pi x}{l} \mathrm{d}x \quad (n = 0, 1, 2, \cdots),$$

$$b_n = \frac{1}{l} \int_{-l}^{l} f(x) \sin \frac{n\pi x}{l} \mathrm{d}x \quad (n = 1, 2, 3, \cdots).$$

定理的其余部分容易证得.

例 7 设 $f(x)$ 是周期为 6 的周期函数，它在 $[-3, 3)$ 上的表达式为

$$f(x) = \begin{cases} 2x + 1, & -3 \leqslant x < 0 \\ 1, & 0 \leqslant x < 3 \end{cases},$$

试将 $f(x)$ 展开成傅里叶级数.

解 函数 $f(x)$ 的半周期 $l = 3$，按式 (9-26) 有

$$a_0 = \frac{1}{3} \int_{-3}^{3} f(x) \mathrm{d}x = \frac{1}{3} \left[\int_{-3}^{0} (2x + 1) \mathrm{d}x + \int_{0}^{3} \mathrm{d}x \right] = -1;$$

$$a_n = \frac{1}{3} \int_{-3}^{3} f(x) \cos \frac{n\pi x}{3} \mathrm{d}x = \frac{1}{3} \left[\int_{-3}^{0} (2x + 1) \cos \frac{n\pi x}{3} \mathrm{d}x + \int_{0}^{3} \cos \frac{n\pi x}{3} \mathrm{d}x \right]$$

$$= \frac{6}{n^2 \pi^2} \left[1 - (-1)^n \right] \quad (n = 1, 2, 3, \cdots);$$

$$b_n = \frac{1}{3} \int_{-3}^{3} f(x) \sin \frac{n\pi x}{3} \mathrm{d}x = \frac{1}{3} \left[\int_{-3}^{0} (2x + 1) \sin \frac{n\pi x}{3} \mathrm{d}x + \int_{0}^{3} \sin \frac{n\pi x}{3} \mathrm{d}x \right]$$

$$= \frac{6}{n\pi} (-1)^{n+1} \quad (n = 1, 2, 3, \cdots).$$

因 $f(x)$ 满足收敛定理的条件，其间断点为 $x = 3(2k+1)$，$k \in \mathbf{Z}$，故由式 (9-25) 有

$$f(x) = -\frac{1}{2} + \sum_{n=1}^{\infty} \left\{ \frac{6}{n^2 \pi^2} \left[1 - (-1)^n \right] \cos \frac{n\pi x}{3} + (-1)^{n+1} \frac{6}{n\pi} \sin \frac{n\pi x}{3} \right\}, x \in \mathbf{R} \setminus \{ 3(2k+1) \,|\, k \in \mathbf{Z} \}.$$

例 8 将函数 $f(x) = 10 - x (5 < x < 15)$ 展开成傅里叶级数.

解 令 $z = x - 10$，设 $F(z) = f(x) = f(z + 10) = -z \quad (-5 < z < 5)$.

将 $F(z)$ 延拓成周期为 10 的周期函数，则它满足收敛定理条件. 由于 $F(z)$ 是奇函数，故

$$a_n = 0 \quad (n = 0, 1, 2, \cdots),$$

$$b_n = \frac{2}{5} \int_{0}^{5} -z \sin \frac{n\pi z}{5} \mathrm{d}z = (-1)^n \frac{10}{n\pi},$$

$$F(z) = \frac{10}{\pi} \sum_{n=1}^{\infty} \frac{(-1)^n}{n} \sin \frac{n\pi z}{5} \quad (-5 < z < 5),$$

所以
$$10 - x = \frac{10}{\pi} \sum_{n=1}^{\infty} \frac{(-1)^n}{n} \sin \frac{n\pi x}{5} \quad (5 < x < 15).$$

习题 9-6

1. 设 $f(x)$ 是周期为 2π 的周期函数，它在 $[-\pi, \pi)$ 上的表达式为

$$f(x) = \begin{cases} x, & -\pi \leqslant x < 0 \\ 0, & 0 \leqslant x < \pi \end{cases},$$

将 $f(x)$ 展成傅里叶级数.

2. 下列周期函数 $f(x)$ 的周期为 2π，试将 $f(x)$ 展开成傅里叶级数，如果 $f(x)$ 在 $[-\pi, \pi)$ 上的表达式为:

(1) $f(x) = 3x^2 + 1$ $(-\pi \leqslant x < \pi)$;

(2) $f(x) = \begin{cases} 1, & -\pi < x \leqslant 0 \\ \dfrac{1}{\pi}x, & 0 < x \leqslant \pi \end{cases}$.

3. 将下列函数 $f(x)$ 展开成傅里叶级数.

(1) $f(x) = 2\sin\dfrac{x}{3}$ $(-\pi \leqslant x \leqslant \pi)$;

(2) $f(x) = \begin{cases} \pi + x, & -\pi \leqslant x \leqslant 0 \\ \pi - x, & 0 < x < \pi \end{cases}$.

4. 设周期函数 $f(x)$ 的周期为 2π，证明 $f(x)$ 的傅里叶系数为:

$$a_n = \frac{1}{\pi}\int_0^{2\pi} f(x)\cos nx\, dx \quad (n = 0, 1, 2, \cdots),$$

$$b_n = \frac{1}{\pi}\int_0^{2\pi} f(x)\sin nx\, dx \quad (n = 0, 1, 2, \cdots).$$

5. 将 $f(x) = x^2$ 在 $(0, 2\pi]$ 展成傅里叶级数.

6. 将函数 $f(x) = |x|$ 在 $[-\pi, \pi]$ 展开成傅里叶级数.

7. 将函数 $f(x) = x + 1 (0 \leqslant x \leqslant \pi)$ 分别展成正弦级数与余弦级数.

8. 将函数 $f(x) = \dfrac{\pi - x}{2} (0 \leqslant x \leqslant \pi)$ 展开成正弦级数.

9. 设 $f(x)$ 是周期为 2 的周期函数，$f(x)$ 在一个周期 $[-1, 1]$ 上的表达式为:

$$f(x) = \begin{cases} x^2 - 1, & -1 \leqslant x \leqslant 0 \\ 2x, & 0 < x \leqslant \dfrac{1}{2} \\ -x + 1, & \dfrac{1}{2} < x \leqslant 1 \end{cases}.$$

写出 $f(x)$ 的傅里叶级数的和函数 $s(x)$，并求 $s\left(\dfrac{1}{2}\right)$，$s\left(\dfrac{17}{4}\right)$ 及 $s\left(\dfrac{19}{2}\right)$.

10. 将下列各周期函数展开成傅里叶级数（给出一个周期内函数的表达式）.

(1) $f(x) = 1 - x^2$ $\left(-\dfrac{1}{2} \leqslant x < \dfrac{1}{2}\right)$;

(2) $f(x) = \begin{cases} 0, & -2 \leqslant x < 0 \\ k, & 0 \leqslant x < 2 \end{cases}$ （常数 $k \neq 0$）.

【知识目标】 能正确说出常数项级数、正项级数、交错级数的收敛、发散的概念；能恰当地选择判别方法判别常数项级数、正项级数、交错级数的收敛或发散；能判别任意项级数的绝对收敛与条件收敛；会求幂级数的收敛半径、收敛区间和收敛域；会求一些幂级数在收敛区间内的和函数；能写出 e^x，$\sin x$，$\cos x$，$\ln(1+x)$，$(1+x)^m$ 和 $\dfrac{1}{1-x}$ 的麦克劳林展开式，会用它们将一些简单函数间接展开成幂级数.

【能力目标】 通过级数收敛、发散的判别，培养和训练学生独立思考和批判性思维能力、级数相关的准确计算能力；通过函数的幂级数展开，训练学生的逆向思维能力.

【素质目标】 引导学生感受无穷级数的价值和无穷级数之美，通过有限认识无限，从中体会有限与无限的辩证关系；通过无限来确定有限的重要科学思维方法，以激发学生创新意识，培养学生的数学综合素养.

□ 目标测试

理解层次：

1. 单项选择题.

(1) 下列各级数中收敛的是 (　　).

A. $\displaystyle\sum_{n=1}^{\infty} n\sin\frac{3}{n}$　　　　　　　B. $\displaystyle\sum_{n=1}^{\infty}\frac{2n^n}{(1+n)^n}$

C. $\displaystyle\sum_{n=1}^{\infty}\ln\frac{n}{n^2+1}$　　　　　　　D. $\displaystyle\sum_{n=2}^{\infty}\frac{2}{n^2-1}$

(2) 若级数 $\displaystyle\sum_{n=1}^{\infty}u_n\,(u_n\neq 0)$ 收敛，则必有(　　).

A. $\displaystyle\sum_{n=1}^{\infty}\left(u_n+\frac{1}{n}\right)$ 收敛　　　B. $\displaystyle\sum_{n=1}^{\infty}|u_n|$ 收敛

C. $\displaystyle\sum_{n=1}^{\infty}(-1)^n u_n$ 收敛　　　D. $\displaystyle\sum_{n=1}^{\infty}\frac{1}{u_n}$ 发散

(3) 设 $u_n=(-1)^n\ln\left(1+\dfrac{1}{\sqrt{n}}\right)$，则级数(　　).

A. $\displaystyle\sum_{n=1}^{\infty}u_n$ 与 $\displaystyle\sum_{n=1}^{\infty}u_n^2$ 均收敛　　　B. $\displaystyle\sum_{n=1}^{\infty}u_n$ 与 $\displaystyle\sum_{n=1}^{\infty}u_n^2$ 均发散

C. $\displaystyle\sum_{n=1}^{\infty}u_n$ 收敛而 $\displaystyle\sum_{n=1}^{\infty}u_n^2$ 发散　　　D. $\displaystyle\sum_{n=1}^{\infty}u_n$ 发散而 $\displaystyle\sum_{n=1}^{\infty}u_n^2$ 收敛

(4) 下列级数绝对收敛的是(　　).

A. $\displaystyle\sum_{n=1}^{\infty}(-1)^n\frac{\sin\sqrt{n}}{n^{\frac{3}{2}}}$　　　　　B. $\displaystyle\sum_{n=1}^{\infty}\frac{(-1)^{n-1}}{\ln(n+1)}$

C. $\displaystyle\sum_{n=1}^{\infty}(-1)^n\frac{n}{(n+1)^2}$　　　　　D. $\displaystyle\sum_{n=1}^{\infty}\frac{\cos(n\pi)}{\sqrt{n}}$

(5) 设幂级数 $\sum\limits_{n=1}^{\infty} a_n x^n$ 在 $x = -2$ 处收敛，则该幂级数在 $x = \dfrac{3}{2}$ 处必定(   ).

A. 发散   B. 条件收敛

C. 绝对收敛   D. 收敛性不能确定

2. 填空题.

(1) 若级数 $\sum\limits_{n=1}^{\infty} u_n$ 收敛于 s，则级数 $\sum\limits_{n=1}^{\infty}(u_n + u_{n+2})$ 收敛于 _____ .

(2) 级数 $\sum\limits_{n=1}^{\infty} \dfrac{(-1)^n}{n^{2p}}$ 当 _____ 时绝对收敛，当 _____ 时条件收敛.

(3) 幂级数 $\sum\limits_{n=1}^{\infty} \dfrac{2^n + 3^n}{n} x^n$ 的收敛半径为 _____ .

(4) 函数 $a^{3x}(a > 0$ 且 $a \neq 1)$ 展开成 x 的幂级数是 _____ .

(5) 函数 $f(x) = \dfrac{1}{x^2 - 3x + 2}$ 展开成 $(x - 3)$ 的幂级数是 _____ .

应用层次：

3. 判别下列级数的收敛性.

(1) $\sum\limits_{n=1}^{\infty} \dfrac{1}{\sqrt{n+1} + \sqrt{n}}$;   (2) $\sum\limits_{n=1}^{\infty} \dfrac{e^n \times n!}{n^n}$;

(3) $\sum\limits_{n=1}^{\infty} 2^{-n-(-1)^n}$;   (4) $\sum\limits_{n=1}^{\infty} \dfrac{1}{\int_0^n \sqrt[4]{1 + x^4}\, \mathrm{d}x}$.

4. 求下列幂级数的收敛半径和收敛域.

(1) $\sum\limits_{n=1}^{\infty} \dfrac{1}{3^n + (-2)^n} \times \dfrac{x^n}{n}$;   (2) $\sum\limits_{n=1}^{\infty} \dfrac{(x - 2)^{2n}}{3n^2 + 1}$.

5. 求下列幂级数的和函数.

(1) $\sum\limits_{n=1}^{\infty} n(n + 1)x^n$;   (2) $\sum\limits_{n=1}^{\infty} n(x - 1)^n$.

6. 将函数 $f(x) = \arctan 2x$ 展开成 x 的幂级数.

7. 将函数 $f(x) = \dfrac{1}{(x - 1)^2}$ 展开成 $(x - 2)$ 的幂级数.

数学文化拓展

数字之美欣赏

    数字中有许多颇具魅力、令人赞叹的性质，使许多科学家、文学家、艺术家大为感慨。毕达哥拉斯学派的学者，对数字的崇拜达到了令人难以想象的程度：他们崇拜"4"，认为它代表四种元素——水、火、气、土；他们把"10"看成是"圣数"，因为 10 是由前四个自然数 1,2,3,4 结合而成；他们还认为"1"代表理性，因为理性是不变的；"2"代表意见；"4"代表公平，因为它是第一个平方数；"5"代表婚姻，因为它是第一个阴数 2 与第一个阳数 3 的结合。近年来，人们喜欢数字 8、数字 6，因为他们的谐音"发""顺"等等。可见数字中蕴含着丰富的文化内涵。不过，这只是一些表面现象，深入一点研究它们的性质，人们会为数字王国的奇妙赞叹不已！

1. 亲和数

亲和数，也叫相亲数。远古时代，人类的一些部落把 220 和 284 两个数字奉若神明，男女青年结婚时，往往把这两个数字分别写着不同的签上，两个青年在抽签时，若分别抽到了 220 和 284，便被确定为终身伴侣；若抽不到这两个数，他们则天生无缘，只好分道扬镳了。这种结婚的方式固然是这些部落的风俗，而且有迷信的色彩，但这两个数字却存在某些内在的联系：

能够整除 220 的全部正整数（不包括 220）之和恰好等于 284；而能够整除 284 的全部正整数（不包括 284）之和恰好等于 220。这真是绝妙的吻合！

也许有人认为，这样的"吻合"极其偶然，抹去迷信的色彩，很难有什么规律蕴含其中。恰恰相反，这偶然的"吻合"引起了数学家们极大的关注，他们花费了大量的精力进行研究、探索，终于发现"相亲"数对不是唯一的。它们在自然数中构成了一个独特的数系，人们称具有这种性质的两个数为亲和数（或相亲数）。

第一对亲和数（220，284）也是最小的一对，是数学家毕达哥拉斯发现的。

两千多年后，第二对亲和数（17296，18416）于 1636 年由法国天才数学家费马找到，第三对亲和数（9363548，9437056）于 1638 年被法国数学家笛卡尔发现。

1750 年，瑞士伟大的数学家欧拉一个人找到了 60 对亲和数，并将其列成表，（2620，2924）是表中最小的一对。当时，人们有一种错觉，以为经过像欧拉这样的大数学家研究过，而且一下子找到 60 对亲和数，就不会再有比该表中所找到的正整数更小的亲和数了。然而，100 多年后，意大利 16 岁的少年巴格尼于 1860 年找到了一对比欧拉的亲和数表所列的数更小的亲和数对（1184，1210），于是，这个本来已经降温的问题又重新引起了人们的注意。在研究是否还有比欧拉的亲和数表中所列的数更小的亲和数时，1903 年有人证明了最小的五对亲和数是：

220 和 284，1184 和 1210，2620 和 2924，5020 和 5564，6232 和 6368。

其中，第一对为毕达哥拉斯发现，第二对为意大利少年发现，其余三对皆是欧拉亲和数表中所列。

今天亲和数的研究仍在继续，主要有两方面的工作：

(1) 寻找新的亲和数；

(2) 寻找亲和数的表达公式。

迄今为止，人们已经找到了 1200 多对亲和数，亲和数要么两个都是偶数，要么两个都是奇数，是否存在一奇一偶呢？这个问题是欧拉提出来的，300 多年来尚未解决。

到 1974 年，为人们所知的一对最大的亲和数是：

$$3^4 \times 5 \times 5281^{19} \times 29 \times 89 \times (2 \times 1291 \times 5281^{19} - 1),$$

$$3^4 \times 5 \times 11 \times 5281^{19} \times (2^3 \times 3^3 \times 5^2 \times 1291 \times 5281^{19} - 1).$$

两个数字的偶然性竟然引出了数论中一个丰富的数系，这确实令人惊叹不已。

如今，人们把亲和数推广成亲和数链。链中每一个数的因数之和等于下一个数，而最后一个数的因数之和等于第一个数，比如：2115324，3317740，3649556，2797612 等。

还有学者把亲和数推广到"金兰数"，即数组中第一个数的所有真因数之和等于第二个数与第三个数之和；第二个数的所有真因数之和等于第一个数与第三个数之和；第三个数的所有真因数之和等于第一个数和第二个数之和。简而言之，每个数的真因数之和都等于另两个数之和。例如：1945330728960，2324196638720，2615631953920。

目前所知最小的金兰数是：123228768，103340640，124015008。

2. 回文数

"回文"是我国古典文学作品中的一种常用修辞手法，有回文诗、回文联等。回文的特点是：在一篇作品中，作者精心挑选字词，巧妙安排顺序，使得一篇作品从头至尾与从尾至头都有意义。

虽然大多数回文作品都是意义不大的文字游戏，但唐宋以来，确实有不少写得好的回文作品，宋人李愚写的一首思念妻子的回文诗：

枯眼望遥山隔水，往来曾见几心知。

壶空怕酌一杯酒，笔下难成和韵诗。

途路阻人离别久，讯音无雁寄回迟。

孤灯夜守长寥寂，夫忆妻兮父忆儿。

将这首诗倒过来读，就变成妻子思念丈夫的诗了，堪称绝妙：

儿忆父兮妻忆夫，寂寥长守夜灯孤。

迟回寄雁无音讯，久别离人阻路途。

诗韵和成难下笔，酒杯一酌怕空壶。

知心几见曾来往，水隔山遥望眼枯。

有趣的是，在数学中也有"回文数"：如果一个数与这个数的反序数相等，就称这个数为回文数。如 2002，3003，565 等。

对于回文数，比较容易找到，甚至从一个不是回文数的二位数可以用下面的方法得到回文数。即任取一个二位数，如果这个数不是回文数，则加上这个数的反序数。如果其和仍不是回文数，就重复上述步骤，经过有限次这样的加法运算后，一定能够得到一个回文数。

例如，给一个数 97，这个数不是回文数，加上反序数 79，97＋79＝176，176 仍不是回文数，将上述运算过程继续下去，176＋671＝847，847＋748＝1595，如此继续下去，1595＋5951＝7546，7546＋6457＝14003，14003＋30041＝44044，44044 即为回文数。

这种构造回文数的方法是否普遍适用，目前尚未能证明，据说这将是一个世界难题。不过上述方法已经足够找到充分多的回文数了。

如果一个数，与其反序数均为素数，那么称这个数是一个回文素数。如 17 和 71，113 和 311，347 和 743，769 和 967 等等。人们以像作诗的那样去计算和研究回文素数，发现二位数的回文素数有 4 对，三位数的回文素数有 13 对，四位数的回文素数有 102 对，五位数的回文素数有 684 对，但究竟位数与回文素数的关系如何，有多少对这样的回文素数，至今仍是未揭开的谜。

同学们，我们容易看到 π 的前两位数字是一个回文素数，有兴趣的话，你可以试着验证，π 的前六位数字也是一个回文素数。

3. 美的组合

有些数字，往往要通过计算，通过不同的数字的组合，才可以得到非常奇妙的排列，令人看后叫绝，回味无穷。

$$1 \times 9 + 2 = 11$$
$$12 \times 9 + 3 = 111$$
$$123 \times 9 + 4 = 1111$$
$$1234 \times 9 + 5 = 11111$$
$$12345 \times 9 + 6 = 111111$$
$$123456 \times 9 + 7 = 1111111$$
$$1234567 \times 9 + 8 = 11111111$$
$$12345678 \times 9 + 9 = 111111111$$
$$123456789 \times 9 + 10 = 1111111111$$

这里的 × 表示乘积，以下都是如此。

$$9 \times 9 + 7 = 88$$
$$98 \times 9 + 6 = 888$$
$$987 \times 9 + 5 = 8888$$
$$9876 \times 9 + 4 = 88888$$
$$98765 \times 9 + 3 = 888888$$
$$987654 \times 9 + 2 = 8888888$$
$$9876543 \times 9 + 1 = 88888888$$
$$98765432 \times 9 + 0 = 888888888$$

$$1 \times 1 = 1$$
$$11 \times 11 = 121$$
$$111 \times 111 = 12321$$
$$1111 \times 1111 = 1234321$$
$$11111 \times 11111 = 123454321$$
$$111111 \times 111111 = 12345654321$$
$$1111111 \times 1111111 = 1234567654321$$
$$11111111 \times 11111111 = 123456787654321$$
$$111111111 \times 111111111 = 12345678987654321$$

$$9 \times 9 = 81$$
$$99 \times 99 = 9801$$
$$999 \times 999 = 998001$$
$$9999 \times 9999 = 99980001$$
$$99999 \times 99999 = 9999800001$$
$$999999 \times 999999 = 999998000001$$
$$9999999 \times 9999999 = 99999980000001$$

$$1 \times 8 + 1 = 9$$

$$12 \times 8 + 2 = 98$$

$$123 \times 8 + 3 = 987$$

$$1234 \times 8 + 4 = 9876$$

$$12345 \times 8 + 5 = 98765$$

$$123456 \times 8 + 6 = 987654$$

$$1234567 \times 8 + 7 = 9876543$$

$$12345678 \times 8 + 8 = 98765432$$

$$123456789 \times 8 + 9 = 987654321$$

同学们，数学的美还有很多，只要我们多学习，多积累，就一定能探索出更多的奥妙！

附录 I
基本初等函数

名称	解析式	简单性质
常数函数	$y=C$（常量）	
幂函数	$y=x^{\mu}$（μ 为任意实数）	过点 $(1,1)$；$\mu>0$ 时为增函数；$\mu<0$ 时为减函数；以 x 轴、y 轴为渐近线
指数函数	$y=a^{x}$（$a>0$ 且 $a\neq1$）	过点 $(0,1)$；$a>1$ 时为增函数；$a<1$ 时为减函数；以 x 轴为渐近线
对数函数	$y=\log_{a}x$（$a>0$ 且 $a\neq1$）	$0<x<+\infty$，过点 $(1,0)$；$a>1$ 时为增函数；$a<1$ 时为减函数；以 y 轴为渐近线
三角函数	$y=\sin x$	$x\in\mathbf{R}$，$-1\leqslant\sin x\leqslant1$；图像对称于原点，以 2π 为基本周期
	$y=\cos x$	$x\in\mathbf{R}$，$-1\leqslant\cos x\leqslant1$；图像对称于 y 轴，以 2π 为基本周期
	$y=\tan x$	$x\neq\dfrac{\pi}{2}+k\pi(k\in\mathbf{Z})$；图像对称于原点，以 π 为基本周期
	$y=\cot x$	$x\neq k\pi(k\in\mathbf{Z})$；图像对称于原点，以 π 为基本周期
	$y=\sec x$（正割）	$\sec x=\dfrac{1}{\cos x}$，以 2π 为基本周期 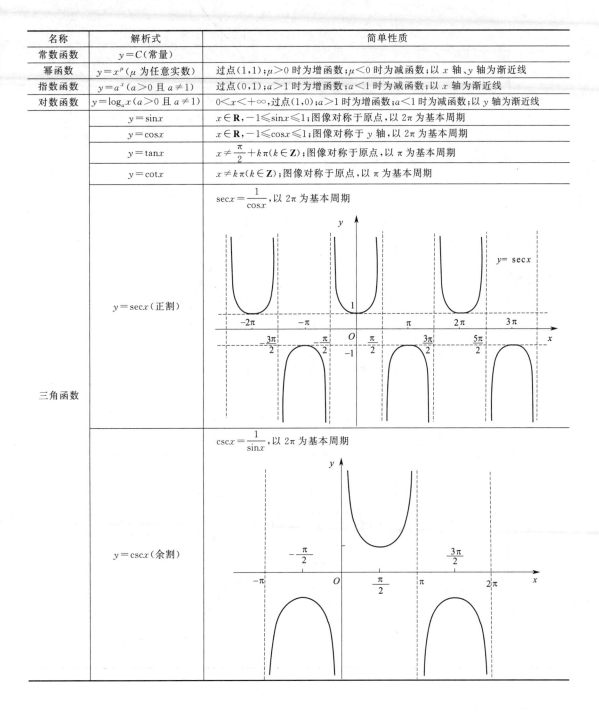
	$y=\csc x$（余割）	$\csc x=\dfrac{1}{\sin x}$，以 2π 为基本周期

名称	解析式	简单性质
反三角函数	$y=\arcsin x$	$x\in[-1,1]$, $y\in\left[-\dfrac{\pi}{2},\dfrac{\pi}{2}\right]$, 为增函数
	$y=\arccos x$	$x\in[-1,1]$, $y\in[0,\pi]$, 为减函数
	$y=\arctan x$	$x\in\mathbf{R}$, $y\in\left(-\dfrac{\pi}{2},\dfrac{\pi}{2}\right)$, 为增函数
	$y=\operatorname{arccot} x$	$x\in\mathbf{R}$, $y\in(0,\pi)$, 为减函数

附录 Ⅱ
极坐标系简介

人们常说"东北方向五公里处"表示某地方的位置，由此可以看出，一点的位置可以用角和距离来确定.

一、极坐标的概念

如图 1 所示，在平面上任取一点 O，由 O 引射线 Ox，再选定长度单位和正方向（一般取逆时针方向），这样就在平面内建立了一个极坐标系，点 O 称为极点，射线 Ox 称为极轴.

在极坐标系下，平面上的任意一点 P 可以用它到极点连线的长度 ρ 及连线和极轴的夹角 θ 来表示，数对 (ρ,θ) 就称为点 P 的极坐标，其中 ρ 称为点 P 的极径，θ 称为点 P 的极角.

规定：$\rho \geqslant 0$，$-\pi < \theta < \pi$. 则极点的坐标为 $O(0,\theta)$，其中 θ 为任意角.

除去极点外，平面上的任意点与一个有序实数对 (ρ,θ) 之间有一一对应的关系.

例如，在极坐标系中作点 $A\left(3,\dfrac{\pi}{4}\right)$. 如图 2 所示，过极点 O 作与极轴 Ox 夹角为 $\dfrac{\pi}{4}$ 的射线 OA，在射线 OA 上取点 A，使 $|OA|=3$，则点 A 即为极坐标为 $\left(3,\dfrac{\pi}{4}\right)$ 的点.

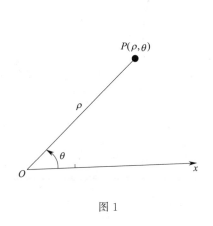

图 1

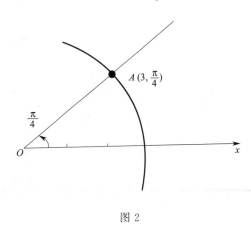

图 2

二、曲线的极坐标方程

在极坐标系中，平面内一条曲线用含变量 ρ,θ 的方程 $\varphi = (\rho,\theta) = 0$ 来表示，这种方程称为曲线的极坐标方程.

图 3 表示圆心在极点 O、半径是 R 的圆，其极坐标方程是 $\rho = R$. 图 4 表示圆周经过极

点 O，有一条直径位于极轴，半径是 R 的圆，其极坐标方程是 $\rho=2R\cos\theta$.

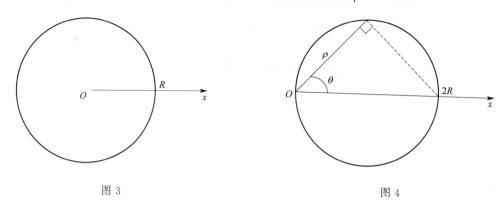

图 3   图 4

一个动点沿着一条射线做等速运动，同时这条射线又绕着它的端点做等角速旋转运动，这个动点的轨迹称为等速螺线（阿基米德螺线），如图 5 所示，其极坐标方程是 $\rho=a\theta$，θ 表示阿基米德螺线转过的总度数.

心型线，是一个圆上固定的一点在它绕着与其相切且半径相同的另外一个圆周滚动时形成的轨迹，分为水平方向与垂直方向两种情况. 图 6(a)、(b) 表示水平方向上的心型线，(a) 的极坐标方程是 $\rho=a(1+\cos\theta)(a>0,-\pi<\theta<\pi)$，(b) 的极坐标方程是 $\rho=a(1-\cos\theta)(a>0,-\pi<\theta<\pi)$.

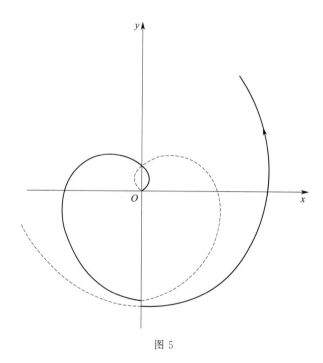

图 5

三、极坐标与直角坐标系的变换

若直角坐标系的原点、x 轴分别与极坐标系的极点、极轴重合，则点 P 在直角坐标系的坐标 $(x，y)$ 和它在极坐标系的坐标 (ρ,θ) 之间有如下关系：

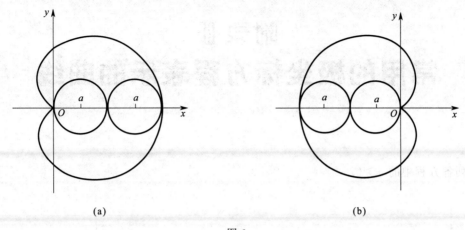

(a)　　　　　　　　　　　　　　　　(b)

图 6

$$x = \rho\cos\theta , y = \rho\sin\theta. \tag{1}$$

$$\rho^2 = x^2 + y^2 , \sin\theta = \frac{y}{\sqrt{x^2 + y^2}} , \cos\theta = \frac{x}{\sqrt{x^2 + y^2}} , \tan\theta = \frac{y}{x}. \tag{2}$$

用式(1) 可以将用直角坐标系表示的方程化为用极坐标表示，用式(2) 可以将用极坐标表示的方程化为用直角坐标表示.

附录 Ⅲ
常用的极坐标方程表示的曲线

下列各方程中的 $a > 0$.

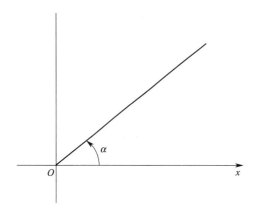

射线 $\theta = \alpha$

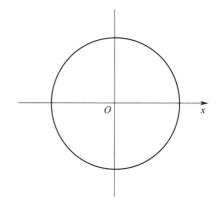

圆 $r = a$

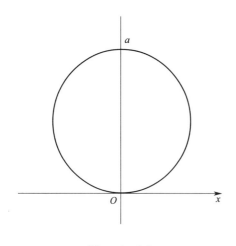

圆 $r = 2a\sin\theta$

$x^2 + (y-a)^2 = a^2$

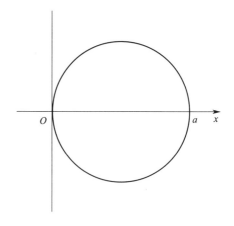

圆 $r = 2a\sin\theta$

$x^2 + (y-a)^2 = a^2$

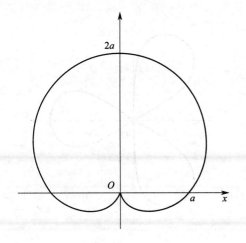

心形线 $r = a(1 + \sin\theta)$

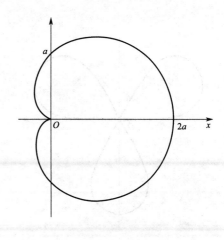

心形线 $r = a(1 + \cos\theta)$

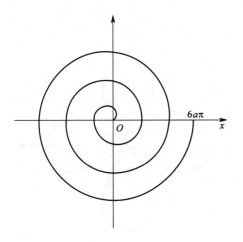

阿基米德螺线 $r = a\theta$

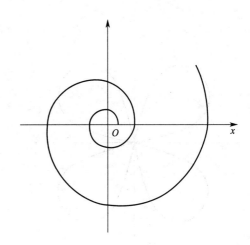

对数螺线 $r = a\,\mathrm{e}^{k\theta}$

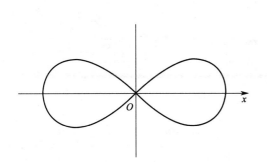

双纽线 $r^2 = 2a^2\cos 2\theta$
$(x^2 + y^2)^2 = 2a^2(x^2 - y^2)$

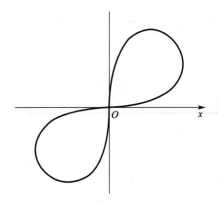

双纽线 $r^2 = a^2\sin 2\theta$
$(x^2 + y^2)^2 = 2a^2 x^2 y^2$

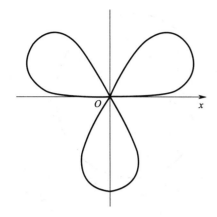

三叶玫瑰线 $r = a^2 \sin 3\theta$

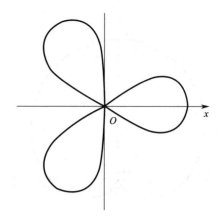

三叶玫瑰线 $r = a \cos 3\theta$

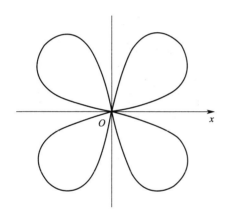

四叶玫瑰线 $r = a^2 \sin 3\theta$

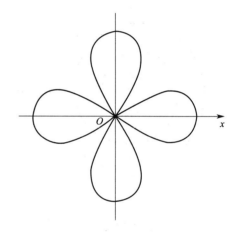

四叶玫瑰线 $r = a \cos 3\theta$

参 考 文 献

[1] 同济大学数学系 . 高等数学：上册 . 7 版 . 北京：高等教育出版社，2014.
[2] 吴传生 . 经济数学　微积分 . 3 版 . 北京：高等教育出版社，2015.
[3] 侯风波 . 高等数学 . 5 版 . 北京：高等教育出版社，2015.
[4] 徐建豪，刘克宁 . 经济应用数学：微积分 . 北京：高等教育出版社，2003.
[5] 毛京中 . 高等数学学习指导 . 北京：北京理工大学出版社，2000.
[6] 刘光旭，张效成，赖学坚 . 高等数学 . 北京：高等教育出版社，2008.
[7] 马军，许成锋 . 微积分 . 北京：北京邮电大学出版社，2009.
[8] 陈克东 . 高等数学：上册 . 北京：中国铁道出版社，2008.
[9] 王晓威 . 高等数学 . 北京：海潮出版社，2000.
[10] 吴赣昌 . 高等数学：上册 . 5 版 . 北京：中国人民大学出版社，2017.
[11] 刘长文，张超 . 高等数学 . 3 版 . 北京：中国农业出版社，2017.
[12] 刘玉琏，傅沛仁，刘伟，等 . 数学分析讲义 . 6 版 . 北京：高等教育出版社，2019.
[13] 喻德生，郑华盛 . 高等数学学习引导 . 2 版 . 北京：化学工业出版社，2003.
[14] 陈纪修，於崇华，金路 . 数学分析：上册 . 3 版 . 北京：高等教育出版社，2019.
[15] 吴良大 . 高等数学教程：上册 . 北京：清华大学出版社，2007.
[16] 张国楚，王向华，武女则，等 . 大学文科数学 . 3 版 . 北京：高等教育出版社，2015.
[17] 萧树铁，扈志明 . 微积分：上 . 北京：清华大学出版社，2007.
[18] 周建莹，李正元 . 高等数学解题指南 . 北京：北京大学出版社，2002.
[19] 北京联合大学数学教研室 . 高等数学：上 . 北京：清华大学出版社，2007.
[20] 何春江，等 . 高等数学 . 3 版 . 北京：中国水利水电出版社，2015.
[21] 同济大学数学系 . 高等数学：下册 . 7 版 . 北京：高等教育出版社，2014.
[22] 吴赣昌 . 高等数学：下册 . 5 版 . 北京：中国人民大学出版社，2017.
[23] 陈纪修，於崇华，金路 . 数学分析：下册 . 3 版 . 北京：高等教育出版社，2019.
[24] 吴良大 . 高等数学教程：下册 . 北京：清华大学出版社，2007.